21世纪高等职业教育信息技术类规划教材

21 Shiji Gaodeng Zhiye Jiaoyu Xinxi Jishulei Guihua Jiaocai

Dreamweaver
网页设计与应用

Dreamweaver WANGYE SHEJI YU YINGYONG

张丽英 主编　王凤云 陈高锋 戴洪刚 副主编

人民邮电出版社

北 京

图书在版编目（CIP）数据

Dreamweaver网页设计与应用 / 张丽英主编. -- 北京：人民邮电出版社，2009.11

21世纪高等职业教育信息技术类规划教材
ISBN 978-7-115-21458-4

Ⅰ．①D… Ⅱ．①张… Ⅲ．①主页制作－图形软件，Dreamweaver－高等学校：技术学校－教材 Ⅳ．①TP393.092

中国版本图书馆CIP数据核字(2009)第177104号

内 容 提 要

　　本书分为上下两篇，详细地介绍了Dreamweaver的基本操作和应用，在上篇基础技能篇中介绍了Dreamweaver CS3的基本功能，在网页中插入文本、图像等基本元素，使用CSS样式对网页的版面进行美化和控制，运用表格和框架对网页进行灵活排版、布局，利用层和时间轴制作滚动文字和图像等动画效果；在下篇案例实训篇中，精心安排了36个精彩的贴近实际工作应用的实例，并对这些案例进行了全面的分析和详细的讲解。

　　本书适合作为高等职业院校数字媒体艺术类专业"网页设计与制作"课程的教材，也可供相关人员自学参考。

21 世纪高等职业教育信息技术类规划教材
Dreamweaver 网页设计与应用

　　◆　主　　编　张丽英

　　　　副 主 编　王凤云　陈高锋　戴洪刚

　　　　责任编辑　潘春燕

　　　　执行编辑　刘　琦

　　◆　人民邮电出版社出版发行　　北京市崇文区夕照寺街 14 号
　　　　邮编　100061　电子函件　315@ptpress.com.cn
　　　　网址　http://www.ptpress.com.cn
　　　　北京鑫正大印刷有限公司印刷

　　◆　开本：787×1092　1/16
　　　　印张：21.5　　　　　　　　彩插：4
　　　　字数：557 千字　　　　　　2009 年 11 月第 1 版
　　　　印数：1－3 000 册　　　　　2009 年 11 月北京第 1 次印刷

ISBN 978-7-115-21458-4

定价：43.00 元（附光盘）

读者服务热线：**(010)67170985**　印装质量热线：**(010)67129223**
反盗版热线：**(010)67171154**

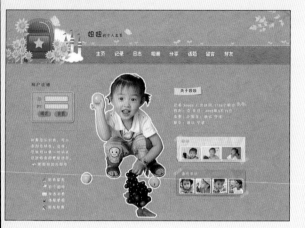

■ 妞妞的个人网页

■ 张既的个人网页

■ 晓辛的个人网页

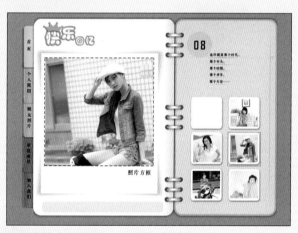

■ 刘恋的个人网页

■ 李可的个人网页

■ 李美丽的个人网页

■ Flash游戏库网页

■ 娱乐星闻网页

■ 时尚前沿网页

■ 在线电影网页

■ 综艺频道网页

■ 星运奇缘网页

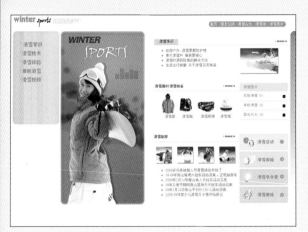

■ 滑雪运动网页

■ 旅游渡假网页

■ 瑜伽休闲网页

■ 休闲生活网页

■ 户外运动网页

■ 篮球运动网页

■ 购房中心网页

■ 精品房产网页

■ 焦点房产网页

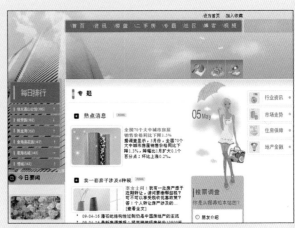

■ 房产信息网页

■ 热门房产网页

■ 房产新闻网页

■ 戏曲艺术网页

■ 太极拳健身网页

■ 诗词艺术网页

■ 国画艺术网页

■ 古乐艺术网页

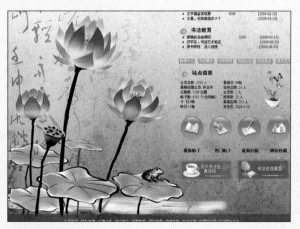

■ 书法艺术网页

■ 商务信息网页

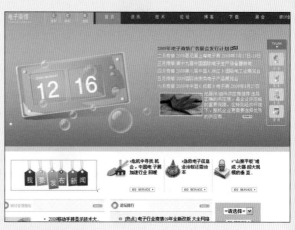

■ 电子商情网页

■ 贸易管理平台网页

■ 电子商务信息网页

■ 淘宝小屋网页

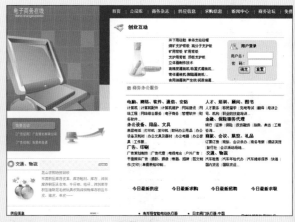

■ 电子商务在线网

前　言

Dreamweaver 是由 Adobe 公司开发的网页编辑器软件。它不但能够完成一般的网页编辑工作，而且能够制作出许多需要通过编程才能达到的效果，因此一直以来都是网页制作专业人士的首选工具。为了帮助高职院校的教师全面、系统地讲授这门课程，使学生能够熟练地使用 Dreamweaver 来进行设计，我们几位长期在高职院校从事 Dreamweaver 教学的教师和专业平面设计公司经验丰富的设计师，共同编写了本书。

本书具有完善的知识结构体系。在基础技能篇中，按照"软件功能解析—课堂案例—课堂练习—课后习题"这一思路进行编排，通过对软件功能的解析，使学生快速熟悉软件功能和制作特色；通过课堂案例演练，使学生深入学习软件功能和网页设计思路；通过课堂练习和课后习题，拓展学生的实际应用能力。在案例实训篇中，根据 Dreamweaver 在设计中的各个应用领域，精心安排了专业设计公司的 36 个精彩案例，通过对这些案例做了全面的分析和详细的讲解，使学生更加贴近实际工作，艺术创意思维更加开阔，实际设计制作水平也获得不断提升。在内容编写方面，我们力求细致全面、重点突出；在文字叙述方面，我们注意言简意赅、通俗易懂；在案例选取方面，我们强调案例的针对性和实用性。

本书配套光盘中包含了书中所有案例的素材及效果文件。另外，为方便教师教学，本书配备了详尽的课堂练习和课后习题的操作步骤视频以及 PPT 课件、教学大纲等丰富的教学资源，任课教师可到人民邮电出版社教学服务与资源网（www.ptpedu.com.cn）免费下载使用。本书的参考学时为 56 学时，其中实践环节为 25 学时，各章的参考学时参见下面的学时分配表。

章　节	课程内容	学时分配	
		讲　授	实　训
第 1 章	初识 Dreamweaver	2	1
第 2 章	文本	2	1
第 3 章	在网页中插入图像	2	1
第 4 章	超链接	3	1
第 5 章	表格的使用	3	1
第 6 章	框架	3	1
第 7 章	层和时间轴的使用	3	1
第 8 章	CSS 样式	3	2
第 9 章	模板和库	3	1
第 10 章	表单的使用	3	1
第 11 章	行为	3	1
第 12 章	网页代码	2	1
第 13 章	个人网页	4	2
第 14 章	游戏娱乐网页	4	2
第 15 章	旅游休闲网页	4	2
第 16 章	房产网页	4	2
第 17 章	文化艺术网页	4	2
第 18 章	电子商务网页	4	2
课 时 总 计		56	25

本书由张丽英任主编，王凤云、陈高锋、戴洪刚任副主编。参加本书编写工作的还有周建国、晓青、吕娜、葛润平、陈东生、周世宾、刘尧、周亚宁、张敏娜、王世宏、孟庆岩、谢立群、黄小龙、高宏、尹国琴、崔桂青等。

由于编写时间仓促，加之编者水平有限，书中难免存在错误和不妥之处，敬请广大读者批评指正。

编　者

2009 年 9 月

目　录

上 篇

基础技能篇

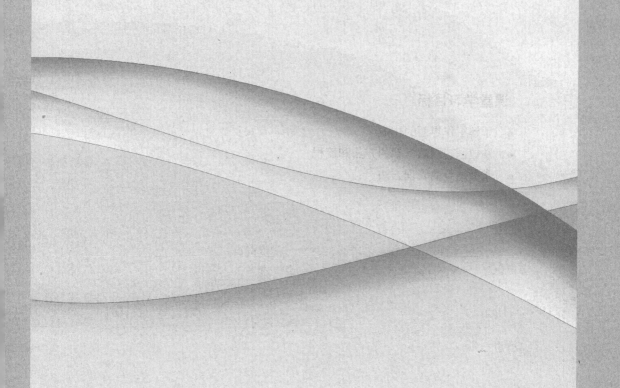

第1章

初识 Dreamweaver

本章主要讲解了 Dreamweaver 的基础知识和基本操作。通过这些内容的学习，可以认识和了解工作界面的构成，如何创建网站框架以及站点的管理方法，为以后的网站设计和制作打下一个坚实的基础。

课堂学习目标

- 了解工作界面的构成
- 掌握创建网站框架的方法和流程
- 掌握站点的管理方法

1.1　工作界面

　　Dreamweaver 的工作区将多个文档集中到一个窗口中，不仅降低了系统资源的占用，还可以更加方便地操作文档。Dreamweaver CS3 的工作窗口由 5 部分组成，分别是"插入"控制面板、"文档"工具栏、"文档"窗口、控制面板组和"属性"控制面板。Dreamweaver 的操作环境简洁明快，可大大提高设计效率。

1.1.1　开始页面

　　启动 Dreamweaver CS3 后，首先看到的画面是开始页面，供用户选择新建文件的类型，或打开已有的文档等，如图 1-1 所示。

　　选择"编辑 > 首选参数"命令，弹出"首选参数"对话框，取消选择"显示欢迎屏幕"复选框，如图 1-2 所示。单击"确定"按钮完成设置。当用户再次启动 Dreamweaver CS3 时，将不再显示开始页面。

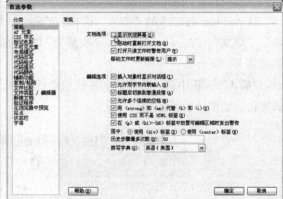

图 1-1　　　　　　　　　　　　　　　　　　　　图 1-2

1.1.2　不同风格的界面

　　选择 "窗口 > 工作区布局"命令，弹出其子命令菜单，如图 1-3 所示，选择"编码器"或"设计器"命令。选择其中一种界面风格，页面会发生相应的改变。

1.1.3　多文档的编辑界面

　　Dreamweaver CS3 提供了多文档的编辑界面，将多个文档整合在一起，方便用户在各个文档之间切换，如图 1-4 所示。用户可以单击文档编辑窗口上方的选项卡，切换到相应的文档。通过多文档的编辑界面，用户可以同时编辑多个文档。

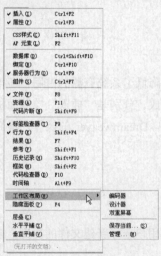

图 1-3

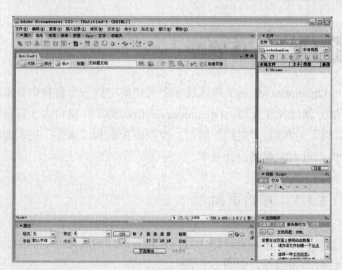

图 1-4

1.1.4　插入面板

Dreamweaver CS3 的"插入"面板，如图 1-5 所示。"插入"面板包括"常用"、"布局"、"表单"、"数据"、"Spry"、"文本"、"收藏夹" 7 个选项卡，将不同功能的按钮分门别类地放在不同的选项卡中。

"插入"面板中将一些相关的按钮组合成菜单，当按钮右侧有一个黑色箭头时，表示其为展开式按钮，如图 1-6 所示。

图 1-5

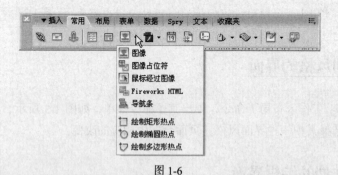

图 1-6

1.2　创建网站框架

　　所谓站点，可以看作是一系列文档的组合，这些文档通过各种链接建立逻辑关联。用户在建立网站前必须要建立站点，修改某网页内容时，也必须先打开站点，然后修改站点内的网页。

1.2.1　站点管理器

站点管理器的主要功能包括新建站点、编辑站点、复制站点、删除站点以及导入或导出站点。若要管理站点，必须打开"管理站点"对话框。

选择"窗口 > 文件"命令，启用"文件"控制面板，选择"文件"选项卡，如图 1-7 所示。单击控制面板左侧的下拉列表，选择"管理站点"命令，如图 1-8 所示。

在弹出的"管理站点"对话框中，通过"新建"、"编辑"、"复制"和"删除"按钮，可以新建一个站点、修改选择的站点、复制选择的站点、删除选择的站点。通过对话框的"导出"、"导入"按钮，用户可以将站点导出为 XML 文件，然后再将其导入到 Dreamweaver CS3 中。这样，用户就可以在不同的计算机和产品版本之间移动站点，或者与其他用户共享，如图 1-9 所示。

在"管理站点"对话框中，选择一个具体的站点，然后单击"完成"按钮，就会在"文件"控制面板的"文件"选项卡中出现站点管理器的缩略图。

图 1-7　　　　　　　　　　图 1-8　　　　　　　　　　图 1-9

1.2.2　创建文件夹

建立站点前，要先在站点管理器中规划站点文件夹。新建文件夹的具体操作步骤如下。

（1）在站点管理器的右侧窗口中单击选择站点。

（2）通过以下两种方法新建文件夹。

① 选择"文件 > 新建文件夹"命令。

② 用鼠标右键单击站点，在弹出的菜单中选择"新建文件夹"命令。

（3）输入新文件夹的名称。

一般情况下，若站点不复杂，可直接将网页存放在站点的根目录下，并在站点根目录中，按照资源的种类建立不同的文件夹存放不同的资源。例如，image 文件夹存放站点中的图像文件，media 文件夹存放站点中的多媒体文件等。若站点复杂，需要根据实现不同功能的板块，在站点根目录中按板块创建子文件夹存放不同的网页，这样可以方便网站设计者修改网站。

1.2.3　定义新站点

1. 创建本地站点的步骤

（1）选择"站点 > 管理站点"命令，启用"管理站点"对话框，如图 1-10 所示。

（2）在对话框中单击"新建"按钮，在弹出的菜单中选择"站点"命令，弹出"未命名站点1 的站点定义为"对话框。在对话框中，设计者通过"基本"选项卡建立不同的站点，对于熟练的设计者而言，通常在对话框"高级"选项卡的"本地信息"分类中，根据需要设置站点，如图1-11 所示。

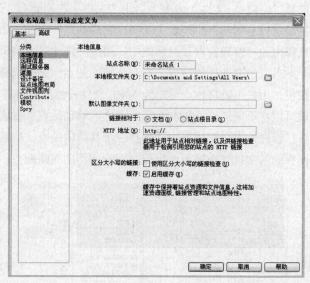

图 1-10　　　　　　　　　　　　　　　　　　图 1-11

2. 本地站点主要选项的作用

"站点名称"选项：在文本框中输入用户自定义的站点名称。

"本地根文件夹"选项：在文本框中输入本地磁盘中存储站点文件、模板和库项目的文件夹名称，可以通过单击文件夹按钮 查找到该文件夹。

"默认图像文件夹"选项：在文本框中输入此站点的默认图像文件夹的路径，可以通过单击文件夹按钮 查找到该文件夹。例如，将非站点图像添加到网页中时，图像会自动添加到当前站点的默认图像文件夹中。

"使用区分大小写的链接检查"选项：选择此复选框，则对使用区分大小写的链接进行检查。

"启用缓存"选项：指定是否创建本地缓存以提高链接和站点管理任务的速度。若选择此复选框，则创建本地缓存。

1.2.4　创建和保存网页

在标准的 Dreamweaver CS3 环境下，建立和保存网页的操作步骤如下。

（1）选择"文件 > 新建"命令，启用"新建文档"对话框，选择"空白页"选项，在"页面类型"选项框中选择"HTML"选项，在"布局"选项框中选择"无"选项，创建空白网页，设置如图 1-12 所示。

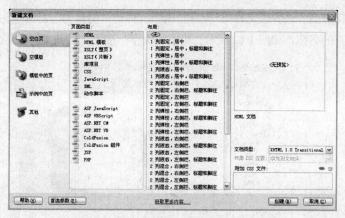

图 1-12

（2）设置完成后，单击"创建"按钮，弹出"文档"窗口，新文档在该窗口中打开。根据需要，在"文档"窗口中选择不同的视图设计网页，如图 1-13 所示。"文档"窗口中有 3 种视图方式，这 3 种视图方式的作用如下。

"代码"视图：对于有编程经验的网页设计用户而言，可在"代码"视图中查看、修改和编写网页代码，以实现特殊的网页效果，"代码"视图的效果如图 1-14 所示。

图 1-13　　　　　　　　　　　　　　　　　　　图 1-14

"设计"视图：以所见即所得的方式显示所有网页元素，"设计"视图的效果如图 1-15 所示。

"拆分"视图：将文档窗口分为上下两部分，上部分是代码部分，显示代码；下部分是设计部分，显示网页元素及其在页面中的布局。在此视图中，网页设计用户通过在设计部分单击网页元素的方式，快速地定位到要修改的网页元素代码的位置，进行代码的修改，或在"属性"面板中修改网页元素的属性。"拆分"视图的效果如图 1-16 所示。

图 1-15　　　　　　　　　　　　　　　　　　　图 1-16

（3）网页设计完成后，选择"文件 > 保存"命令，弹出"另存为"对话框，在"文件名"选项的文本框中输入网页的名称，如图 1-17 所示，单击"保存"按钮，将该文档保存在站点文件夹中。

图 1-17

1.3 管理站点

在 Dreamweaver CS3 中，可以对本地站点进行多方面的管理。如打开、编辑、复制、删除等操作。

1.3.1 打开站点

当要修改某个网站的内容时，首先需要打开该站点。打开站点就是在各站点间进行切换，具体操作步骤如下。

（1）启动 Dreamweaver CS3。

（2）选择"窗口 > 文件"命令，启用"文件"控制面板，在其中选择要打开的站点名，打开站点，如图 1-18、图 1-19 所示。

图 1-18   图 1-19

1.3.2 编辑站点

有时用户需要修改站点的一些设置，此时就需要编辑站点。例如，修改站点的默认图像文件夹的路径，其具体的操作步骤如下。

（1）选择"站点 > 管理站点"命令，启用"管理站点"对话框。

（2）在对话框中，选择要编辑的站点名，单击"编辑"按钮，弹出"×××站点定义为"对话框，选择"高级"选项卡，此时可根据需要进行修改，如图 1-20 所示，单击"确定"按钮完成设置，回到"管理站点"对话框。

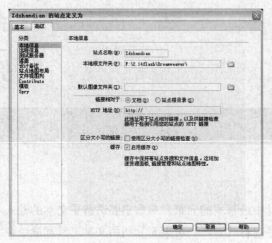

图 1-20

（3）如果不需要修改其他站点，可单击"完成"按钮关闭"管理站点"对话框。

1.3.3　复制站点

复制站点可省去重复建立多个结构相同站点的操作步骤，从而提高用户的工作效率。在"管理站点"对话框中可以复制站点，其具体操作步骤如下。

（1）在"管理站点"对话框左侧的站点列表中选择要复制的站点，单击"复制"按钮进行复制。

（2）用鼠标左键双击新复制出的站点，在弹出的"××× 站点定义为"对话框中更改新站点的名称。

1.3.4　删除站点

删除站点只是删除 Dreamweaver CS3 同本地站点间的关系，而本地站点包含的文件和文件夹仍然保存在磁盘原来的位置上。换句话说，删除站点后，虽然站点文件夹保存在计算机中，但在 Dreamweaver CS3 中已经不存在此站点。例如，在按下列步骤删除站点后，在"管理站点"对话框中，将不再存在该站点的名称。

在"管理站点"对话框中删除站点的具体操作步骤如下。

（1）在"管理站点"对话框左侧的站点列表中选择要删除的站点。

（2）单击"删除"按钮即可删除选择的站点。

第2章

文本

　　文本是网页设计中最基本的元素。本章主要讲解了文本的输入和编辑、水平线与网格的设置。通过这些内容的学习，可以充分利用文本工具和命令在网页中输入和编辑文本内容，设置水平线与网格，运用丰富的字体和多样的编排手段，表现出网页的内容。

课堂学习目标

- 掌握输入和编辑文本的方法
- 掌握设置页边距和插入换行符的方法
- 掌握水平线的设置方法
- 掌握显示和隐藏网格的方法和技巧

2.1　编辑文本格式

Dreamweaver 提供了多种向网页中添加文本和设置文本格式的方法，可以插入文本、设置字体类型、大小、颜色和对齐等。

2.1.1　输入文本

应用 Dreamweaver CS3 编辑网页时，在文档窗口中光标为默认显示状态。要添加文本，首先应将光标移动到文档窗口中的编辑区域，然后直接输入文本，就像在其他文本编辑器中一样。打开一个文档，在文档中单击鼠标左键，将光标置于其中，然后在光标后面输入文本即可，如图 2-1 所示。

图 2-1

2.1.2　设置文本属性

利用文本属性可以方便地修改文本的字体、字号、样式、对齐方式等，以获得预期的效果。选择"窗口 > 属性"命令，弹出"属性"面板，如图 2-2 所示。

图 2-2

"属性"面板中各选项的含义如下。

"格式"选项：设置所选文本的段落样式。例如，使段落应用"标题 1"的段落样式。

"样式"选项：设置已定义的或引用的 CSS 样式为文本的样式。

"粗体"按钮 **B**、"斜体"按钮 *I*：设置文字格式。

"左对齐"按钮 、"居中对齐"按钮 、"右对齐"按钮 、"两端对齐"按钮 ：设置段落在网页中的对齐方式。

"字体"选项：设置文本的字体组合。

"大小"选项：设置文本的字级。

"文本颜色"按钮 ：设置文本的颜色。

"项目列表"按钮 、"编号列表"按钮 ：设置段落的项目符号或编号。

"文本凸出"按钮 、"文本缩进"按钮 ：设置段落文本向右凸出或向左缩进一定距离。

2.1.3　输入连续空格

在默认状态下，Dreamweaver CS3 只允许网站设计者输入一个空格，要输入连续多个空格则需要进行设置或通过特定操作才能实现。

（1）选择"编辑 > 首选参数"命令，弹出"首选参数"对话框，如图 2-3 所示。

（2）在"首选参数"对话框左侧的"分类"列表中选择"常规"选项，在右侧的"编辑选项"选项组中选择"允许多个连续的空格"复选框，单击"确定"按钮完成设置。此时，用户可连续按 Space 键在文档编辑区内输入多个空格。

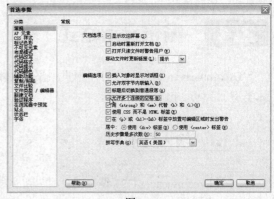

图 2-3

2.1.4　设置是否可见元素

显示或隐藏某些不可见元素的具体操作步骤如下。

（1）选择"编辑 > 首选参数"命令，弹出"首选参数"对话框。

（2）在"首选参数"对话框左侧的"分类"列表中选择"不可见元素"选项，根据需要选择或取消选择右侧的多个复选框，以实现不可见元素的显示或隐藏，如图 2-4 所示，单击"确定"按钮完成设置，如图 2-5 所示。

最常用的不可见元素是换行符、脚本、命名锚记、层和表单隐藏区域，一般将它们设为可见。

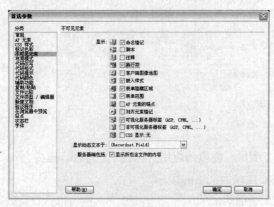

图 2-4

图 2-5

2.1.5　设置页边距

按照文章的书写规则，正文与页面之间的四周需要留有一定的距离，这个距离叫页边距。网页设计也如此，在默认状态下文档的上、下、左、右边距不为零。修改页边距的具体操作步骤如下。

（1）选择"修改 > 页面属性"命令，弹出"页面属性"对话框，如图 2-6 所示。

图 2-6

（2）根据需要在对话框的"左边距"、"右边距"、"上边距"、"下边距"选项的数值框中输入相应的数值。这些选项的含义如下。

"左边距"、"右边距"：指定网页内容浏览器左、右页边的大小。

"上边距"、"下边距"：指定网页内容浏览器上、下页边的大小。

2.1.6　插入换行符

为段落添加换行符有以下几种方法。

① 选择"插入"面板的"文本"选项卡，单击"字符"展开式工具按钮 ，选择"换行符"按钮 ，如图 2-7 所示。

② 按 Shift+Enter 组合键。

③ 选择"插入记录 > HTML > 特殊字符 > 换行符"命令。

在文档中插入换行符的操作步骤如下。

（1）打开一个网页文件，输入文字，如图 2-8 所示。

（2）按 Shift+Enter 组合键，光标换到另一个段落，如图 2-9 所示。继续输入文字，如图 2-10 所示。

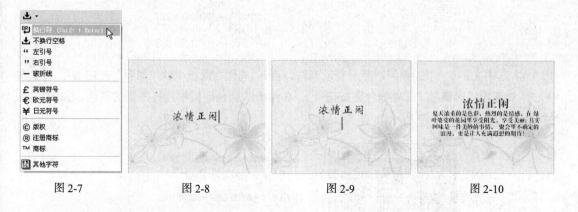

图 2-7　　　　　　图 2-8　　　　　　图 2-9　　　　　　图 2-10

2.1.7　课堂案例——数码网页

【案例学习目标】使用属性面板改变网页中的元素，使网页变得更加美观。

【案例知识要点】使用属性面板改变文本颜色和样式，如图 2-11 所示。

【效果所在位置】光盘/Ch02/效果/数码网页/index.html。

（1）选择"文件 > 打开"命令，在弹出的菜单中选择"Ch02 > clip > 数码网页>index.html"文件，如图 2-12 所示。

图 2-11

（2）选择"修改 > 页面属性"命令，在弹出的"页面属性"对话框中进行设置，如图 2-13 所示。

图 2-12　　　　　　　　　　　　　　　　　　图 2-13

（3）将光标置入到单元格中，在光标所在的位置输入符号和文字，如图 2-14 所示。用相同的方法在其单元格中输入符号和文字，如图 2-15 所示。

[前沿]数码产品最新动态	NEW	[前沿]数码产品最新动态	NEW
	NEW	[资讯]国家公务员网上报名火爆	NEW
		[百姓]养老金投资范围有希望扩大	
		[时尚]最值得购买的秋装	
		[学习]家庭英语辅导小秘笈	

图 2-14　　　　　　　　　　　　　　　　　　图 2-15

（4）选中文字"[前沿]数码产品最新动态"，单击"属性"面板中的"加粗"按钮 **B**，再次选中文字"[前沿]"，单击"文本颜色"按钮 ▣，在弹出的颜色面板中选择需要的颜色，如图 2-16 所示，文字效果如图 2-17 所示。

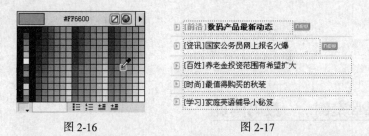

图 2-16　　　　　　　　　　　　图 2-17

（5）用相同的方法设置其他文字，效果如图 2-18 所示。保存文档，按 F12 键预览效果，如图 2-19 所示。

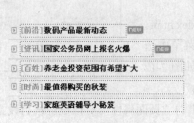

图 2-18　　　　　　　　　　　　　　　　　　图 2-19

14

2.2　水平线与网格

水平线可以将文字、图像、表格等对象在视觉上分割开。一篇内容繁杂的文档，如果合理地放置几条水平线，就会变得层次分明，便于阅读。

虽然 Dreamweaver 提供了所见即所得的编辑器，但是通过视觉来判断网页元素的位置并不准确。要想精确地定位网页元素，就必须依靠 Dreamweaver 提供的定位工具。

2.2.1　水平线

1. 创建水平线

选择"插入记录> HTML > 水平线"命令。

2. 修改水平线

在文档窗口中，选中水平线，选择"窗口 > 属性"命令，弹出"属性"面板，如图 2-20 所示，可以根据需要对属性进行修改。

图 2-20

在"水平线"选项下方的文本框中输入水平线的名称。

在"宽"选项的文本框中输入水平线的宽度值，其设置单位值可以是像素，也可以是相对页面水平宽度的百分比。

在"高"选项的文本框中输入水平线的高度值，这里只能是像素值。

在"对齐"选项的下拉列表中，可以选择水平线在水平位置上的对齐方式，可以是"左对齐"、"右对齐"或"居中对齐"，也可以选择"默认"选项使用默认的对齐方式，一般为"居中对齐"。

如果选择"阴影"复选框，水平线则被设置为阴影效果。

2.2.2　显示和隐藏网格

使用网格可以更加方便地定位网页元素，在网页布局时网格也具有至关重要的作用。

1. 显示和隐藏网格

选择"查看 > 网格设置 > 显示网格"命令，此时处于显示网格的状态，网格在"设计"视图中可见。

2. 修改网格线的形状和颜色

选择"查看 > 网格设置 > 网格设置"命令，弹出"网格设置"对话框，在对话框中，先单击"颜色"按钮并从颜色拾取器中选择一种颜色，或者在文本框中输入一个十六进制的数字，然后单击"显示"选项组中的"线"或"点"单选项，最后单击"确定"按钮，完成网格线颜色和线型的修改。

2.2.3 课堂案例——鲜花速递网页

【案例学习目标】使用插入记录命令插入水平线，使用代码改变水平线的颜色。

【案例知识要点】使用水平线命令在文档中插入水平线，使用属性面板改变水平线的高度和宽度，使用代码改变水平线的颜色，如图 2-21 所示。

图 2-21

【效果所在位置】光盘/Ch02/效果/鲜花速递网页/index.html。

（1）选择"文件 > 打开"命令，在弹出的对话框中选择光盘中的"Ch02 > clip > 鲜花速递网页 > index.html"文件，单击"打开"按钮，效果如图 2-22 所示。将光标置入到单元格中，如图 2-23 所示。

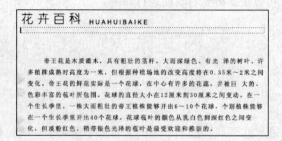

图 2-22   图 2-23

（2）选择"插入记录 > HTML > 水平线"命令，插入水平线，效果如图 2-24 所示。选中水平线，在"属性"面板中进行设置，如图 2-25 所示。

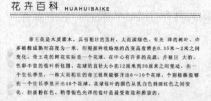

图 2-24

图 2-25

（3）选中水平线，单击文档窗口左上方的"拆分"按钮 [拆分]，在"拆分"视图窗口中，在代码"noshade"后面置入光标，按一次空格键，标签列表中出现了该标签的属性参数，在其中选

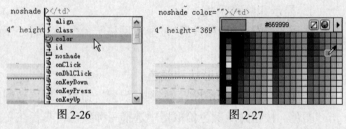

图 2-26   图 2-27

择属性"color"，如图 2-26 所示。插入属性后，在弹出颜色面板中选择需要的颜色，如图 2-27 所示，标签效果如图 2-28 所示。

```
<td height="11"><hr width="450" size="2" noshade color="669999"></td>
```
图 2-28

（4）水平线的颜色不能在 Dreamweaver 界面中确认，保存文档，按 F12 键，预览效果如图 2-29 所示。

图 2-29

课堂练习——回味时光网页

【练习知识要点】使用属性面板改变文本颜色和大小，使网页变得更加美观，如图 2-30 所示。

【效果所在位置】光盘/Ch02/效果/回味时光网页/index.html。

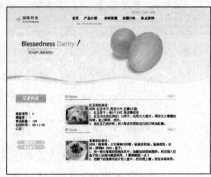

图 2-30

课后习题——健康食品网页

【习题知识要点】使用属性面板改变文本颜色和大小，使用水平线命令插入水平线，如图 2-31 所示。

【效果所在位置】光盘/Ch02/效果/健康食品网页/index.html。

图 2-31

第3章

在网页中插入图像

图像和多媒体是网页中的重要元素，在网页中的应用越来越广泛。本章主要讲解了图像和多媒体在网页中的应用方法和技巧，通过这些内容的学习，可以使设计制作的网页更加美观形象、生动丰富，更可以增加网页的动感，使网页更具有吸引力。

课堂学习目标

- 掌握在网页中插入和编辑图像的方法
- 掌握图像占位符的设置方法
- 掌握多媒体在网页中的应用方法和技巧

3.1　图像的基本操作

图像是网页中最主要的元素之一，它不但能美化网页，而且与文本相比能够直观地说明问题，使所表达的意思一目了然。这样图像就会为网站增添生命力，同时也加深用户对网站的印象。因此，对于网站设计者而言，掌握图像的使用技巧是非常必要的。

3.1.1　在网页中插入图像

要在 Dreamweaver CS3 文档中插入的图像必须位于当前站点文件夹内或远程站点文件夹内，否则图像不能正确显示，所以在建立站点时，网站设计者常先创建一个名叫 "image" 的文件夹，并将需要的图像复制到其中。

在网页中插入图像的具体操作步骤如下。

（1）在文档窗口中，将插入点放置在要插入图像的位置。

（2）通过以下几种方法启用 "图像" 命令，弹出 "选择图像源文件" 对话框，如图 3-1 所示。

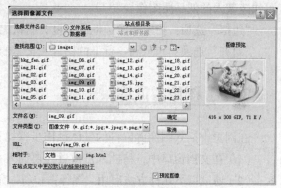

图 3-1

① 选择 "插入" 面板中的 "常用" 选项卡，单击 "图像" 展开式工具按钮 █· 上的黑色三角形，在下拉菜单中选择 "图像" 命令。

② 选择 "插入记录 > 图像" 命令。

在对话框中，选择图像文件，单击 "确定" 按钮完成设置。

3.1.2　设置图像属性

插入图像后，在 "属性" 面板中显示该图像的属性，如图 3-2 所示。

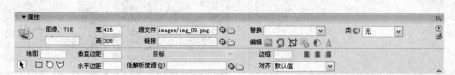

图 3-2

各选项的含义如下。

"源文件" 选项：指定图像的源文件。

"链接" 选项：指定单击图像时要显示的网页文件。

"替换" 选项：指定文本，在浏览设置为手动下载图像前，用它来替换图像的显示。在某些浏览器中，当鼠标指针滑过图像时也会显示替代文本。

"编辑" 按钮 █：启动 Fireworks CS3 软件，并在其中弹出选定的图像。

"优化"按钮 ⬚：启动指定的图像编辑器如 Fireworks CS3，并在其中弹出选定的图像。

"裁剪"按钮 ⬚：修剪图像的大小。

"重新取样"按钮 ⬚：对已调整过大小的图像进行重新取样，以提高图片在新的大小和形状下的品质。

"亮度和对比度"按钮 ⬚：调整图像的亮度和对比度。

"锐化"按钮 △：调整图像的清晰度。

"地图"和"指针热点工具"选项：用于设置图像的热点链接。

"垂直边距"和"水平边距"选项：指定沿图像边缘添加的边距。

"目标"选项：指定链接页面应该在其中载入的框架或窗口，详细参数可见链接一章。

"低解析度源"选项：为了节省浏览者浏览网页的时间，可通过此选项指定在载入主图像之前可快速载入的低品质图像。

"边框"选项：指定图像边框的宽度，默认无边框。

"对齐"选项：指定同一行上的图像和文本的对齐方式。

3.1.3 图像占位符

在网页中插入图像占位符的具体操作步骤如下。

（1）在文档窗口中，将插入点放置在要插入占位符图形的位置。

（2）通过以下几种方法启用"图像占位符"命令，弹出"图像占位符"对话框，效果如图 3-3 所示。

① 选择"插入"面板中的"常用"选项卡，单击"图像"展开式工具按钮 ⬚，选择"图像占位符"选项 ⬚。

② 选择"插入记录 > 图像对象 > 图像占位符"命令。

在"图像占位符"对话框中，按需要设置图像占位符的大小和颜色，并为图像占位符提供文本标签，单击"确定"按钮，完成设置，效果如图 3-4 所示。

图 3-3

图 3-4

3.1.4 课堂案例——休闲时刻网页

【案例学习目标】使用图像按钮为网页插入图像。

【案例知识要点】使用属性面板制作图片提示信息效果，如图 3-5 所示。

【效果所在位置】光盘/Ch03/效果/休闲时刻网页/index.html。

图 3-5

（1）选择"文件 > 打开"命令，在弹出的菜单中选择"Ch03 > clip > 休闲时刻网页 > index.html"
文件，如图 3-6 所示。将鼠标置入到空白单元格中，如图 3-7 所示。

图 3-6

图 3-7

（2）在"插入 > 常用"面板中
单击"图像"按钮，在弹出的"选
择图像源文件"对话框中选择光盘
目录下"Ch03 > clip > 休闲时刻网
页 > images"文件夹中的"01.jpg"
文件，单击"确定"按钮完成图片
的插入，效果如图 3-8 所示。在"属

图 3-8

图 3-9

性"面板中"替换"选项的文本框中输入"休闲时刻"，如图 3-9 所示。

（3）保存文档，按 F12 键预览效果，如图 3-10 所示。当鼠标移到图像上时，出现提示信息，
如图 3-11 所示。

图 3-10

图 3-11

3.2 多媒体在网页中的应用

在网页中除了使用文本和图像元素表达信息外，用户还可以向其中插入多媒体，以丰富网页的内容。

3.2.1 插入 Flash 动画

在网页中插入 Flash 动画的具体操作步骤如下。

（1）在文档窗口的"设计"视图中，将插入点放置在想要插入影片的位置。

（2）通过以下几种方法启用"Flash"命令。

① 在"插入"面板的"常用"选项卡中，单击"媒体"展开式工具按钮，选择"SWF"选项。

② 选择"插入> 媒体 > SWF"命令。

弹出"选择文件"对话框，选择一个后缀为".swf"的文件，如图 3-12 所示，单击"确定"按钮完成设置。此时，Flash 占位符出现在文档窗口中，如图 3-13 所示。

图 3-12

图 3-13

（3）选中文档窗口中的 Flash 对象，在"属性"面板中单击"播放"按钮，测试效果。

> **提示** 当网页中包含两个以上的 Flash 动画时，如果想要预览所有的 Flash 内容，可以按 Ctrl+Alt+Shift+P 组合键。

3.2.2 插入 Flash 文本

Flash 文本是指只包含文本的 Flash 影片。Flash 文本使用户利用自己选择的设计字体创建较小的矢量图形影片。

插入 Flash 文本对象的具体操作步骤如下。

（1）在文档窗口的"设计"视图中，将插入点放置在想要插入 Flash 文本的位置。

（2）通过以下几种方法启用"Flash 文本"命令，弹出"插入 Flash 文本"对话框，如图 3-14 所示。

① 在"插入 > 常用"面板中，单击"媒体"展开式工具按钮 ，选择"Flash 文本"选项 。

② 选择"插入记录 > 媒体 > Flash 文本"命令。

在对话框中根据需要进行设置，单击"应用"或"确定"按钮，将 Flash 文本插入到文档窗口中。选中文档窗口中的 Flash 文本，在"属性"面板中单击"播放"按钮测试效果，如图 3-15 所示。

图 3-14　　　　　　　　　　　　　　图 3-15

3.2.3　插入 Flash 按钮

如果用户想在网页中插入一个具有交互效果的按钮，可通过"插入 Flash 按钮"功能轻松实现。用户可以在文档中插入 Flash 按钮，但在插入 Flash 按钮前，必须先保存文档。

插入 Flash 按钮对象的具体操作步骤如下。

（1）在文档窗口的"设计"视图中，将插入点放置在想要插入 Flash 按钮的位置。

（2）通过以下几种方法启用"Flash 按钮"命令，弹出"插入 Flash 按钮"对话框。

① 在"插入"面板"常用"选项卡中，单击"媒体"展开式工具按钮 ，选择"Flash 按钮"选项 。

② 选择"插入记录 > 媒体 > Flash 按钮"命令。

在对话框中根据需要进行设置，先在"样式"选项中选择按钮的样式，再在"按钮文本"选项中输入按钮上的文字，然后在"链接"选项中选择链接网页，以便浏览者单击此按钮时能浏览该网页，最后在"另存为"选项中输入此新 SWF 文件的文件名，如图 3-16 所示。

（3）单击"应用"或"确定"按钮，将 Flash 按钮插入到文档窗口中。

图 3-16　　　　　　　　　　　图 3-17

（4）选中文档窗口中的 Flash 按钮，在"属性"面板中单击"播放"按钮测试效果，如图 3-17 所示。

3.2.4　课堂案例——化妆品网页

【案例学习目标】使用插入面板添加动画，使网页变得生动有趣。

【案例知识要点】使用 Flash 按钮为网页文档插入 Flash 动画效果，使用播放按钮在文档窗口中预览效果，如图 3-18 所示。

【效果所在位置】光盘/Ch03/效果/化妆品网页/index.html。

（1）选择"文件 > 打开"命令，在弹出的对话框中选择光盘中的"Ch03 > clip >化妆品网页> index.html"文件，单击"打开"按钮，效果如图 3-19 所示。

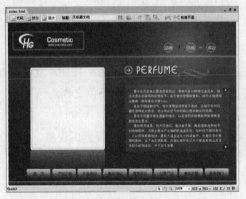

图 3-18

（2）将光标置入到左下方的空白单元格中，如图 3-20 所示。在"插入 > 常用"面板中单击 Flash 按钮 ，在弹出"选择文件"对话框中选择光盘目录下"Ch03 > clip > 化妆品网页 > images"文件夹中的"01.swf"，单击"确定"按钮完成 Flash 影片的插入，效果如图 3-21 所示。

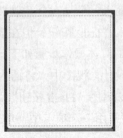

图 3-19　　　　　　　　　　图 3-20　　　　　　　　　图 3-21

（3）选中插入的 Flash 动画，单击"属性"面板中的"播放"按钮 ▶ 播放 ，在文档窗口中预览效果，如图 3-22 所示。可以通过单击"属性"面板中的"停止"按钮 ■ 停止 ，停止播放动画。保存文档，按 F12 键预览效果，如图 3-23 所示。

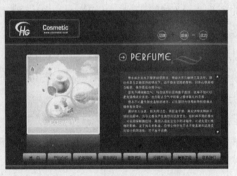

图 3-22　　　　　　　　　　　　图 3-23

课堂练习——美丽女人购物网页

【练习知识要点】使用图像按钮为网页插入图像，使用属性面板改变图像的边距，如图 3-24 所示。

【效果所在位置】光盘/Ch03/效果/美丽女人购物网页/index.html。

图 3-24

课后习题——营养美食网页

【习题知识要点】使用图像按钮为网页插入图像，使用 Flash 按钮插入影片，如图 3-25 所示。

【效果所在位置】光盘/Ch03/效果/营养美食网页/index.html。

图 3-25

第4章

超链接

　　本章主要讲解了超链接的概念和使用方法，包括文本链接、图像链接、电子邮件链接和鼠标经过图像链接等内容。通过这些内容的学习，可以熟练掌握网站链接的设置与使用方法，并精心编织网站的链接，为网站访问者能够尽情地遨游在网站之中提供必要的条件。

课堂学习目标

- 掌握创建文本链接的方法
- 掌握设置文本超链接的方法和技巧
- 掌握设置电子邮件链接的方法和技巧
- 掌握设置图像超链接的方法和技巧
- 掌握设置鼠标经过图像链接的方法和技巧

4.1 文本超链接

当浏览网页时，鼠标指针经过某些文字时，其形状会发生变化，同时文本也会发生相应的变化（出现下划线、文本的颜色发生变化、字体发生变化等），提示浏览者这是带链接的文本。此时，单击鼠标，会打开所链接的网页，这就是文本超链接。

4.1.1 创建文本链接

创建文本链接的方法非常简单，主要是在链接文本的"属性"面板中指定链接文件。指定链接文件的方法有 3 种。

1. 直接输入要链接文件的路径和文件名

在文档窗口中选中作为链接对象的文本，选择"窗口 > 属性"命令，弹出"属性"面板，如图 4-1 所示。在"链接"选项的文本框中直接输入要链接文件的路径和文件名。

图 4-1

> **提示**　要链接到本地站点中的一个文件，直接输入文档相对路径或站点根目录相对路径；要链接到本地站点以外的文件，直接输入其绝对路径。

2. 使用"浏览文件"按钮

在文档窗口中选中作为链接对象的文本，在"属性"面板中单击"链接"选项右侧的"浏览文件"按钮，弹出"选择文件"对话框。选择要链接的文件，在"相对于"选项的下拉列表中选择"文档"选项，如图 4-2 所示，单击"确定"按钮。

图 4-2

3．使用指向文件图标

使用"指向文件"图标❸，可以快捷地指定站点窗口内的链接文件，或指定另一个打开文件中命名锚点的链接。

在文档窗口中选中作为链接对象的文本，在"属性"面板中，拖曳"指向文件"图标❸指向右侧站点窗口内的文件，如图4-3所示。松开鼠标左键，"链接"选项被更新并显示出所建立的链接。

当完成链接文件后，"属性"面板中的"目标"选项变为可用，其下拉列表中各选项的作用如下。

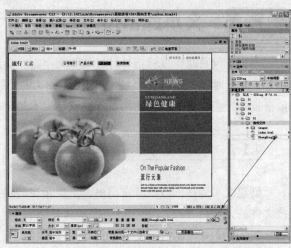

图 4-3

⊙ "_blank"选项：将链接文件加载到未命名的新浏览器窗口中。

⊙ "_parent"选项：将链接文件加载到包含该链接的父框架集或窗口中。如果包含链接的框架不是嵌套的，则链接文件加载到整个浏览器窗口中。

⊙ "_self"选项：将链接文件加载到链接所在的同一框架或窗口中。此目标是默认的，因此通常不需要指定它。

⊙ "_top"选项：将链接文件加载到整个浏览器窗口中，并由此删除所有框架。

4.1.2 文本链接的状态

一个未被访问过的链接文字与一个被访问过的链接文字在形式上是有所区别的，以提示浏览者链接文字所指示的网页是否被看过。下面讲解设置文本链接状态，具体操作步骤如下。

（1）选择"修改 > 页面属性"命令，弹出"页面属性"对话框，如图4-4所示。

（2）在对话框中设置文本的链接状态。选择"分类"列表中的"链接"选项，单击"链接颜色"选项右侧的图标，打开调色板，选择一种颜色，来设置链接文字的颜色；单击"已访问链接"选项右侧的图标，打开调色板，选择一种颜色，来设置访问过的链接文字的颜色；单击"活动链接"选项右侧的图标，打开调色板，选择一种颜色，来设置活动的链接文字的颜色；在"下划线样式"选项的下拉列表中设置链接文字是否加下划线，如图4-5所示。

图 4-4

图 4-5

4.1.3　电子邮件链接

每当浏览者单击包含电子邮件超链接的网页对象时，就会打开邮件处理工具（如微软的 Outlook Express），并且自动将收信人地址设为网站建设者的邮箱地址，方便浏览者给网站发送反馈信息。

1．利用"属性"面板建立电子邮件超链接

（1）在文档窗口中选择对象，一般是文字，如"联系我们"。

（2）在"链接"选项的文本框中输入"mailto:"和地址。例如，网站管理者的 E-mail 地址是 wmaster@taste.net，则在"链接"选项的文本框中输入"mailto:zhangminna2006@163.com"，如图 4-6 所示。

图 4-6

2．利用"电子邮件链接"对话框建立电子邮件超链接

（1）在文档窗口中选择需要添加电子邮件链接的网页对象。

（2）通过以下几种方法打开"电子邮件链接"对话框。

① 选择"插入记录 > 电子邮件链接"命令。

② 单击"插入"面板"常用"选项卡中的"电子邮件链接"工具。

在"文本"选项的文本框中输入要在网页中显示的链接文字，并在"E-mail"选项的文本框中输入完整的邮箱地址，如图 4-7 所示。

图 4-7

（3）单击"确定"按钮，完成电子邮件链接的创建。

4.1.4　课堂案例——科技前沿网页

【案例学习目标】使用页面属性修改链接的状态。

【案例知识要点】使用属性面板为文字添加链接效果，如图 4-8 所示。

【效果所在位置】光盘/Ch04/效果/科技前沿网页/index.html。

（1）选择"文件 > 打开"命令，在弹出的对话框中选择光盘中的"Ch04 > clip > 科技前沿网页 > index.html"文件，单击"打开"按钮，效果如图 4-9 所示。选中文字"首页"，在"属性"面板"链接"选项的文本框中输入"#"，为文字添加链接，效果如图 4-10 所示。

图 4-8

图 4-9

图 4-10

（2）用相同的方法为其他文字添加链接，效果如图 4-11 所示。按 Ctrl+J 组合键，弹出"页面属性"对话框，在左侧的"分类"列表中选择"链接"选项，在对话框中进行设置，如图 4-12 所示，单击"确定"按钮，文字效果如图 4-13 所示。

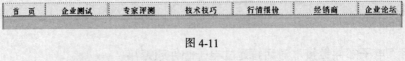

图 4-11

图 4-12

图 4-13

（3）保存文档，按 F12 键预览效果，如图 4-14 所示。当鼠标移到链接文字上时，如图 4-15 所示；单击鼠标时，如图 4-16 所示；已访问过的链接效果如图 4-17 所示。

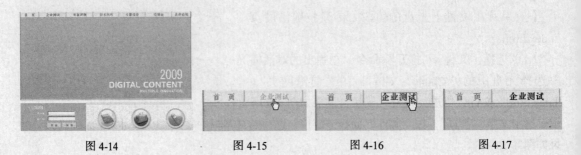

图 4-14   图 4-15   图 4-16   图 4-17

4.2 图像超链接

给图像添加链接，使其指向其他网页或者文档，这就是图像链接。

4.2.1 图像超链接

建立图像超链接的操作步骤如下。

（1）在文档窗口中选择图像。

（2）在"属性"面板中，单击"链接"选项右侧的"浏览文件"按钮 ，为图像添加文档相对路径的链接。

（3）在"替代"选项中可输入替代文字。设置替代文字后，当图片不能下载时，会在图片的位置上显示替代文字；当浏览者将鼠标指针指向图像时也会显示替代文字。

（4）按 F12 键预览网页的效果。

提示 图像超链接不像文本超链接那样，会发生许多提示性的变化，只有当鼠标指针经过图像时指针才呈现手形。

4.2.2 鼠标经过图像

"鼠标经过图像"是一种常用的互动技术，当鼠标指针经过图像时，图像会随之发生变化。一般，"鼠标经过图像"效果由两张大小相等的图像组成，一张称为主图像，另一张称为次图像。主图像是首次载入网页时显示的图像，次图像是当鼠标指针经过时更换的另一张图像。"鼠标经过图像"经常应用于网页中的按钮上。

建立"鼠标经过图像"的具体操作步骤如下。

（1）在文档窗口中将光标放置在需要添加图像的位置。

（2）通过以下几种方法打开"插入鼠标经过图像"对话框，如图 4-18 所示。

① 选择"插入记录 > 图像对象 > 鼠标经过图像"命令。

图 4-18

② 在"插入"面板的"常用"选项卡中，单击"图像"展开式工具按钮 ，选择"鼠标经过图像"选项 。

（3）在对话框中按照需要设置选项，然后单击"确定"按钮完成设置。按 F12 键预览网页。

4.2.3 课堂案例——乐器网页

【案例学习目标】使用鼠标经过图像按钮制作导航条效果。

【案例知识要点】使用鼠标经过图像按钮制作导航条效果，如图 4-19 所示。

【效果所在位置】光盘/Ch04/效果/乐器网页/index.html。

图 4-19

（1）选择"文件 > 打开"命令，在弹出的对话框中选择光盘中的"Ch04 > clip > 乐器网页 > index.html"文件，单击"打开"按钮，效果如图 4-20 所示。将光标置入到空白单元格中，如图 4-21 所示。

图 4-20

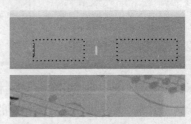

图 4-21

（2）在"插入 > 常用"面板中单击"鼠标经过图像"按钮，弹出"插入鼠标经过图像"对话框。单击"原始图像"选项右侧的"浏览"按钮，弹出"原始图像"对话框，在光盘目录下的"Ch04 > clip > 乐器网页 > images"文件夹中选择图片"01a.jpg"，单击"确定"按钮。单击"鼠标经过图像"选项右侧的"浏览"按钮，弹出"鼠标经过图像"对话框，在光盘目录下的"Ch04 > clip >乐器网页> images"文件夹中选择图片"01b.jpg"，单击"确定"按钮，如图 4-22 所示。单击"确定"按钮，文档效果如图 4-23 所示。

图 4-22

图 4-23

（3）用相同的方法为其他单元格插入图像，制作出如图 4-24 所示的效果。

图 4-24

（4）保存文档，按 F12 键预览效果，如图 4-25 所示。当鼠标移到图像上时，图像发生变化，效果如图 4-26 所示。

图 4-25

图 4-26

课堂练习——美容信息网页

【练习知识要点】使用命名锚记按钮插入锚点，制作链接效果，如图 4-27 所示。

【效果所在位置】光盘/Ch04/效果/美容信息网页/index.html。

图 4-27

课后习题——绿色食品网页

【习题知识要点】使用矩形热点工作和多边形热点工作制作链接效果，如图 4-28 所示。

【效果所在位置】光盘/Ch04/效果/绿色食品网页/index.html。

图 4-28

第5章

表格的使用

在制作网页时，表格的作用不仅是列举数据，更多地是用在网页定位上。很多网页都是以表格布局的，这是因为表格在内容的组织、页面中文本和图形的位置控制方面都有很强的功能。本章主要讲解了表格的操作方法和制作技巧。通过这些内容的学习，可以熟练地掌握数据表格的编辑方法及如何应用表格对页面进行合理的布局。

课堂学习目标

- 掌握插入表格的方法
- 掌握设置表格的方法和技巧
- 掌握在表格内添加元素的方法
- 掌握网页中数据表格的编辑方法

5.1　表格的简单操作

表格是页面布局极为有用的工具。在设计页面时，往往利用表格定位页面元素。Dreamweaver CS3 为网页制作提供了强大的表格处理功能。

5.1.1　插入表格

要将相关数据有序地组织在一起，必须先插入表格，然后才能有效地组织数据。

插入表格的具体操作步骤如下。

（1）在"文档"窗口中，将插入点放到合适的位置。

（2）通过以下几种方法启用"表格"对话框，如图 5-1 所示。

① 选择"插入记录 > 表格"命令。

② 单击"插入"面板中"常用"选项卡上的"表格"按钮 ⊞。

③ 单击"插入"布局中"布局"选项卡面板上的"表格"按钮 ⊞。

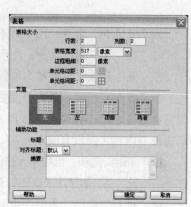

图 5-1

对话框中各选项的作用如下。

⊙ "行数"选项：设置表格的行数。

⊙ "列数"选项：设置表格的列数。

⊙ "表格宽度"选项：以像素为单位或以浏览器窗口宽度的百分比设置表格的宽度。

⊙ "边框粗细"选项：以像素为单位设置表格边框的宽度。对于大多数浏览器来说，此选项值设置为 1。如果用表格进行页面布局时将此选项值设置为 0，浏览网页时就不显示表格的边框。

⊙ "单元格边距"选项：设置单元格边框与单元格内容之间的像素数。对于大多数浏览器来说，此选项的值设置为 1。如果用表格进行页面布局时将此选项值设置为 0，浏览网页时单元格边框与内容之间没有间距。

⊙ "单元格间距"选项：设置相邻的单元格之间的像素数。对于大多数浏览器来说，此选项的值设置为 2。如果用表格进行页面布局时将此选项值设置为 0，浏览网页时单元格之间没有间距。

⊙ "标题"选项：设置表格标题，它显示在表格的外面。

⊙ "对齐标题"选项：在其下拉列表中选择表格标题相对于表格的显示位置。

⊙ "摘要"选项：对表格的说明，但是该文本不会显示在用户的浏览器中，仅在源代码中显示，可提高源代码的可读性。

（3）根据需要选择新建表格的大小、行列数值等，单击"确定"按钮完成新建表格的设置。

5.1.2　设置表格属性

插入表格后，通过选择不同的表格对象，可以在"属性"面板中看到它们的各项参数，修改

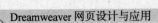

这些参数可以得到不同风格的表格。

表格的属性

表格的"属性"面板如图 5-2 所示，其各选项的作用如下。

图 5-2

- ⊙ "表格 Id"选项：用于标志表格。
- ⊙ "行"和"列"选项：用于设置表格中行和列的数目。
- ⊙ "宽"选项：以像素为单位或以浏览器窗口宽度的百分比来设置表格的宽度和高度。
- ⊙ "填充"选项：也称单元格边距，是单元格内容和单元格边框之间的像素数。对于大多数浏览器来说，此选项的值设为 1。如果用表格进行页面布局时将此参数设置为 0，浏览网页时单元格边框与内容之间没有间距。
- ⊙ "间距"选项：也称单元格间距，是相邻的单元格之间的像素数。对于大多数浏览器来说，此选项的值设为 2。如果用表格进行页面布局时将此参数设置为 0，浏览网页时单元格之间没有间距。
- ⊙ "对齐"选项：表格在页面中相对于同一段落其他元素的显示位置。
- ⊙ "边框"选项：以像素为单位设置表格边框的宽度。
- ⊙ "清除列宽"按钮 和"清除行高"按钮 ：从表格中删除所有明确指定的列宽或行高的数值。
- ⊙ "将表格宽度转换成像素"按钮 ：将表格每列宽度的单位转换成像素，还可将表格宽度的单位转换成像素。
- ⊙ "将表格宽度转换成百分比"按钮 ：将表格每列宽度的单位转换成百分比，还可将表格宽度的单位转换成百分比。
- ⊙ "背景颜色"选项：设置表格的背景颜色。
- ⊙ "边框颜色"选项：设置表格边框的颜色。
- ⊙ "背景图像"选项：设置表格的背景图像。

> **提示**　如果没有明确指定单元格间距和单元格边距的值,则大多数浏览器按单元格边距设置为 1,单元格间距设置为 2 显示表格。

5.1.3　在表格内添加元素

建立表格后，可以在表格中添加各种网页元素，如文本、图像、表格等。

1. 输入文字

在单元格中输入文字，有以下几种方法。

① 单击任意一个单元格并直接输入文本，此时单元格会随文本的输入自动扩展。

② 粘贴来自其他文字编辑软件中复制的带有格式的文本。

2. 插入其他网页元素

（1）嵌套表格。将插入点放到一个单元格内并插入表格，即可实现嵌套表格。

（2）插入图像。在表格中插入图像有以下几种方法。

① 将插入点放到一个单元格中，单击"插入"面板"常用"选项卡中的"图像"按钮🖳。

② 将插入点放到一个单元格中，选择"插入记录 > 图像"命令。

③ 将插入点放到一个单元格中，将"插入"面板中"常用"选项卡中的"图像"按钮🖳拖曳到单元格内。

从资源管理器、站点资源管理器或桌面上直接将图像文件拖到一个需要插入图像的单元格内。

5.1.4 课堂案例——建筑资讯网页

【案例学习目标】使用表格布局网页。

【案例知识要点】使用表格按钮插入表格效果，使用图像按钮插入图像，使用属性面板设置网页的页边距，如图 5-3 所示。

【效果所在位置】光盘/Ch05/效果/建筑资讯网页/index.html。

（1）启动 Dreamweaver，新建一个空白文档。新建页面的初始名称是"Untitled-1.html"。选择"文件 > 保存"命令，弹出"另存为"对话框，在"保存在"

图 5-3

选项的下拉列表中选择站点目录保存路径，在"文件名"选项的文本框中输入"index"，单击"保存"按钮，返回到编辑窗口。选择"修改 > 页面属性"命令，在弹出的"页面属性"对话框中进行设置，如图 5-4 所示，单击"确定"按钮。

（2）在"插入 > 常用"面板中单击"表格"按钮，在弹出的"表格"对话框中进行设置，如图 5-5 所示，单击"确定"按钮。保持表格的选取状态，在"属性"面板"对齐"选项的下拉列表中选择"居中对齐"选项。

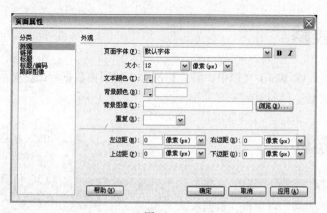

图 5-4

图 5-5

（3）将光标置入到第 1 行中，在"插入 > 常用"面板中单击"图像"按钮🖳，在弹出的"选择图像源文件"对话框中选择光盘目录下的"Ch05 > clip > 建筑资讯网页 > images"文件夹中的

"01.jpg"文件,单击"确定"按钮完成图片的插入,效果如图 5-6 所示。

(4)将光标置入到第 2 行中,在"属性"面板中,将"背景颜色"设为灰色(#8B98A1)。用相同的方法,将光盘目录下的"Ch05 > clip > 建筑资讯网页 > images"文件夹中的"02.jpg"文件插入到第 2 行中,效果如图 5-7 所示。

图 5-6

图 5-7

(5)选中图片,在"属性"面板中进行设置,如图 5-8 所示。窗口中效果如图 5-9 所示。保存文档,按 F12 键,可以预览效果。

图 5-8

图 5-9

5.2 网页中的数据表格

若将一个网页的表格导入到其他网页或 Word 文档中,需先将网页内的表格数据导出,然后将其导入到其他网页中或切换并导入到 Word 文档中。

5.2.1 导入和导出表格的数据

(1)将网页内的表格数据导出。选择"文件 > 导出 > 表格"命令,弹出如图 5-10 所示的"导出表格"对话框,根据需要设置参数,单击"导出"按钮,弹出"表格导出为"对话框,输入保存导出数据的文件名称,单击"保存"按钮完成设置。

图 5-10

"导出表格"对话框中各选项的作用如下。

⊙"定界符"选项：设置导出文件所使用的分隔符字符。

⊙"换行符"选项：设置打开导出文件的操作系统。

（2）在其他网页中导入表格数据。首先要启用"导入表格式数据"对话框，如图 5-11 所示。然后根据需要进行选项设置，最后单击"确定"按钮完成设置。启用"导入表格式数据"对话框，有以下几种方法。

① 选择"文件 > 导入 > 表格式数据"命令。

② 选择"插入记录 > 表格对象 > 导入表格式数据"命令。

"导入表格式数据"对话框中各选项的作用如下。

① "数据文件"选项：单击"浏览"按钮选择要导入的文件。

② "定界符"选项：设置正在导入的表格文件所使用的分隔符，包括 Tab、逗点等选项值。如果选择"其他"选项，在选项右侧的文本框中输入导入文件使用的分隔符，如图 5-12 所示。

图 5-11

图 5-12

③ "表格宽度"选项组：设置将要创建的表格宽度。

⊙"单元格边距"选项：以像素为单位设置单元格内容与单元格边框之间的距离。

⊙"单元格间距"选项：以像素为单位设置相邻单元格之间的距离。

⊙"格式化首行"选项：设置应用于表格首行的格式。从下拉列表的"无格式"、"粗体"、"斜体"和"加粗斜体"选项中进行选择。

⊙"边框"选项：设置表格边框的宽度。

5.2.2　课堂案例——设计家园网页

【案例学习目标】使用导入表格式数据命令导入外部表格数据。

【案例知识要点】使用属性面板改变表格的高度和背景颜色。效果如图 5-13 所示。

【效果所在位置】光盘/Ch05/效果/设计家园网页/index.html。

（1）选择"文件 > 打开"命令，在弹出的菜单中选择"Ch05 > clip >设计家园网页> index.html"文件，如图 5-14 所示。将光标放置在要导入表格数据的

图 5-13

位置，如图 5-15 所示。选择"插入记录 > 表格对象 > 导入表格式数据"命令，弹出"导入表格式数据"对话框。

图 5-14　　　　　　　　　　　　　　　　图 5-15

（2）在对话框中单击"数据文件"选项右侧的"浏览"按钮，弹出"打开"对话框，在光盘目录下的"Ch05 > clip > 设计家园网页"文件夹中选择文件"shuju.txt"，单击"打开"按钮，返回到对话框中，其他选项的设置如图 5-16 所示，单击"确定"按钮，导入表格式数据，如图 5-17 所示。

图 5-16　　　　　　　　　　　　　　　　图 5-17

（3）保持表格的选取状态，在"属性"面板中进行设置，如图 5-18 所示，表格效果如图 5-19 所示。

图 5-18

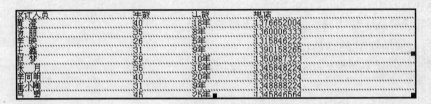

图 5-19

（4）将鼠标置入到第 1 行第 1 列中，按住 Shift 键的同时，单击表格的第 10 行第 4 列，将表格的单元格全部选取中，如图 5-20 所示。在"属性"面板中将"水平"选项设为"居中对齐"，将"垂直"选项设为"居中"，"高"选项设为"25"，表格效果如图 5-21 所示。

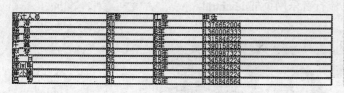

图 5-20　　　　　　　　　　　　　　　　　　图 5-21

（5）将导入表格的第 1 行单元格全部选中，在"属性"面板中，将"背景颜色"选项设为澄色（#F5BC55），"高"选项设为"30"，文本颜色设为白色，如图 5-22 所示，表格效果如图 5-23 所示。

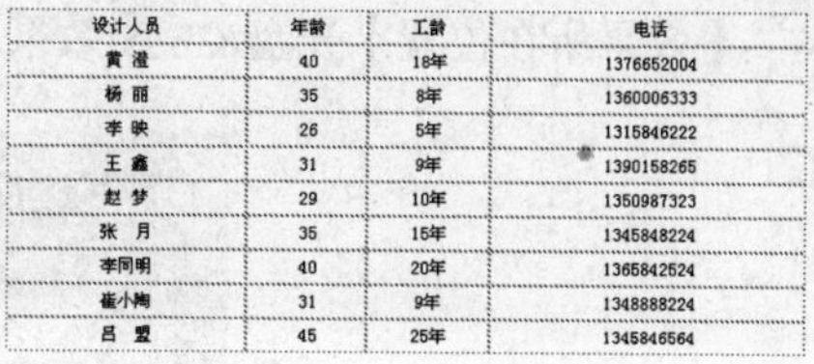

图 5-22　　　　　　　　　　　　　　　　　　图 5-23

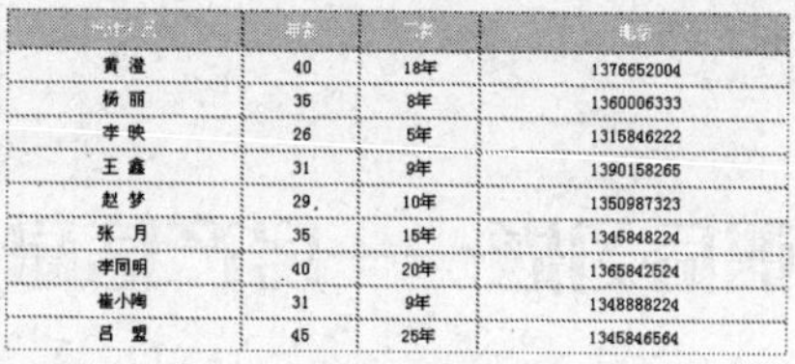

（6）将表格的第 3 行单元格全部选中，在"属性"面板中，将"背景颜色"选项设为橙色（#F5BC55），如图 5-24 所示。用相同的方法，设置其他单元格的背景颜色，效果如图 5-25 所示。

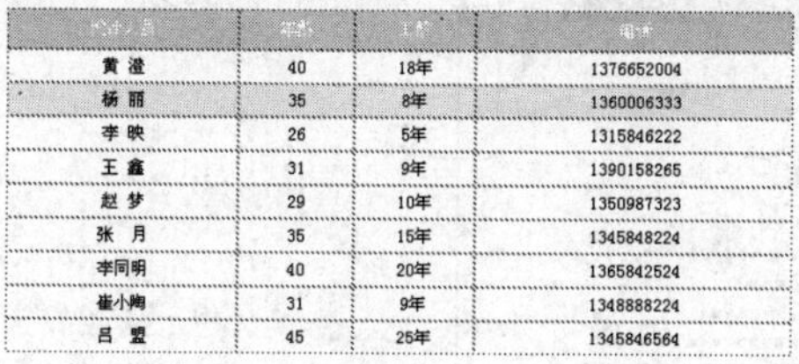

图 5-24　　　　　　　　　　　　　　　　　　图 5-25

（7）保存文档，按 F12 键预览效果，如图 5-26 所示。

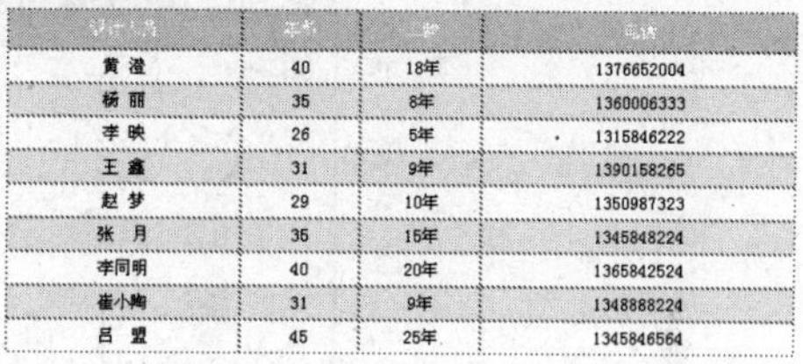

图 5-26

课堂练习——流行音乐网页

【练习知识要点】使用表格布局网页，使用插入列命令插入单元格，如图 5-27 所示。

【效果所在位置】光盘/Ch05/效果/流行音乐网页/index.html。

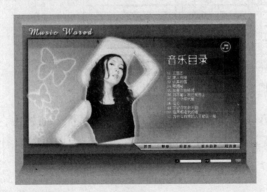

图 5-27

课后习题——房产信息网页

【习题知识要点】使用表格布局网页，使用图像按钮插入图像，使用合并所选单元格，使用跨度按钮合并所选单元格，如图 5-28 所示。

【效果所在位置】光盘/Ch05/效果/房产信息网页/index.html。

图 5-28

第6章

框架

　　框架的作用是把浏览器窗口划分为若干个区域,每个区域可以分别显示不同的页面。框架的出现大大地丰富了网页的布局手段以及页面之间的组织形式。本章主要讲解了创建设置框架和框架集的方法,通过这些内容的学习,可以合理地来组织页面中的框架,使浏览者通过框架可以很方便地在不同的页面之间跳转及操作。

课堂学习目标

- 掌握创建框架集的方法
- 掌握为框架添加内容的方法
- 掌握设置框架和框架集属性的方法

6.1 创建框架和框架集

框架可以简单地理解为是对浏览器窗口进行划分后的子窗口。每一个子窗口是一个框架，它显示一个独立的网页文档内容，而这组框架结构被定义在名叫框架集的 HTML 网页中。

6.1.1 创建框架集

在 Dreamweaver CS3 中，可以利用可视化工具方便地创建框架集。

（1）选择"文件 > 新建"命令，弹出"新建文档"对话框。

（2）在左侧的列表中选择"示例中的页"选项，在"示例文件夹"选项中选择"框架集"选项，在右侧的"示例页"选项框中选择一个框架集，如图 6-1 所示。

（3）单击"创建"按新建一个框架网页。

图 6-1

6.1.2 为框架添加内容

因为每一个框架都是一个 HTML 文档，所以可以在创建框架后，直接编辑某个框架中的内容，也可在框架中打开已有的 HTML 文档，具体操作步骤如下。

（1）在文档窗口中，将光标放置在某一框架内。

（2）选择"文件 > 在框架中打开"命令，如图 6-2 所示，打开一个已有文档，如图 6-3 所示。

图 6-2

图 6-3

6.1.3 保存框架集和全部框架

使用"保存全部"命令可以保存所有的文件，包括框架集和每个框架。选择"文件 > 保存全部"命令，先弹出的"另存为"对话框是用于保存框架集的，此时框架集边框显示选择线，如

图 6-4 所示；之后弹出的"另存为"对话框是用于保存每个框架的，此时文档窗口中的选择线也会自动转移到对应的框架上，据此可以知道正在保存的框架，如图 6-5 所示。

图 6-4

图 6-5

6.1.4 课堂案例——超齐运动网页

【案例学习目标】使用"新建"命令建立框架集，使用"页面属性"改变页面的边距。

【案例知识要点】使用上方固定框架制作的网页的结构图效果，使用"属性"面板改变框架的大小，使用"表格"按钮插入表格制作完整的框架网页效果，如图 6-6 所示。

【效果所在位置】光盘/Ch06/效果/超齐运动网页/index.html。

图 6-6

（1）选择"文件 > 新建"命令，弹出"新建文档"对话框，在对话框中进行设置，如图 6-7 所示。单击"创建"按钮，创建一个框架网页，效果如图 6-8 所示。

图 6-7

图 6-8

（2）选择"文件 > 保存全部"命令，弹出"另存为"对话框，在"保存在"选项的下拉列表中选择当前站点目录保存路径，整个框架边框会出现一个阴影框，阴影出现在整个框架集内侧，询问的是框架集的名称，在"文件名"选项的文本框中输入"index"，如图 6-9 所示。单击"保存"按钮，此时底部的框架出现虚线，询问的是底部框架的名称，在"文件名"选项的文本框中输入"bottom"。单击"保存"按钮，此时顶部的框架出现虚线，询问的是顶部框架的名称，在"文件名"选项的文本框中输入"top"，单击"保存"按钮，框架网页保存完成。

（3）将光标置入到顶部框架中，选择"修改 > 页面属性"命令，弹出"页面属性"对话框，在对话框中进行设置，如图 6-10 所示，单击"确定"按钮，完成页面属性的修改。

图 6-9

图 6-10

（4）单击框架上下边界线，如图 6-11 所示，在框架集"属性"面板中"行"选项的数值框中输入"130"，按 Enter 键，效果如图 6-12 所示。

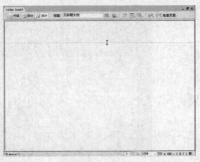
图 6-11

图 6-12

（5）将光标置入到顶部框架中，在"插入"面板的"常用"选项卡中单击"图像"按钮，在弹出的"选择图像源文件"对话框中选择光盘目录下"Ch06 > clip > 超齐运动网页 > images"文件夹中的"01_01.jpg"，单击"确定"按钮完成图片的插入，效果如图 6-13 所示。

（6）用相同的方法设置底部框架的页面距，插入光盘目录下"Ch06 > clip > 超齐运动网页 > images"文件夹中的"01_02.jpg"，效果如图 6-14 所示。

图 6-13

图 6-14

（7）保存框架，按 F12 键预览效果，如图 6-15 所示。

图 6-15

6.2　设置框架和框架集的属性

框架是框架集的组成部分，在框架集内，可以通过框架集的属性来设定框架间边框的颜色、宽度、框架大小等。还可通过框架的属性来设定框架内显示的文件、框架的内容是否滚动、框架在框架集内的缩放等。

6.2.1　设置框架属性

选中要查看属性的框架，选择"窗口 > 属性"命令，启用"属性"面板，如图 6-16 所示。

图 6-16

"属性"面板中的各选项的作用介绍如下。

⊙"框架名称"选项：可以为框架命名。框架名称以字母开头，由字母、数字和下划线组成。利用此名称，用户可在设置链接时在"目标"选项中指定打开链接文件的框架。

⊙"源文件"选项：提示框架当前显示的网页文件的名称及路径。还可利用此选项右侧的"浏览文件"按钮，浏览并选择在框架中打开的网页文件。

⊙"边框"选项：设置框架内是否显示边框。为框架设置"边框"选项将重写框架集的边框设置。大多数浏览器默认为显示边框，但当父框架集的"边框"选项设置为"否"且共享该边框的框架都将"边框"选项设置为"默认值"时，或共享该边框的所有框架都将"边框"选项设置为"否"时，边框会被隐藏。

⊙"滚动"：设置框架内是否显示滚动条，一般设为"默认"。大多数浏览器将"默认"选项认为是"自动"，即只有在浏览器窗口没有足够的空间显示内容时才显示滚动条。

⊙"不能调整大小"选项：设置用户是否可以在浏览器窗口中通过拖曳鼠标手动修改框架的大小。

⊙ "边框颜色"选项：设置框架边框的颜色。此颜色应用于与框架接触的所有边框，并重写框架集的颜色设置。

⊙ "边界宽度"、"边界高度"选项：以像素为单位设置框架内容和框架边界间的距离。

6.2.2 设置框架集属性

选择要查看属性的框架集，然后选择"窗口 > 属性"命令，启用"属性"面板，如图 6-17 所示。

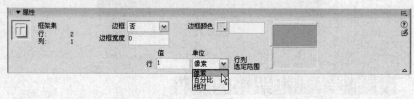

图 6-17

"属性"面板中的各选项的作用介绍如下。

⊙ "边框"选项：设置框架集中是否显示边框。若显示边框则设置为"是"，若不显示边框则设置为"否"，若允许浏览器确定是否显示边框则设置为"默认"。

⊙ "边框颜色"选项：设置框架集中所有边框的颜色。

⊙ "边界宽度"选项：设置框架集中所有边框的宽度。

⊙ "行"或"列"选项：设置选定框架集的各行和各列的框架大小。

⊙ "单位"选项：设置"行"或"列"选项的设定值是相对的还是绝对的。它包括以下几个选项值。

"像素"选项用于将"行"或"列"选项设定为以像素为单位的绝对值。对于大小始终保持不变的框架而言，此选项值为最佳选择。

"百分比"选项用于设置行或列相对于其框架集的总宽度和总高度的百分比。

"相对于"选项用于在为"像素"和"百分比"分配框架空间后，为选定的行或列分配其余可用空间，此分配是按比例划分的。

6.2.3 课堂案例——儿童日记

【案例学习目标】使用"新建"命令建立框架集，使用"页面属性"改变页面的边距。

【案例知识要点】使用页面属性命令设置网页边距，使用属性面板设置框架大小，如图 6-18 所示。

【效果所在位置】光盘/Ch06/效果/儿童日记/index.html。

（1）选择"文件 > 新建"命令，弹出"新建文档"对话框，在对话框中进行设置，如图 6-19 所示，单击"创建"按钮，创建一个框架网页，效果如图 6-20 所示。

图 6-18

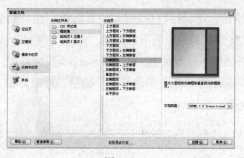

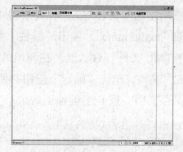

图 6-19 图 6-20

（2）选择"文件 > 保存全部"命令，弹出"另存为"对话框，整个框架集内侧边框会出现一个阴影框，在"保存在"选项下拉列表中选择当前站点目录保存路径，在"文件名"选项的文本框中输入"index"，单击"保存"按钮，在"文件名"选项的文本框中输入"right"，单击"保存"按钮，在"文件名"选项的文本框中输入"left"，单击"保存"按钮，完成框架网页的保存。

（3）将光标置入到左侧框架中，选择"修改 > 页面属性"命令，弹出"页面属性"对话框，单击"分类"选项列表中的"外观"选项，在对话框中进行设置，如图 6-21 所示，单击"确定"按钮。选择"窗口 > 框架"命令，弹出"框架"面板，在"框架"面板中单击的"mainFrame"，如图 6-22 所示，文档窗口中框架的边框会出现虚线轮廓。

图 6-21 图 6-22

（4）单击"属性"面板"源文件"选项右侧的"浏览文件夹"按钮，弹出"选择 HTML 文件"对话框，在弹出的对话框中选择光盘"Ch06 > clip >儿童日记"目录下的"left1.html"文件，单击"确定"按钮，弹出提示对话框，单击"是"按钮，效果如图 6-23 所示。

（5）将鼠标指针放到框架边框上，当出现双向键头时，向左侧拖曳。在"属性"面板中"列"选项的文本框中输入"465"，效果如图 6-24 所示。

图 6-23 图 6-24

（6）将光标置入到右侧的框架中，用相同的方法设置右侧框架的页面距。在"框架"控制面板中选择的"mainFrame"，单击"属性"面板"源文件"选项右侧的"浏览文件夹"按钮📂，弹出"选择 HTML 文件"对话框，在弹出的对话框中选择光盘"Ch06 > clip >儿童日记"目录下的"right1.html"文件，单击"确定"按钮，弹出提示对话框，单击"是"按钮，效果如图 6-25 所示。

（7）保存文档，按 F12 键预览效果，如图 6-26 所示。

图 6-25

图 6-26

课堂练习——数码相机网页

【练习知识要点】使用 iframe 标签制作内联框架效果，如图 6-27 所示。

【效果所在位置】光盘/Ch06/效果/数码相机网页/index.html。

图 6-27

课后习题——吉他网页

【习题知识要点】使用框架布局网页，使用属性面板改变框架的大小，如图 6-28 所示。

【效果所在位置】光盘/Ch06/效果/吉他网页/index.html。

图 6-28

第7章

层和时间轴的使用

本章主要讲解了网页中层的基本操作方法和时间轴动画的应用技巧。通过这些内容的学习，能够在一个网页中创建多个层，也能够自定义各层之间的层关系，可以给网页制作提供强大的页面控制能力。应用时间轴的功能，能够在 Dreamweaver 中实现动画的效果。

课堂学习目标

- 掌握创建和选择层的方法
- 掌握设置层属性的方法
- 熟练运用时间轴功能

7.1 层的基本操作

层作为网页的容器元素，可以包含文本、图像、表单、插件，甚至层内可以包含其他层。在 HTML 文档的正文部分可以放置的元素都可以放入层中。

7.1.1 创建层

创建层的方法有 4 种。

（1）插入层：把鼠标光标放置于文档窗口中要插入层的位置，选择"插入记录 > 布局对象 > AP Div"命令。

（2）拖放层：将"插入"面板中"布局"选项卡中的"绘制 AP Div"按钮 拖曳到文档窗口中，释放鼠标，此时在文档窗口中，出现一个矩形层，如图 7-1 所示。

（3）绘画层：单击"插入"面板中"布局"选项卡中的"绘制 AP Div"按钮 。此时，在文档窗口中，鼠标指针呈"+"形。按住鼠标左键拖曳，画出一个矩形层，如图 7-2 所示。

（4）画多层：单击"绘制 AP Div"按钮 ，按住 Ctrl 键的同时按住鼠标左键拖曳鼠标，画出一个矩形层。只要不释放 Ctrl 键，就可以继续绘制新的层，如图 7-3 所示。

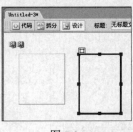

图 7-1　　　　　　　　　图 7-2　　　　　　　　　图 7-3

7.1.2 选择层

1．选择一个层

（1）利用层面板选择一个层。选择"窗口 > AP 元素"命令，弹出"AP 元素"控制面板，如图 7-4 所示。在"AP 元素"控制面板中，单击该层的名称。

（2）在文档窗口中选择一个层，有以下几种方法。

① 单击一个层的边框。

② 在一个层中按住 Ctrl+Shift 组合键并单击它。

③ 单击一个选择层的选择柄 。如果选择柄 不可见，可以在该层中的任意位置单击以显示该选择柄。

2．选定多个层

选择"窗口 > AP 元素"命令，弹出"AP 元素"控制面板。在"AP 元素"控制面板中，按住 Shift 键并单击两个或更多的层名称。

在文档窗口中按住 Shift 键并单击两个或更多个层的边框内（或边框上）。当选定多个层时，

当前层的大小调整柄将以蓝色突出显示，其他层的大小调整柄则以白色显示，如图 7-5 所示，并且只能对当前层进行操作。

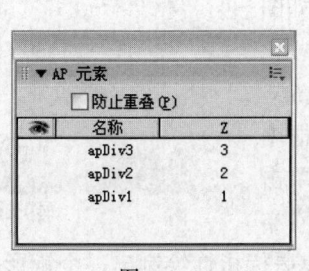

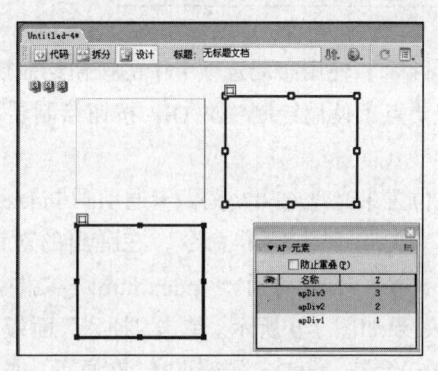

图 7-4　　　　　　　　　　　　　　　　　　图 7-5

7.1.3　设置层的默认属性

当层插入后，其属性为默认值，如果想查看或修改层的属性，选择"编辑 > 首选参数"命令，弹出"首选参数"对话框，在"分类"选项列表中选择"AP 元素"选项，此时，可查看或修改层的默认属性，如图 7-6 所示。

⊙ "显示"选项：设置层的初始显示状态。此选项的下拉列表中包含以下几个选项。

"default"选项：默认值，一般情况下，大多数浏览器都会默认为"inherit"。

"inherit"选项：继承父级层的显示属性。

"visible"选项：表示不管父级层是什么都显示层的内容。

"hidden"选项：表示不管父级层是什么都隐藏层的内容。

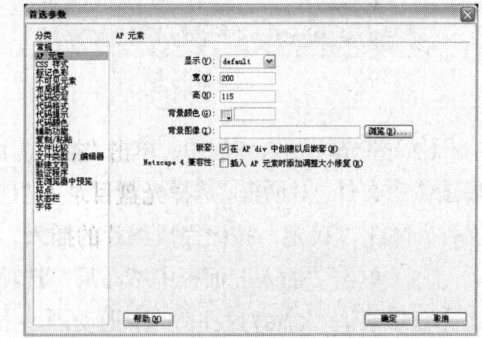

⊙ "宽"和"高"选项：定义层的默认大小。

⊙ "背景颜色"选项：设置层的默认背景颜色。

图 7-6

⊙ "背景图像"选项：设置层的默认背景图像。单击右侧的"浏览"按钮 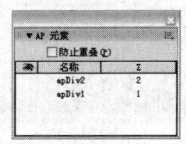 选择背景图像文件。

⊙ "嵌套"选项：设置在层出现重叠时，是否采用嵌套方式。

⊙ "Netscape 4 兼容性"选项：选择此选项，当插入层时，固定其大小。

7.1.4　"AP 元素"控制面板

通过"AP 元素"控制面板可以管理网页文档中的层。选择"窗口 > AP 元素"命令，启用"AP 元素"控制面板，如图 7-7 所示。

使用"AP 元素"控制面板可以防止层重叠，更改层的可见性，将层嵌套或层叠，以及选择一个或多个层。

图 7-7

7.1.5 课堂案例——卡通动画

【案例学习目标】使用布局选项卡中的按钮绘制层。

【案例知识要点】使用绘制 AP Div 按钮绘制层，如图 7-8 所示。

【效果所在位置】光盘/Ch07/效果/卡通动画/index.html。

（1）选择"文件 > 打开"命令，在弹出的对话框中选择"Ch07 > clip > 卡通动画 > index.html"文件，单击"打开"按钮，效果如图 7-9 所示。单击"插入"面板中"布

图 7-8

局"选项卡上的"绘制 AP Div"按钮，在页面中拖曳鼠标指针绘制出一个矩形层，如图 7-10 所示。

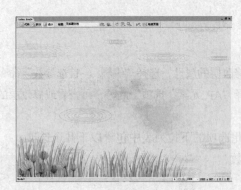

图 7-9

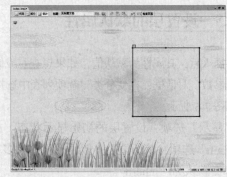

图 7-10

（2）将光标置入到层中，单击"插入"面板中"常用"选项卡中的"图像"按钮，弹出"选择图像源文件"对话框，选择光盘目录下"Ch07 > clip > 卡通动画 > images"文件夹中的"02.png"文件，单击"确定"按钮完成图片的插入，效果如图 7-11 所示。

（3）单击"插入"面板中"布局"选项卡上的"绘制 AP Div"按钮，再次绘制矩形层，将光盘目录下"Ch07 > clip > 卡通动画 > images"文件夹中的"03.png"文件插入到层中，效果如图 7-12 所示。

（4）保存文档，按 F12 键，预览效果，如图 7-13 所示。

图 7-11

图 7-12

图 7-13

7.2　时间轴动画

Dreamweaver CS3 提供制作简单动画片和复杂路径动画的功能，不仅可以将层添加到时间轴上制作动画的效果，还可以将图像添加到时间轴上制作幻灯片效果。

7.2.1　"时间轴"面板

"时间轴"面板用于显示层与图像随时间变化的属性。选择"窗口 > 时间轴"命令，可以启用"时间轴"面板，如图 7-14 所示。

⊙ "时间轴"下拉列表：指定当前时间轴。

⊙ "回退"按钮：移动播放头到时间轴的第 1 帧。

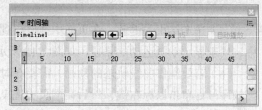

⊙ "后退"按钮：将播放头向左移动一帧。

⊙ "播放"按钮：将播放头向右移动一帧。

⊙ "Fps"选项：设置每秒钟播放的帧数。

图 7-14

⊙ "自动播放"选项：使时间轴在当前页面读入浏览器后自动开始播放。当选择此复选框后，会附加一个行为到页面的<body>标签，该行为在页面读入浏览器后选择播放时间轴动作。

⊙ "循环"选项：使时间轴在当前页面读入浏览器后进行无限循环播放。

⊙ "动画"通道：显示层和图像的动画条。

⊙ "行为"通道：为时间轴上的某帧添加行为的通道。

⊙ "帧序号"：表示帧数的编号。

⊙ "播放头"：显示当前网页上动画的当前播放帧。

⊙ "动画条"：显示每个对象的动画持续时间。

⊙ "关键帧"：描绘动画的起始帧和结束帧，一般情况下，通过修改关键帧上层或图像的属性来实现动画效果。

7.2.2　使用时间轴移动层

使用时间轴制作层动画的具体操作步骤如下。

（1）创建一个层，并在层中插入一张图片，如图 7-15 所示。

（2）选择"窗口 > 时间轴"命令，启用"时间轴"面板。

（3）选中当前创建的层，将层拖曳到"时间轴"面板中适当的帧序号处。添加对象到"时间轴"面板有以下几种方法。

① 将层直接拖曳到"时间轴"面板中，然后释放鼠标。

图 7-15

② 单击"时间轴"面板右上角的按钮，在弹出的菜单中选择"添加对象"命令。

③ 选择"修改 > 时间轴 > 增加对象到时间轴"命令。

④ 在"时间轴"面板中单击鼠标右键，在弹出的菜单中选择"添加对象"命令。

此时，一个动画条出现在时间轴的第 1 个通道中，层的名字出现在动画条中，如图 7-16 所示。

（4）在"时间轴"面板中拖曳结束关键帧到适当的帧序号处，以确定动画的播放时间，如图 7-17 所示。

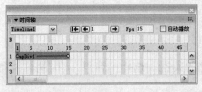
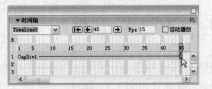

图 7-16   图 7-17

（5）选定结束关键帧，在页面中拖曳层到动画的结束位置，这时，一条直线出现在文档窗口中，用于显示动画运动的路径，如图 7-18 所示。

（6）若要制作曲线轨迹的动画，需要在时间轴上添加关键帧。按住 Ctrl 键的同时在时间轴适当帧序号处单击鼠标左键，然后在网页中拖曳层到适当的位置即可，效果如图 7-19 所示。

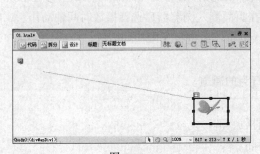
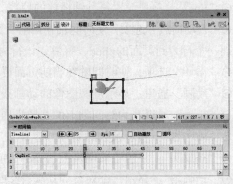

图 7-18   图 7-19

（7）按住"时间轴"面板中的"播放"按钮 ➡ 不放，在页面中预览动画效果，可以看到层以曲线方式运动。

7.2.3 课堂案例——茶空间

【案例学习目标】使用时间轴和层制作动画效果。

【案例知识要点】使用时间轴面板，以及添加关键帧命令制作叶子下落效果，如图 7-20 所示。

【效果所在位置】光盘/Ch07/效果/茶空间/index.html。

（1）选择"文件 > 打开"命令，在弹出的菜单中选择"Ch07 > clip > 茶空间 > index.html"文件，如图 7-21 所示。分别将两个有树叶图像的层拖曳到"时间轴"面板中，如图 7-22 所示。

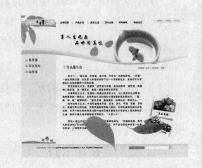

图 7-20

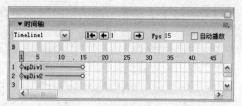

图 7-21　　　　　　　　　　　图 7-22

（2）在"时间轴"面板中，拖动"apDiv1"动画条扩展到 30 帧，增长动画时间，如图 7-23 所示。按住 Ctrl 键的同时，分别在第 10 帧、第 20 帧处单击鼠标添加关键帧，如图 7-24 所示。

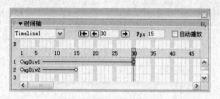

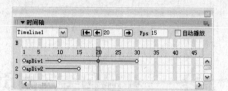

图 7-23　　　　　　　　　　　图 7-24

（3）选中"apDiv1"的第 10 帧，在文档窗口中将第 10 帧中的层向右下方拖曳，如图 7-25 所示。选中"apDiv1"的第 20 帧，在文档窗口中将第 20 帧中的层向左下方拖曳，如图 7-26 所示。

图 7-25　　　　　　　　　　　图 7-26

（4）选中"apDiv1"的第 30 帧，在文档窗口中将第 30 帧中的层移动到树叶消失的左下侧，如图 7-27 所示。用相同的方法，将"apDiv2"动画条扩展到 30 帧，增长动画时间，分别在第 10 帧、第 20 帧处添加关键帧后，制作出希望的形状路径，如图 7-28 所示。

图 7-27　　　　　　　　　　　图 7-28

（5）选择各个图层最后的第 30 帧，在"属性"面板"可见性"选项的下拉列表中选择"inherit"，在"时间轴"面板中，勾选"自动播放"和"循环"复选框，如图 7-29 所示。

（6）保存文档，按 F12 键预览效果，如图 7-30 所示。

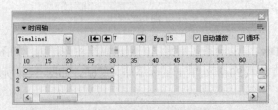

图 7-29

图 7-30

课堂练习——礼品包装盒网页

【练习知识要点】使用 AP Div 按钮绘制层，使用时间轴和关键帧命令制作自动更换图像效果，如图 7-31 所示。

【效果所在位置】光盘/Ch07/效果/礼品包装盒网页/index.html。

图 7-31

课后习题——家庭生活照片网页

【习题知识要点】使用层和时间轴制作文字下落动画效果，如图 7-32 所示。

【效果所在位置】光盘/Ch07/效果/家庭生活照片网页/index.html。

图 7-32

第8章

CSS 样式

通过 CSS 的样式定义，可以将网页制作得更加绚丽多彩。本章主要对 CSS 的技术应用进行了讲解。通过这些内容的学习，可以使设计者轻松、有效地对页面的整体布局、颜色、字体、链接、背景以及同一页面的不同部分、不同页面的外观和格式等效果进行精确的控制。

课堂学习目标

- 了解 CSS 样式
- 掌握 CSS 属性
- 熟练运用 CSS 过滤器

8.1 CSS 样式概述

CSS 是 "Cascading Style Sheet" 的缩写，有些书上把它译为 "层叠样式单" 或 "级联样式单"，它是一种叫做样式表（stylesheet）的技术，因此也有的人称之为层叠样式表（Cascading Stylesheet）。

8.1.1 "CSS 样式" 面板

"CSS 样式"控制面板如图 8-1 所示，它由样式列表和底部的按钮组成。样式列表用于查看与当前文档相关联的样式定义以及样式的层次结构。"CSS 样式"控制面板可以显示自定义 CSS 样式、重定义的 HTML 标签和CSS 选择器样式的样式定义。

图 8-1

"CSS 样式"控制面板底部共有 4 个快捷按钮，它们的含义介绍如下。

⊙ "附加样式表"按钮 ： 用于将创建的任何样式表附加到页面或复制到站点中。

⊙ "新建 CSS 规则"按钮 ： 用于创建自定义 CSS 样式、重定义的 HTML 标签和 CSS 选择器样式。

⊙ "编辑样式表"按钮 ： 用于编辑当前文档或外部样式表中的任何样式。

⊙ "删除嵌入样式表"按钮 ： 用于删除 "CSS 样式"控制面板中所选的样式，并从应用该样式的所有元素中删除格式。

8.1.2 CSS 样式的类型

层叠样式表是一系列格式规则，它们控制网页各元素的定位和外观，实现 HTML 无法实现的效果。在 Dreamweaver CS3 中可以运用的样式分为重定义 HTML 标签样式、自定义样式、使用 CSS 选择器 3 类。

1. 重定义 HTML 标签样式

重定义 HTML 标签样式是对某一 HTML 标签的默认格式进行重定义，从而使网页中的所有该标签的样式都自动跟着变化。例如，我们重新定义表格的边框线是红色中粗线，则页面中所有表格的边框都会自动被修改。原来表格的效果如图 8-2 所示，重定义 table 标签后的效果如图 8-3 所示。

图 8-2   图 8-3

2．CSS 选择器样式

使用 CSS 选择器对用 ID 属性定义的特定标签应用样式。一般网页中某些特定的网页元素使用 CSS 选择器定义样式。例如，设置 ID 为 HH 行的背景色为黄色，如图 8-4 所示。

3．自定义样式

先定义一个样式，然后选择不同的网页元素应用此样式。一般情况下，自定义样式与脚本程序配合改变对象的属性，从而产生动态效果。例如，多个表格的标题行的背景色均设置为蓝色，如图 8-5 所示。

图 8-4　　　　　　　　　　　　　　　　　图 8-5

8.2　CSS 属性

CSS 样式可以控制网页元素的外观，如定义字体、颜色、边距等，这些都可以通过设置 CSS 样式的属性来实现。CSS 样式属性有很多种分类，包括"类型"、"背景"、"区块"、"方框"、"边框"、"列表"、"定位"、"扩展" 8 个分类，分别设定不同网页元素的外观。下面分别进行介绍。

8.2.1　类型

"类型"分类主要是定义网页中文字的字体、字号、颜色等，"类型"选项面板如图 8-6 所示。

图 8-6

8.2.2　背景

"背景"分类用于在网页元素后加入背景图像或背景颜色，"背景"选项面板如图 8-7 所示。

8.2.3　区块

"区块"分类用于控制网页中块元素的间距、对齐方式和文字缩进等属性。块元素可以是文本、图像和层等。"区块"的选项面板如图 8-8 所示。

图 8-7　　　　　　　　　　　　　　　图 8-8

8.2.4　方框

CSS 将网页中所有的块元素可被看成包含在盒子中，这个盒子分成 4 部分，如图 8-9 所示。"方框"属性与"边框"属性都是针对盒子中的各部分的，"方框"选项面板如图 8-10 所示。

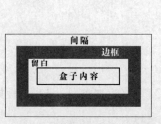

图 8-9　　　　　　　　　　　　　　　图 8-10

8.2.5　边框

"边框"分类主要是针对盒子边框而言的，"边框"选项面板如图 8-11 所示。

8.2.6　列表

"列表"分类用于设置项目符号或编号的外观，"列表"选项面板如图 8-12 所示。

图 8-11

图 8-12

8.2.7 定位

"定位"分类用于精确控制网页元素的位置，主要针对层的位置进行控制，"定位"选项面板如图 8-13 所示。

8.2.8 扩展

"扩展"分类主要用于控制鼠标指针形状、控制打印时的分页以及为网页元素添加滤镜效果，但它仅支持 IE 浏览器 4.0 或更高的版本，"扩展"选项面板如图 8-14 所示。

图 8-13

图 8-14

8.2.9 课堂案例——彩妆网页

【案例学习目标】使用 CSS 样式制作文字竖排效果。

【案例知识要点】使用绘制 AP Div 按钮绘制层，使用 CSS 样式命令制作文字竖排效果，如图 8-15 所示。

【效果所在位置】光盘/Ch08/效果/彩妆网页/index.html。

（1）选择"文件 > 打开"命令，在弹出的菜单中选择 "Ch08 > clip > 彩妆网页>index.html"文件，效果如图 8-16 所示。选择"窗口 >CSS 样式"命令，弹出"CSS 样式"面

图 8-15

板，单击面板下方的"新建 CSS 规则"按钮 ，在弹出的对话框中进行设置，如图 8-17 所示。

图 8-16 图 8-17

（2）单击"确定"按钮，弹出".tnt 的 CSS 规则定义"对话框，如图 8-18 所示，在对话框中进行设置，单击"确定"按钮。在"CSS 样式"面板中选择".tnt"选项，单击面板下方的"显示类别视图"按钮 ，选择"扩展"选项下拉列表中的"writing-mode"选项，在右侧的文本框中输入"tb-rl"，如图 8-19 所示。

图 8-18 图 8-19

（3）单击"插入 > 布局"面板上的"绘制 AP Div"按钮 ，在页面下方拖动鼠标绘制一个矩形层，如图 8-20 所示。将光标置入到层内，输入文字，效果如图 8-21 所示。

图 8-20 图 8-21

（4）选中层，在"属性"面板的"类"选项下来列表中选择"tnt"，如图 8-22 所示。保存文档，按 F12 键，预览效果，如图 8-23 所示。

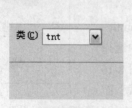

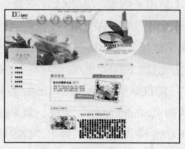

图 8-22 图 8-23

8.3　过滤器

随着网页设计技术的发展，人们希望能在页面中添加一些多媒体属性，如渐变、过滤效果等，CSS 技术使这些成为可能。Dreamweaver 提供的"CSS 过滤器"属性可以将可视化的过滤器和转换效果添加到一个标准的 HTML 元素上。

8.3.1　CSS 的静态过滤器

CSS 中有静态过滤器和动态过滤器两种过滤器。静态过滤器使被施加的对象产生各种静态的特殊效果。IE 浏览器 4.0 版本支持以下 13 种静态过滤器。

（1）Alpha 过滤器：让对象呈现渐变的半透明效果，包含选项及其功能介绍如下。

Opacity 选项：以百分比的方式设置图片的透明程度，取值范围为 0~100，0 表示完全透明，100 表示完全不透明。

FinishOpacity 选项：和 Opacity 选项一起以百分比的方式设置图片的透明渐进效果，取值范围为 0~100，0 表示完全透明，100 表示完全不透明。

Style 选项：设定渐进的显示形状。

StartX 选项：设定渐进开始的 X 坐标值。

StartY 选项：设定渐进开始的 Y 坐标值。

FinishX 选项：设定渐进结束的 X 坐标值。

FinishY 选项：设定渐进结束的 Y 坐标值。

（2）Blur 过滤器：让对象产生风吹的模糊效果，包含选项及其功能介绍如下。

Add 选项：是否在应用 Blur 过滤器的 HTML 元素上显示原对象的模糊方向，0 表示不显示原对象，1 表示显示原对象。

Direction 选项：设定模糊的方向，0 表示向上，90 表示向右，180 表示向下，270 表示向左。

Strength 选项：以像素为单位设定图像模糊的半径大小，默认值是 5，取值范围是自然数。

（3）Chroma 过滤器：将图片中的某个颜色变成透明的，包含 Color 选项，用来指定要变成透明的颜色。

（4）DropShadow 过滤器：让文字或图像产生下落式的阴影效果，包含选项及其功能介绍如下。

Color 选项：设定阴影的颜色。

OffX 选项：设定阴影相对于文字或图像在水平方向上的偏移量。

OffY 选项：设定阴影相对于文字或图像在垂直方向上的偏移量。

Positive 选项：设定阴影的透明程度。

（5）FlipH 和 FlipV 过滤器：在 HTML 元素上产生水平和垂直的翻转效果。

（6）Glow 过滤器：在 HTML 元素的外轮廓上产生光晕效果，包含 Color 和 Strength 两个选项。Color 选项：用于设定光晕的颜色。

Strength 选项：用于设定光晕的范围。

（7）Gray 过滤器：让彩色图片产生灰色调效果。

（8）Invert 过滤器：让彩色图片产生照片底片的效果。

（9）Light 过滤器：在 HTML 元素上产生模拟光源的投射效果。

（10）Mask 过滤器：在图片上加上遮罩色，包含 Color 选项，用于设定遮罩的颜色。

（11）Shadow 过滤器：与 DropShadow 过滤器一样，让文字或图像产生下落式的阴影效果，但 Shadow 过滤器生成的阴影有渐进效果。

（12）Wave 过滤器：在 HTML 元素上产生垂直方向的波浪效果，包含选项及其功能介绍如下。

Add 选项：是否在应用 Wave 过滤器的 HTML 元素上显示原对象的模糊方向，0 表示不显示原对象，1 表示显示原对象。

Freq 选项：设定波动的数量。

LightStrength 选项：设定光照效果的光照程度，取值范围为 0~100，0 表示光照最弱，100 表示光照最强。

Phase 选项：以百分数的方式设定波浪的起始相位，取值范围为 0~100。

Strength 选项：设定波浪的摇摆程度。

（13）Xray 过滤器：显示图片的轮廓，如同 X 光片的效果。

8.3.2 课堂案例——抒情散文网

【案例学习目标】使用 CSS 样式制作图像透明效果。

【案例知识要点】使用 Alpha 滤镜把图像设定为透明效果，如图 8-24 所示。

【效果所在位置】光盘/Ch08/效果/抒情散文网/index.html。

（1）选择"文件 > 打开"命令，在弹出的菜单中选择"Ch08 > clip > 抒情散文网 > index.html"文件，效果如图 8-25 所示。
选择"窗口 > CSS 样式"命令，弹出"CSS 样式"面板，单击

图 8-24

面板下方的"新建 CSS 规则"按钮 ，在弹出的对话框中进行设置，如图 8-26 所示。

图 8-25

图 8-26

（2）单击"确定"按钮，弹出".filter 的 CSS 规则定义"对话框，在"分类"选项框中选择"扩展"选项，在"过滤器"选项的中选择"Alpha"，将过滤器各参数值设置为"Alpha(Opacity=100, FinishOpacity=0, Style=3, StartX=0, StartY=0, FinishX=80, FinishY=80)"，如图 8-27 所示，单击"确定"按钮。

（3）选中如图 8-28 所示的花朵图片，在"属性"面板的"类"选项下拉列表中选择"filter"，如图 8-29 所示。

图 8-27

图 8-28

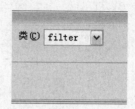

图 8-29

（4）保存文档，按 F12 键，预览效果，如图 8-30 所示。

图 8-30

课堂练习——时尚数码技术网页

【练习知识要点】使用 CSS 样式命令制作图像半透明效果，如图 8-31 所示。

【效果所在位置】光盘/Ch08/效果/时尚数码技术网页/index.html。

图 8-31

课后习题——数码照片处理网页

【习题知识要点】使用 Gray 滤镜制作照片黑白效果。使用 Invert 滤镜制作底片效果。使用 Xray 滤镜制作 X 光效果，如图 8-32 所示。

【效果所在位置】光盘/Ch08/效果/数码照片处理网页/index.html。

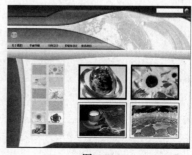

图 8-32

第9章

模板和库

　　模板的功能就是把网页布局和内容分离，在布局设计好之后将其保存为模板。这样，相同的布局页面就可以通过模板来创建，因此能够极大地提高工作效率。本章主要讲解了模板和库的创建方法和应用技巧，通过这些内容的学习，可以使网站的更新、维护工作变得更加轻松。

课堂学习目标

- 掌握创建和编辑模板的方法
- 掌握管理模板的方法
- 掌握创建库的方法
- 掌握向页面添加库项目的方法

9.1　模板

使用模板创建文档可以使网站和网页具有统一的风格和外观，如果有好几个网页想要用同一风格来制作，用"模板"绝对是最有效的，并且也是最快捷的方法。模板实质上就是创建其他文档的基础文档。

9.1.1　创建空模板

创建空白模板有以下几种方法。

① 在打开的文档窗口中单击"插入"面板"常用"选项卡中的"创建模板"按钮 🖺，将当前文档转换为模板文档。

② 在"资源"控制面板中单击"模板"按钮 🖺，此时列表为模板列表，如图 9-1 所示。然后单击下方的"新建模板"按钮 🗐，创建空模板，此时新的模板

图 9-1　　　　　　　　图 9-2

添加到"资源"控制面板的"模板"列表中，为该模板输入名称，如图 9-2 所示。

③ 在"资源"控制面板的"模板"列表中单击鼠标右键，在弹出的菜单中选择"新建模板"命令。

提示　如果要修改新建的空模板，则先在"模板"列表中选中该模板，然后单击"资源"控制面板右下方的"编辑"按钮 ✐。如果重命名新建的空模板，则单击"资源"控制面板右上方的菜单按钮 ☰，从弹出的菜单中选择"重命名"命令，然后输入新名称。

9.1.2　创建可编辑区域

插入可编辑区域的具体操作步骤如下。

（1）打开文档，如图 9-3 所示。

（2）将光标放置在要插入可编辑区域的位置里，在"插入"面板"常用"选项卡中，单击"模板"展开式按钮 🖺·，选择"可编辑区域"按钮 🖾，

（3）弹出"新建可编辑区域"对话框，在"名称"文本框中输入可编辑区域的名称，如图 9-4 所示。

图 9-3

图 9-4

（4）单击"确定"按钮，在网页中即可插入可编辑区域，如图 9-5 所示。

（5）选择"文件 > 另存为模板"命令，弹出"另存模板"对话框，在对话框中的"另存为"文本框中输入模板的名称，在"站点"右侧的下拉列表中选择保存的站点，如图 9-6 所示。

图 9-5   图 9-6

（6）单击"保存"按钮，即可将该文件保存为模板。

> **提示**   打开另存为模板的网页文档，单击"常用"选项卡中的"模板"按钮 ，也可弹出"另存为模板"对话框，另存为模板。

9.1.3 管理模板

1. 删除模板

若要删除模板文件，具体操作步骤如下。

（1）在"资源"面板中选择面板右侧的"模板"按钮 。

（2）重命名单击模板的名称以选择该模板。

（3）单击面板底部的"删除"按钮 ，然后确认要删除该模板。

> **提示**   一旦删除模板文件，则无法对其进行检索，该模板文件将从站点中删除。

2. 修改模板文件

当更改模板时，Dreamweaver 将提示更新基于该模板的文档，具体操作步骤如下。

（1）在"资源"面板中，选择面板左侧的"模板"按钮 。

（2）在可用模板列表中，执行下列操作之一。

① 双击要编辑的模板名称。

② 选择要编辑的模板，然后单击面板底部的"编辑"按钮 。

③ 模板在文档窗口中打开。

（3）根据需要修改模板的内容。

> **提示**   若要修改模板的页面属性，选择"修改 > 页面属性"命令（基于模板的文档将继承该模板的页面属性）。

（4）保存该模板。

（5）单击"更新"按钮，更新基于修改后的模板的所有文档，如果不想更新基于模板后的模板文档，单击"不更新"按钮。

9.1.4 课堂案例——时尚华庭信息网

【案例学习目标】使用"常用"选项卡中的按钮创建模板网页效果。

【案例知识要点】使用"创建模板"按钮创建模板。使用"可编辑区域"制作可编辑区域效果，如图 9-7 所示。

【效果所在位置】光盘 /Ch09/ 效果 / 时尚华庭信息网 /index.html。

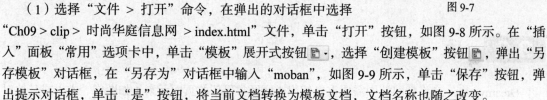

图 9-7

（1）选择"文件 > 打开"命令，在弹出的对话框中选择"Ch09 > clip > 时尚华庭信息网 >index.html"文件，单击"打开"按钮，如图 9-8 所示。在"插入"面板"常用"选项卡中，单击"模板"展开式按钮，选择"创建模板"按钮，弹出"另存模板"对话框，在"另存为"对话框中输入"moban"，如图 9-9 所示，单击"保存"按钮，弹出提示对话框，单击"是"按钮，将当前文档转换为模板文档，文档名称也随之改变。

图 9-8

图 9-9

（2）选中如图 9-10 所示表格，在"插入"面板的"常用"选项卡中，单击"模板"展开式按钮，选择"可编辑区域"按钮，弹出"新建可编辑区域"对话框，在"名称"选项的文本框中输入名称，如图 9-11 所示，单击"确定"按钮创建可编辑区域，如图 9-12 所示。

图 9-10

图 9-11

图 9-12

（3）选中如图 9-13 所示表格，在"插入"面板的"常用"选项卡中，再次单击"模板"展开式按钮 ，选择"可编辑区域"按钮 ，弹出"新建可编辑区域"对话框，在"名称"选项的文本框中输入名称，如图 9-14 所示，单击"确定"按钮创建可编辑区域，如图 9-15 所示。

（4）模板网页效果制作完成，如图 9-16 所示。

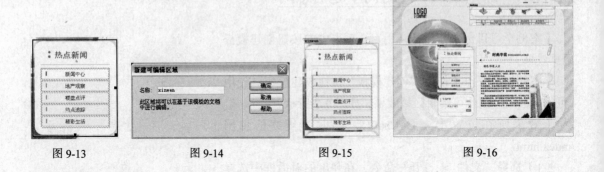

| 图 9-13 | 图 9-14 | 图 9-15 | 图 9-16 |

9.2 库

Dreamweaver 允许把网站中需要重复使用或要经常更新的页面元素（如图像、文本或其他对象）存入库中，存入库中的元素都被称为库项目。

9.2.1 创建库文件

库项目可以包含文档<body>部分中的任意元素，包括文本、表格、表单、Java applet、插件、ActiveX 元素、导航条、图像等。库项目只是一个对网页元素的引用，原始文件必须保存在指定的位置上。

1．基于选定内容创建库项目

先在文档窗口中选择要创建为库项目的网页元素，然后创建库项目，并为新的库项目输入一个名称。

创建库项目有以下几种方法。

① 选择"窗口 > 资源"命令，启用"资源"控制面板。单击"库"按钮 ，进入"库"面板，按住鼠标左键将选定的网页元素拖曳到"资源"控制面板中，如图 9-17 所示。

② 单击"库"面板底部的"新建库项目"按钮 。

③ 在"库"面板中单击鼠标右键，在弹出的菜单中选择"新建库项"命令。

④ 选择"修改 > 库 > 增加对象到库"命令。

提示 Dreamweaver 在站点本地根文件夹的"Library"文件夹中，将每个库项目都保存为一个单独的文件（文件扩展名为.lbi）。

2．创建空白库项目

（1）确保没有在文档窗口中选择任何内容。

（2）选择"窗口 > 资源"命令，启用"资源"控制面板。单击"库"按钮，进入"库"面板。

（3）单击"库"面板底部的"新建库项目"按钮，一个新的无标题的库项目被添加到面板中的列表，如图 9-18 所示。然后为该项目输入一个名称，并按 Enter 键确定。

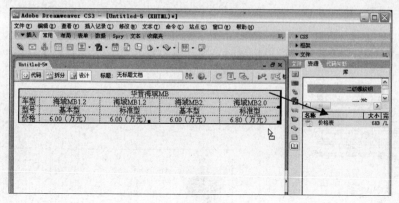

图 9-17

图 9-18

9.2.2　向页面添加库项目

当向页面添加库项目时，将把实际内容以及对该库项目的引用一起插入到文档中。此时，无需提供原项目就可以正常显示。在页面中插入库项目的具体操作步骤如下。

（1）将插入点放在文档窗口中的合适位置。

（2）选择"窗口 > 资源"命令，启用"资源"控制面板。单击"库"按钮，进入"库"面板。将库项目插入到网页中，效果如图 9-19 所示。

将库项目插入到网页有以下几种方法。

① 将一个库项目从"库"面板拖曳到文档窗口中。

② 在"库"面板中选择一个库项目，然后单击面板底部的"插入"按钮　插入　。

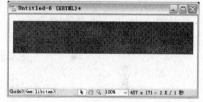

图 9-19

9.2.3　课堂案例——健康美食网页

【案例学习目标】把常用的图像和表格注册到库中。

【案例知识要点】使用库面板添加库项目，如图 9-20 所示。

【效果所在位置】光盘/Ch09/效果/健康美食网页/index.html。

（1）选择"文件 > 打开"命令，在弹出的对话框中选择"Ch09 > clip > 健康美食网页 > index.html"文件，单击"打开"按钮，效果如图 9-21 所示。

（2）选择"窗口 > 资源"命令，弹出"资源"控制

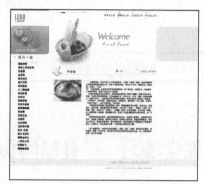

图 9-20

面板，在"资源"控制面板中，单击左侧的"库"按钮，进入"库"面板，选择如图 9-22 所

示的图片，按住鼠标左键将其拖曳到"库"面板中，松开鼠标左键，选定的图像将添加为库项目，如图 9-23 所示。

（3）在可输入状态下，将其重命名为"tupian"，按 Enter 键，如图 9-24 所示。

图 9-21   图 9-22

图 9-23   图 9-24

（4）选择如图 9-25 所示的表格，按住鼠标左键将其拖曳到"库"面板中，松开鼠标左键，选定的表格将其添加为库项目，将其重命名为"daohang"并按 Enter 键，效果如图 9-26 所示。文档窗口中文本的背景变成黄色，效果如图 9-27 所示。

图 9-25   图 9-26   图 9-27

课堂练习——礼品网页

【练习知识要点】使用另存为模板命令制作模板页，使用可编辑区域命令制作可编辑区域，使用资源及合并所选单元格，使用跨度按钮修改模板文档，如图 9-28 所示。

【效果所在位置】光盘/Ch09/效果/礼品网页/index1.html。

图 9-28

课后习题——车行天下网页

【习题知识要点】使用库面板添加库项目，使用库项目制作和网页文档，如图 9-29 所示。

【效果所在位置】光盘/Ch09/效果/车行天下网页/index1.html。

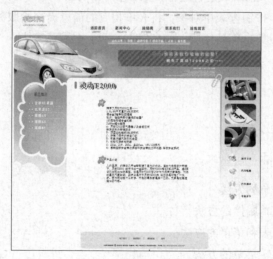

图 9-29

第10章

表单的使用

表单的出现已经使网页从单向的信息传递，发展到能够实现与用户交互对话，使网页的交互性越来越强。本章主要讲解了表单的使用方法和应用技巧，通过这些内容的学习，可以利用表单输入信息或进行选择，使用包括文本域、密码域、单选按钮/多选按钮、列表框、跳转菜单、按钮等表单对象，将表单相应的信息提交给服务器进行处理。使用表单可以实现网上投票、网站注册、信息发布、网上交易等功能。

课堂学习目标

- 掌握创建表单的方法
- 掌握设置表单属性的方法
- 掌握创建列表和菜单的方法
- 掌握创建跳转菜单的方法
- 掌握创建文本域和图像域的方法
- 掌握创建按钮的方法

10.1 表单的使用

表单的作用是使得访问者与服务器交流信息。利用表单，可根据访问者输入的信息自动生成页面反馈给访问者，还可以为网站收集访问者输入的信息。表单的使用可分为两部分：一是表单本身，把表单作为页面元素添加到网页页面中；二是表单的处理，即调用服务器端的脚本程序或以电子邮件方式发送。

10.1.1 创建表单

在文档中插入表单的具体操作步骤如下。

（1）在文档窗口中，将插入点放在希望插入表单的位置。

（2）启用"表单"命令，文档窗口中出现一个红色的虚轮廓线用来指示表单域，如图 10-1 所示。

图 10-1

启用"表单"命令有以下几种方法。

① 单击"插入"面板"表单"选项卡中的"表单"按钮▢，或直接拖曳"表单"按钮▢到文档窗口中。

② 选择"插入记录 > 表单 > 表单"命令。

> **提示** 　一个页面中包含多个表单，每一个表单都是用<form>和</form>标记来标志。在插入表单后，如果没有看到表单的轮廓线，可选择"查看 > 可视化助理 > 不可见元素"命令来显示表单的轮廓线。

10.1.2 表单的属性

在文档窗口中选择表单，"属性"面板中出现如图 10-2 所示的表单属性。

图 10-2

表单"属性"面板中各选项的作用介绍如下。

⊙ "表单名称"选项：为表单输入一个名称。

⊙ "动作"选项：识别处理表单信息的服务器端应用程序。

⊙ "方法"选项：定义表单数据处理的方式。包括下面 3 个选项。

"默认"：使浏览器的默认设置将表单数据发送到服务器。通常默认方法为 GET。

"GET"：将在 HTTP 请求中嵌入表单数据传送给服务器。

"POST"：将值附加到请求该页的 URL 中传送给服务器。

⊙ "MIME 类型"选项： 指定对提交给服务器进行处理的数据使用 MIME 编码类型。

⊙ "目标"选项：指定一个窗口，在该窗口中显示调用程序所返回的数据。

"_blank"选项： 在新窗口中打开目标文档。

"_parent"选项： 在显示当前文档窗口的父窗口中打开目标文档。

"_self"选项： 在提交表单所使用的窗口中打开目标文档。

"_top"选项：在当前文窗口的窗体内打开目标文档。此值可用于确保目标文档占用整个窗口，即使文档显示在框架中。

10.1.3 单行文本域

1．插入单行文本域

单行文本域通常提供单字或短语响应，如姓名或地址。

单击"插入"面板"表单"选项卡中的"文本字段"按钮 □，在文档窗口的表单中出现一个单行文本域，如图 10-3 所示。

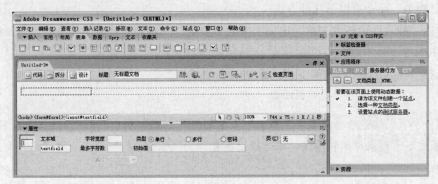

图 10-3

单行文本域"属性"面板各选项作用介绍如下。

⊙ "文本域"选项：用于标识该文本域的名称，每个文本域都必须有一个唯一的名称。

⊙ "字符宽度"选项：最多可显示的字符数。此数字可以小于"最多字符数"。

⊙ "最多字符数"选项：设置单行文本域中最多可输入的字符数。

⊙ "初始值"选项：指定在首次载入表单时域中显示的值。它可以指示用户在域中输入信息。

⊙ "类"选项：使用户可以将 CSS 规则用于对象。

2．插入密码文本域

密码域是特殊类型的文本域。当用户在密域中输入时，所输入的文本被替为星号或项目符号，以隐藏该文本，保护这些信息不被看到。

当将文本域设置为"密码"类型时将产生一个 type 属性为"password"的 input 标签。"字符宽度"和"最多字符数"设置与单行文本域中的属性设置相同。"最多字符数"将密码限制为 10 个字符。

3．插入多行文本域

多行文本域为访问者提供一个较大的区域，供其输入响应。可以指定访问者最多输入的行数以及对象的字符宽度。如果输入的文本超过这些设置，则该域将按照换行属性中指定的设置进行滚动。

当将文本域设置为"多行"时将产生一个 textarea 标签,"字符宽度"设置默认为 cols 属性。"行为"设置默认为 rows 属性。

"行数"选项:设置多行文本域的域高度。

"换行"选项:设定当用户输入的信息较多,无法在定义的文本域内全部显示时,"换行"选项中将包含"默认"、"关"、"虚拟"和"实体"4 个选项。

10.1.4 课堂案例——产品订单

【案例学习目标】使用"表单"选项卡中的按钮插入文本字段、文本区域并设置相应的属性。

【案例知识要点】使用"文本字段"按钮插入文本字段,使用"文本区域"按钮插入文本区域,使用"属性"面板设置文本字段和文本区域的属性,如图 10-4 所示。

【效果所在位置】光盘/Ch10/效果/产品订单/index.html。

图 10-4

(1)选择"文件 > 打开"命令,在弹出的对话框中选择"Ch10 > clip > 产品订单 > index.html"文件,单击"打开"按钮,效果如图 10-5 所示。将光标置入到单元格中,如图 10-6 所示。

图 10-5

图 10-6

(2)在"插入"面板"表单"选项卡中单击"文本字段"按钮 ▣,在单元格中插入文本字段,如图 10-7 所示,使用相同的方法,在其他单元格中插入文本字段,在"属性"面板中,将"字符宽度"选项设为"20",勾选"密码"单选项,效果如图 10-8 所示。

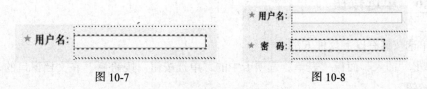

图 10-7

图 10-8

(3)将光标置入到文字"产品说明"右侧的单元格中,在"插入"面板"表单"选项卡中单击"文本区域"按钮 ▥,在单元格中插入文本区域,如图 10-9 所示,在"属性"面板中将"字符宽度"选项设为"40","行数"选项设为"6",如图 10-10 所示。

（4）保存文档，按 F12 键预览效果，如图 10-11 所示。

| 图 10-9 | 图 10-10 | 图 10-11 |

10.1.5 复选框

插入复选框有以下几种方法。

① 单击"插入"面板"表单"选项卡中的"复选框"按钮 ⬇，在文档窗口的表单中出现一个复选框。

② 选择"插入记录 > 表单 > 复选框"命令，在文档窗口的表单中出现一个复选框。

在"属性"面板中显示复选框的属性，如图 10-12 所示，可以根据需要设置该复选框的各项属性。

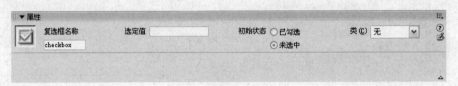

图 10-12

"属性"面板中各选项的作用介绍如下。

⊙ "复选框名称"选项：用于输入该复选框组的名称。一组复选框中每个复选框的名称相同。

⊙ "选定值"选项：设置在该复选框被选中时发送给服务器的值。

⊙ "初始状态"选项组：确定在浏览器中载入表单时，该复选框是否被选中。

⊙ "类"选项：将 CSS 规则应用于复选框。

10.1.6 单选按钮

插入单选按钮有以下几种方法。

① 单击"插入"面板"表单"选项卡中的"单选按钮"按钮 ⦿，在文档窗口的表单中出现一个单选按钮。

② 选择"插入记录 > 表单 > 单选按钮"命令，在文档窗口的表单中出现一个单选按钮。

在"属性"面板中显示单选按钮的属性，如图 10-13 所示，可以根据需要设置该单选按钮的各项属性。

图 10-13

单选按钮"属性"面板中各选项的作用介绍如下。

⊙"单选按钮"选项：用于输入该单选按钮组的名称。一组单选按钮中每个单选按钮的名称相同。

⊙"选定值"选项：设置此单选按钮代表的值，一般为字符型数据，即当选定该单选按钮时，表单指定的处理程序获得的值。

⊙"初始状态"选项组：设置该单选按钮的初始状态。即当浏览器中载入表单时，该单选按钮是否处于被选中的状态。一组单选按钮中只能有一个按钮的初始状态被选中。

⊙"类"选项：将 CSS 规则应用于单选按钮。

10.1.7　单选按钮组

先将光标放在表单轮廓内需要插入单选按钮组的位置，然后启用"单选按钮组"对话框，如图 10-14 所示。

启用"单选按钮组"对话框有以下几种方法。

① 单击"插入"面板中"表单"选项卡的"单选按钮组"按钮 圖 。

② 选择"插入记录 > 表单 > 单选按钮组"命令。

"单选按钮组"对话框中各选项的作用如下。

⊙"名称"选项：用于输入该单选按钮组的名称，每个单选按钮组的名称都不能相同。

⊙ ⊞ "加号"和 ⊟ "减号"按钮：用于向单选按钮组内添加或删除单选按钮。

⊙ ▲ "向上"和 ▼ "向下"按钮：用于将单选按钮重新排序。

⊙"标签"选项：设置单选按钮右侧的提示信息。

⊙"值"选项：设置此单选按钮代表的值，一般为字符型数据，即当用户选定该单选按钮时，表单指定的处理程序获得的值。

⊙"换行符"选项：以换行符的布局显示每个单选按钮（br）的位置。

⊙"表格"选项：创建一个单列表，并将这些单选按钮放在左侧，将标签放在右侧，如图 10-15 所示。

图 10-14

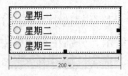

图 10-15

10.1.8　课堂案例——会员登录表

【案例学习目标】使用表单按钮为页面添加单选按钮、复选框和文本字段。

【案例知识要点】使用单选按钮制作选择性别和血型的效果。使用复选框按钮制作出只显示年龄段的效果，如图 10-16 所示。

【效果所在位置】光盘/Ch10/效果/会员登录表/index.html。

图 10-16

（1）选择"文件 > 打开"命令，在弹出的对话框中选择"Ch10 > clip > 会员登录表 > index.html"文件，单击"打开"按钮，效果如图 10-17 所示。将光标置入单元格中，如图 10-18 所示。

图 10-17

图 10-18

（2）在"插入"面板的"表单"选项卡中，单击"表单"按钮 ，如图 10-19 所示。在"插入"面板的"常用"选项卡中单击"表格"按钮 ，弹出"表格"对话框，在对话框中进行设置，如图 10-20 所示，单击"确定"按钮。

图 10-19

图 10-20

（3）将单元格全部选中，如图 10-21 所示。在"属性"面板中，将"高"选项设为"30"，效果如图 10-22 所示。分别在单元格中输入需要的文字，效果如图 10-23 所示。

（4）单击"插入"面板中"表单"选项卡的"单选按钮"按钮 ，分别在文字"男"和"女"的前面插入单选按钮，如图 10-24 所示。

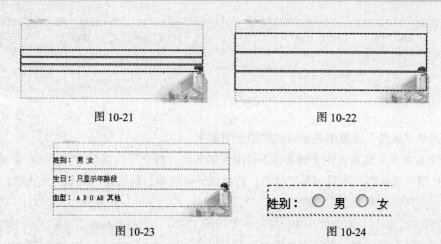

图 10-21   图 10-22

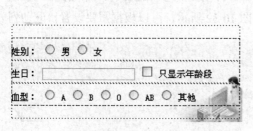

图 10-23   图 10-24

（5）在"插入"面板"表单"选项卡中单击"文本字段"按钮，在文字"生日："后面插入文本字段，在"属性"面板中，将"字符宽度"选项设为"18"，如图 10-25 所示。单击"插入"面板"表单"选项卡中的"复选框"按钮，在文字"只显示年龄段"前面插入复选框，效果如图 10-26 所示。

生日：

图 10-25   图 10-26

（6）用上面的方法在单元格中插入多个单选按钮，效果如图 10-27 所示。保存文档，按 F12 键，预览效果，如图 10-28 所示。

图 10-27   图 10-28

10.1.9 创建列表和菜单

1．插入下拉菜单

插入下拉菜单有以下几种方法。

① 单击"插入"面板"表单"选项卡中的"列表/菜单"按钮，在文档窗口的表单中出现下拉菜单。

② 选择"插入记录 > 表单 > 列表/菜单"命令，在文档窗口的表单中会出现下拉菜单。

在"属性"面板中显示下拉菜单的属性，如图 10-29 所示，可以根据需要设置该下拉菜单。

图 10-29

下拉菜单"属性"面板中各选项的作用介绍如下。

⊙ "列表/菜单"选项：用于输入该下拉菜单的名称。每个下拉菜单的名称都必须是唯一的。

⊙ "类型"选项组：设置菜单的类型。若添加下拉菜单，则选择"菜单"单选项；若添加可滚动列表，则选择"列表"单选项。

⊙ "列表值"按钮：单击此按钮，弹出一个如图 10-30 所示的"列表值"对话框，在该对话框中单击"加号"按钮█或"减号"按钮█向下拉菜单中添加或删除列表项。菜单项在列表中出现的顺序与在"列表值"对话框中出现的顺序一致。在浏览器载入页面时，列表中的第 1 个选项是默认选项。

图 10-30

⊙ "初始化时选定"选项：设置下拉菜单中默认选择的菜单项。

2．插入滚动列表

若要在表单域中插入滚动列表，先将光标放在表单轮廓内需要插入滚动列表的位置，然后插入滚动列表，如图 10-31 所示。

插入滚动列表有以下几种方法。

① 单击"插入"面板"表单"选项卡的"列表/菜单"按钮 █，在文档窗口的表单中出现滚动列表。

② 选择"插入记录 > 表单 > 列表/菜单"命令，在文档窗口的表单中出现滚动列表。

在"属性"面板中显示滚动列表的属性，如图 10-32 所示，可以根据需要设置该滚动列表。

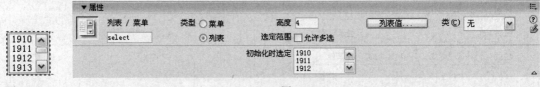

图 10-31   图 10-32

滚动列表"属性"面板中各选项的作用介绍如下。

⊙ "列表/菜单"选项：用于输入该滚动列表的名称。每个滚动列表的名称都必须是唯一的。

⊙ "类型"选项组：设置菜单的类型。若添加下拉菜单，则选择"菜单"单选项；若添加滚动列表，则选择"列表"单选项。

⊙ "高度"选项：设置滚动列表的高度，即列表中一次最多可显示的项目数。

⊙ "选定范围"选项：设置用户是否可以从列表中选择多个项目。

⊙ "初始化时选定"选项：设置可滚动列表中默认选择的菜单项。若在"选定范围"选项中选择"允许多选"复选框，则可在按住 Ctrl 键的同时单击选择"初始化时选定"域中的一个或多个初始化选项。

"列表值"按钮：单击此按钮，弹出一个如图 10-33 所示的"列表值"对话框，在该对话框中单击"加号"按钮 ✚ 或"减号"按钮 ➖ 向下拉菜单中添加或删除列表项。菜单项在列表中出现的顺序与在"列表值"对话框中出现的顺序一致。在浏览器中载入页面时，列表中的第 1 个选项是默认选项。

图 10-33

10.1.10　创建跳转菜单

在网页中插入跳转菜单的具体操作步骤如下。

（1）将光标放在表单轮廓内需要插入跳转菜单的位置。

（2）启用"插入跳转菜单"命令，调出"插入跳转菜单"对话框，如图 10-34 所示。启用"插入跳转菜单"对话框有以下几种方法。

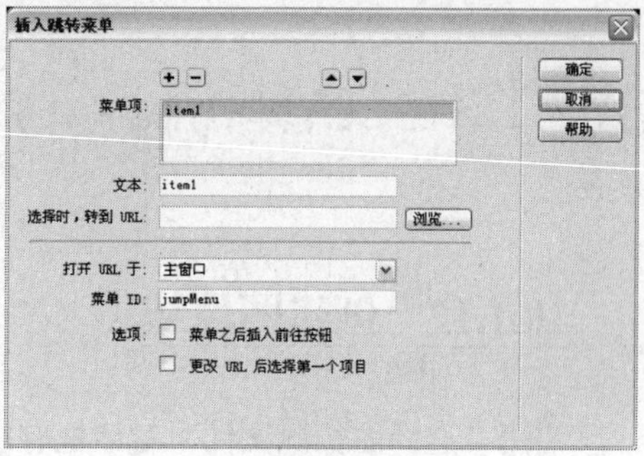

① 在"插入"面板"表单"选项卡中单击"跳转菜单"按钮 ⟐。

② 选择"插入记录 > 表单 > 跳转菜单"命令。

图 10-34

"插入跳转菜单"对话框中各选项的作用介绍如下。

- "加号"按钮 ✚ 和"减号"按钮 ➖：添加或删除菜单项。
- "向上"按钮 ▲ 和"向下"按钮 ▼：在菜单项列表中移动当前菜单项，设置该菜单项在菜单列表中的位置。
- "菜单项"选项：显示所有菜单项。
- "文本"选项：设置当前菜单项的显示文字，它会出现在菜单列表中。
- "选择时，转到 URL"选项：为当前菜单项设置浏览者单击它时要打开的网页地址。
- "打开 URL 于"选项：设置打开浏览网页的窗口，包括"主窗口"和"框架"两个选项。"主窗口"选项表示在同一个窗口中打开文件，"框架"选项表示在所选中的框架中打开文件，但选择"框架"选项前应先给框架命名。
- "菜单 ID"选项：设置菜单的名称，每个菜单的名称都不能相同。
- "菜单之后插入前往按钮"选项：设置在菜单后是否添加"前往"按钮。
- "更改 URL 后选择第一个项目"选项：设置浏览者通过跳转菜单打开网页后，该菜单项是否是第一个菜单项目。

10.1.11　创建文本域

插入文件域有以下几种方法。

① 将光标置于单元格中，单击"插入"面板"表单"选项卡中的"文件域"按钮 🖻，在文档窗口中的单元格中出现一个文件域。

② 选择"插入记录 > 表单 > 文件域"命令，在文档窗口的表单中出现一个文件域。

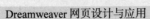

在"属性"面板中显示文件域的属性,如图 10-35 所示,可以根据需要设置该文件域的各项属性。文件域"属性"面板各选项的作用介绍如下。

图 10-35

⊙ "文件域名称"选项:设置文件域对象的名称。

⊙ "字符宽度"选项:设置文件域中最多可输入的字符数。

⊙ "最多字符数"选项:设置文件域中最多可容纳的字符数。如果用户通过"浏览"按钮来定位文件,则文件名和路径可超过指定的"最多字符数"的值。但是,如果用户手工输入文件名和路径,则文件域仅允许键入"最多字符数"值所指定的字符数。

⊙ "类"选项:将 CSS 规则应用于文件域。

提示 在使用文件域之前,要与服务器管理员联系,确认允许使用匿名文件上传,否则此选项无效。

10.1.12 创建图像域

启用"选择图像源文件"对话框有以下几种方法。

① 单击"插入"面板"表单"选项卡中的"图像域"按钮 。

② 选择"插入 > 表单 > 图像域"命令。

在"属性"面板中出现如图 10-36 所示的图像按钮的属性,可以根据需要设置该图像按钮的各项属性。

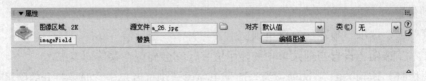

图 10-36

图像按钮"属性"面板中各选项的作用介绍如下。

⊙ "图像区域"选项:为图像按钮指定一个名称。其中"提交"和"重置"是两个保留名称,"提交"是通知表单将表单数据提交给处理程序或脚本,"重置"是将所有表单域重置为其原始值。

⊙ "源文件"选项:设置要为按钮使用的图像。

⊙ "替换"选项:用于输入描述性文本,如果图像在浏览器中载入失败,将在图像域的位置显示文本。

⊙ "对齐"选项:设置对象的对齐方式。

⊙ "编辑图像"按钮:启动默认的图像编辑器并打开该图像文件进行编辑。

⊙ "类"选项:将 CSS 规则应用于图像域。

10.1.13 创建按钮

插入按钮有以下几种方法。

① 单击"插入"面板"表单"选项卡中的"按钮"按钮 ▭ ，在文档窗口的表单中出现一个按钮。

② 选择"插入 > 表单 > 按钮"命令，在文档窗口的表单中出现一个按钮。

在"属性"面板中显示按钮的属性，如图 10-37 所示。可以根据需要设置该按钮的各项属性。

图 10-37

按钮"属性"面板各选项的作用介绍如下。

⊙ "按钮名称"选项：用于输入该按钮的名称，每个按钮的名称都不能相同。

⊙ "值"选项：设置按钮上显示的文本。

⊙ "动作"选项组：设置用户单击按钮时将发生的操作。有以下 3 个选项。

"提交表单"选项：当用户单击按钮时，将表单数据提交到表单指定的处理程序处理。

"重设表单"选项：当用户单击按钮时，将表单域内的各对象值还原为初始值。

"无"选项：当用户单击按钮时，选择为该按钮附加的行为或脚本。

⊙ "类"选项：将 CSS 规则应用于按钮。

课堂练习——星座查询网页

【练习知识要点】使用表单按钮插入表单，使用 CSS 样式命令改变文本字段的样式，使用单选项按钮组插入多个单选按钮，如图 10-38 所示。

【效果所在位置】光盘 /Ch10/ 效果 / 星座查询网页 /index1.html。

图 10-38

课后习题——会员注册表单

【习题知识要点】使用文本字段、列表/菜单按钮、单选按钮、复选框按钮、提交按钮制作会员注册表单效果，如图 10-39 所示。

【效果所在位置】光盘 /Ch10/ 效果 / 会员注册表单 /index.html。

图 10-39

第11章

行为

　　行为是 Dreamweaver 预置的 JavaScript 程序库，每个行为包括一个动作和一个事件。任何一个动作都需要一个事件激活，两者相辅相成。动作是一段已编辑好的 JavaScript 代码，这些代码在特定事件被激发时执行。本章主要讲解了行为和动作的应用方法，通过这些内容的学习，可以在网页中熟练应用行为和动作，使设计制作的网页更加生动精彩。

课堂学习目标

- 了解"行为"控制面板
- 掌握应用行为的方法
- 掌握动作的使用方法和技巧

11.1 行为概述

行为可理解成是在网页中选择的一系列动作，以实现用户与网页间的交互。行为代码是 Dreamweaver CS3 提供的内置代码，运行于客户端的浏览器中。

11.1.1 "行为"控制面板

用户习惯于使用"行为"控制面板为网页元素指定动作和事件。在文档窗口中，选择"窗口 > 行为"命令，启用"行为"控制面板，如图 11-1 所示。

图 11-1

"行为"控制面板由以下几部分组成。

⊙ "添加行为"按钮 ➕ ：单击这些按钮，弹出动作菜单，添加行为。添加行为时，从动作菜单中选择一个行为即可。

⊙ "删除事件"按钮 ➖ ：在控制面板中删除所选的事件和动作。

⊙ "增加事件值"按钮 ▲ 、"降低事件值"按钮 ▼ ：控制在面板中通过上、下移动所选择的动作来调整动作的顺序。在"行为"控制面板中，所有事件和动作按照它们在控制面板中的显示顺序选择，设计时要根据实际情况调整动作的顺序。

11.1.2 应用行为

1．将行为附加到网页元素上

（1）在文档窗口中选择一个元素，例如一个图像或一个链接。若要将行为附加到整个页，则单击文档窗口左下侧的标签选择器的 <body> 标签。

（2）选择"窗口 > 行为"命令，启用"行为"控制面板。

（3）单击"添加行为"按钮 ➕ ，并在弹出的菜单中选择一个动作，如图 11-2 所示，将弹出相应的参数设置对话框，在其中进行设置后，单击"确定"按钮。

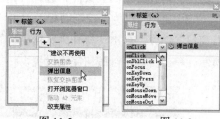

图 11-2   图 11-3

（4）在"行为"面板的"事件"列表中显示动作的默认事件，单击该事件，会出现箭头按钮 ▼ ，单击 ▼ 按钮，弹出包含全部事件的事件列表，如图 11-3 所示，用户可根据需要选择相应的事件。

> **提示**　Dreamweaver CS3 提供的所有动作都可以用于 IE 4.0 或更高版本的浏览器中。某些动作不能用于较早版本的浏览器中。

2．将行为附加到文本上

将某个行为附加到所选的文本上，具体操作步骤如下。

（1）为文本添加一个空链接。

（2）选择"窗口 > 行为"命令，启用"行为"控制面板。

（3）选中链接文本，单击"添加行为"按钮 ，从弹出的菜单中选择一个动作，如"弹出信息"动作，并在弹出的对话框中设置该动作的参数，如图 11-4 所示。

（4）在"行为"控制面板的"事件"列表中显示动作的默认事件，单击该事件，会出现箭头按钮 ，单击 按钮，弹出包含全部事件的事件列表，如图 11-5 所示。用户可根据需要选择相应的事件。

图 11-4

图 11-5

11.2 动作

动作是系统预先定义好的选择指定任务的代码。因此，用户需要了解系统所提供的动作，掌握每个动作的功能以及实现这些功能的方法。下面将介绍几个常用的动作。

11.2.1 打开浏览器窗口

使用"打开浏览器窗口"动作在一个新的窗口中打开指定的 URL，还可以指定新窗口的属性、特征和名称，具体操作步骤如下。

（1）打开一个网页文件，选择一张图片，如图 11-6 所示。

（2）启用"行为"控制面板，单击"添加行为"按钮 ，并在弹出的菜单中选择"打开浏览器窗口"动作，弹出"打开浏览器窗口"对话框，在对话框中根据需要设置相应参数，如图 11-7 所示，单击"确定"按钮完成设置。

图 11-6

图 11-7

对话框中各选项的作用如下。

◉ "要显示的 URL"选项：是必选项，用于设置要显示网页的地址。

⊙ "窗口宽度"和"窗口高度"选项：以像素为单位设置窗口的宽度和高度。

⊙ "属性"选项组：根据需要选择下列复选框以设定窗口的外观。

⊙ "导航工具栏"复选框：设置是否在浏览器顶部显示导航工具栏。导航工具栏包括"后退"、"前进"、"主页"和"重新载入"等一组按钮。

⊙ "地址工具栏"复选框：设置是否在浏览器顶部显示地址栏。

⊙ "状态栏"复选框：设置是否在浏览器窗口底部显示状态栏，用以显示提示、状态等信息。

⊙ "菜单条"复选框：设置是否在浏览器顶部显示菜单，包括"文件"、"编辑"、"查看"、"转到"和"帮助"等菜单项。

⊙ "需要时使用滚动条"复选框：设置在浏览器的内容超出可视区域时，是否显示滚动条。

⊙ "调整大小手柄"复选框：设置是否能够调整窗口的大小。

⊙ "窗口名称"选项：输入新窗口的名称。因为通过 JavaScript 使用链接指向新窗口或控制新窗口，所以应该对新窗口进行命名。

11.2.2　拖动层

使用"拖动层"动作的具体操作步骤如下。

（1）通过单击文档窗口底部标签选择器中的 <body> 标签选择 body 对象，并启用"行为"控制面板。

（2）在"行为"控制面板中单击"添加行为"按钮 ⊕，并在弹出的菜单中选择"拖动 AP 元素"动作，弹出"拖动 AP 元素"对话框。

① "基本"选项卡

⊙ "AP 元素"选项：选择可拖曳的层。

⊙ "移动"选项：包括"限制"和"不限制"两个选项。若选择"限制"选项，则右侧出现限制移动的 4 个文本框，如图 11-8 所示。在"上"、"下"、"左"和"右"文本框中输入值（以像素为单位），以确定限制移动的矩形区域范围。"不限制"选项表示不限制图层的移动，适用于拼板游戏和其他拖放游戏。一般情况下，对于滑块控件和可移动的布景等，如文件抽屉、窗帘和小百叶窗，通常选择限制移动。

⊙ "放下目标"选项：设置用户将图层自动放下的位置坐标。

⊙ "靠齐距离"选项：设置图层自动靠齐到目标时与目标的最小距离。

② "高级"选项卡

"高级"选项卡的内容如图 11-9 所示，主要用于定义层的拖动控制点，在拖动层时跟踪层的移动以及当放下层时触发的动作。

图 11-8

图 11-9

⊙ "拖动控制点"选项：设置浏览者是否必须单击层的特定区域才能拖动层。

⊙ "拖动时"选项组：设置层拖动后的堆叠顺序。

⊙ "呼叫 JavaScript"选项：输入在拖动层时重复选择的 JavaScript 代码或函数名称。

⊙ "放下时，呼叫 JavaScript"选项：输入在放下层时重复选择的 JavaScript 代码或函数名称。如果只有在层到达拖曳目标时才选择该 JavaScript，则选择"只有在靠齐时"复选框。

在对话框中根据需要设置相应选项，单击"确定"按钮完成设置。

（3）如果不是默认事件，则单击该事件，会出现箭头按钮 ，单击 按钮，弹出包含全部事件的事件列表，用户可根据需要选择相应的事件。

（4）按 F12 键浏览网页效果。

11.2.3　设置容器的文本

使用"设置层文本"动作的具体操作步骤如下。

（1）选择"插入"面板"布局"选项卡中的"绘制 AP Div"按钮 ，在"设计"视图中拖曳出一个图层。在"属性"面板的"层编号"选项中输入层的唯一名称。

（2）在文档窗口中选择一个对象，如文字、图像、按钮等，并启用"行为"控制面板。

（3）在"行为"控制面板中单击"添加行为"按钮 ，并在弹出的菜单中选择"设置文本 > 设置容器的文本"命令，弹出"设置层文本"对话框，如图 11-10 所示。

对话框中各选项的作用如下。

⊙ "容器"选项：选择目标层。

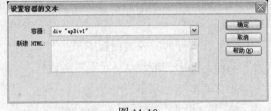

图 11-10

⊙ "新建 HTML"选项：输入层内显示的消息或相应的 JavaScript 代码。

在对话框中根据需要选择相应的层，并在"新建 HTML"选项中输入层内显示的消息，单击"确定"按钮完成设置。

（4）如果不是默认事件，则单击该事件，会出现箭头按钮 ，单击 按钮，弹出包含全部事件的事件列表，用户可根据需要选择相应的事件。

（5）按 F12 键浏览网页效果。

提示　可以在文本中嵌入任何有效的 JavaScript 函数调用、属性、全局变量或其他表达式，但要嵌入一个 JavaScript 表达式，则需将其放置在大括号（{}）中。若要显示大括号，则需在它前面加一个反斜杠（\{}）。例如 The URL for this page is {window.location}, and today is {new Date()}.

11.2.4　设置状态栏文本

使用"设置状态栏文本"动作的具体操作步骤如下。

（1）选择一个对象，如文字、图像、按钮等，并启用"行为"控制面板。

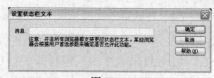

（2）在"行为"控制面板中单击"添加行为"按钮 **⊞**，并在弹出的菜单中选择"设置文本 > 设置状态栏文本"命令，弹出"设置状态栏文本"对话框，如图 11-11 所示。对话框中只有一个"消息"选项，其含义是在文

图 11-11

本框中输入要在状态栏中显示的消息。消息要简明扼要，否则，浏览器将把溢出的消息截断。

　　在对话框中根据需要输入状态栏消息或相应的 JavaScript 代码，单击"确定"按钮完成设置。

（3）如果不是默认事件，在"行为"控制面板中单击该动作前的事件列表，选择相应的事件。

（4）按 F12 键浏览网页效果。

11.2.5　设置文本域文字

　　使用"设置文本域文字"动作的具体操作步骤如下。

（1）若文档中没有"文本域"对象，则要创建命名的文本域，先选择"插入 > 表单 > 文本域"命令，在表单中创建文本域。然后在"属性"面板的"文本域"选项中输入该文本域的名称，并使该名称在网页中是唯一的，如图 11-12 所示。

（2）选择文本域并启用"行为"控制面板。

（3）在"行为"控制面板中单击"添加行为"按钮 **⊞**，并在弹出的菜单中选择"设置文本 > 设置文本域文字"命令，弹出"设置文本域文字"对话框，如图 11-13 所示。

图 11-12

图 11-13

对话框中各选项的作用如下。

⊙ "文本域"选项：选择目标文本域。

⊙ "新建文本"选项：输入要替换的文本信息或相应的 JavaScript 代码。如要在表单文本域中显示网页的地址和当前日期，则在"新建文本"选项中输入"The URL for this page is {window.location}, and today is {new Date()}."。

　　在对话框中根据需要选择相应的文本域，并在"新建文本"选项中输入要替换的文本信息或相应的 JavaScript 代码，单击"确定"按钮完成设置。

（4）如果不是默认事件，则单击该事件，会出现箭头按钮 **▾**，单击 **▾** 按钮，弹出包含全部事件的事件列表，用户可根据需要选择相应的事件。

（5）按 F12 键浏览网页效果。

11.2.6　设置框架文本

　　使用"设置框架文本"动作的具体操作步骤如下。

（1）若网页不包含框架，则选择"修改 > 框架集"命令，在其子菜单中选择一个命令，如"拆分左框架"、"拆分右框架"、"拆分上框架"或"拆分下框架"，创建框架集。

（2）启用"行为"控制面板。在"行为"控制面板中单击"添加行为"按钮 ➕，并在弹出的菜单中选择"设置文本 > 设置框架文本"动作，弹出"设置框架文本"对话框，如图 11-14 所示。

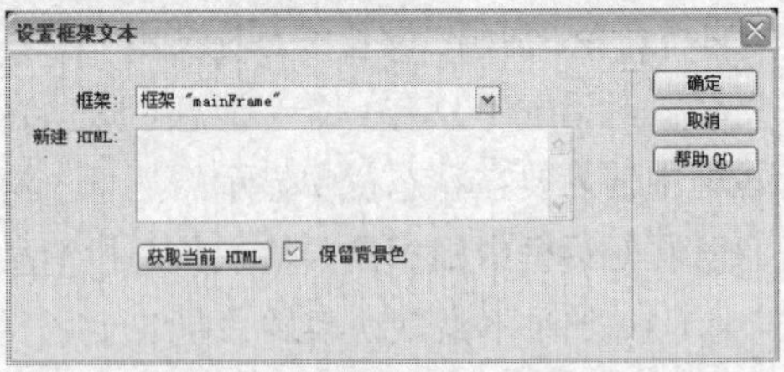

图 11-14

对话框中各选项的作用如下。

⊙ "框架"选项：在其弹出菜单中选择目标框架。

⊙ "新建 HTML"选项：输入替换的文本信息或相应的 JavaScript 代码。如表单文本域中显示网页的地址和当前日期，则在"新建 HTML"选项中输入"The URL for this page is {window.location}, and today is {new Date()}."。

⊙ "获得当前 HTML"按钮：复制当前目标框架的 body 部分的内容。

⊙ "保留背景色"复选框：选择此复选框，则保留网页背景和文本颜色属性，而不替换框架的格式。

在对话框中根据需要，从"框架"选项的弹出菜单中选择目标框架，并在"新建 HTML"选项的文本框中输入消息、要替换的文本信息或相应的 JavaScript 代码，单击"获取当前 HTML"按钮复制当前目标框架的 body 部分的内容。若保留网页背景和文本颜色属性，则选择"保留背景色"复选框，单击"确定"按钮完成设置。

（3）如果不是默认事件，则单击该事件，会出现箭头按钮 ⌄，单击 ⌄ 按钮，弹出包含全部事件的事件列表，用户可根据需要选择相应的事件。

（4）按 F12 键浏览网页效果。

11.2.7　课堂案例——恒洲电子商务网页

【案例学习目标】使用行为命令设置状态栏显示的内容。

【案例知识要点】使用设置状态栏文本命令设置在加载网页文档时在状态栏中显示的文字，如图 11-15 所示。

【效果所在位置】光盘/Ch11/效果/恒洲电子商务网页/index.html。

（1）选择"文件 > 打开"命令，在弹出的对话框中选择"Ch10 > clip >恒洲电子商务网页>index.html"文件，单击"打开"按钮，效果如图 11-16 所示。

图 11-15

（2）选择"窗口 > 行为"命令，弹出"行为"面板，在"行为"控制面板中单击"添加行为"按钮 ➕，并在弹出的菜单中选择"设置文本 > 设置状态栏文本"命令，弹出"设置状态栏文本"对话框，在对话框中进行设置，如图 11-17 所示。

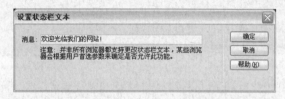

图 11-16　　　　　　　　　　　　　　　　　　　　　　图 11-17

（3）单击"确定"按钮，在"行为"面板中，单击"事件"的下拉按钮，在弹出的下拉列表中选择"onLoad"事件，如图 11-18 所示。保存文档，按 F12 键，预览网页效果，如图 11-19 所示。

图 11-18　　　　　　　　　　　图 11-19

课堂练习——游戏网页

【练习知识要点】使用 AP Div 按钮绘制层，使用拖动 AP 元素命令制作组合西瓜人效果，如图 11-20 所示。

【效果所在位置】光盘/Ch11 效果/游戏网页/index1.html。

图 11-20

课后习题——蟹来居饭店首页

【习题知识要点】使用设置状态栏文本命令制作在浏览器窗口左下角的状态栏中显示消息，如图 11-21 所示。

【效果所在位置】光盘/Ch11/效果/蟹来居饭店首页/index.html。

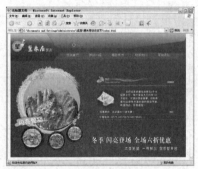

图 11-21

第12章
网页代码

在 Dreamweaver 中插入的网页内容及动作都会自动转换为代码。本章主要讲解了网页代码的使用方法和应用技巧，通过这些内容的学习，可以直接编写或修改代码，实现 Web 页的交互效果。

课堂学习目标

- 了解网页代码
- 掌握编辑代码的方法
- 掌握常用的 HTML 标签
- 掌握响应的 HTML 事件

12.1　网页代码概述

虽然可以直接切换到"代码"视图查看和修改代码，但代码中很小的错误都会导致网页中致命的错误，使网页无法正常的浏览。Dreamweaver CS3 提供了标签库编辑器来有效地创建源代码。

12.1.1　使用"参考"面板

1. 启用"参考"面板的方法

选择标签后，选择"窗口 > 参考"命令，启用"参考"面板。

将插入点放在标签、属性或关键字中，然后按 Shift+F1 组合键。

2. "参考"面板的参数

"参考"面板显示的内容是与用户所单击的标签、属性或关键字有关的信息，如图 12-1 所示。

"参考"面板中各选项的作用如下。

⊙ "书籍"选项：显示或选择参考材料出自的书籍名称。参考材料包括其他书籍的标签、对象或样式等。

图 12-1

⊙ "标签"选项：根据选择书籍的不同，该选项可变成"对象"、"样式"或"CFML"选项。用于显示用户在"代码"视图或代码检查器中选择的对象、样式或函数，还可选择新的标签。该选项包含两个弹出菜单，左侧的用于选择标签，右侧的用于选择标签的属性。

⊙ "属性列表"选项：显示所选项目的说明。

3. 调整"参考"面板中文本的大小

单击"参考"面板右上方的选项菜单，选择"大字体"、"中等字体"或"小字体"命令，调整"参考"面板中文本的大小。

12.1.2　使用标签库插入标签

在 Dreamweaver CS3 中，标签库中有一组特定类型的标签，其中还包含 Dreamweaver CS3 应如何设置标签格式的信息。标签库提供了 Dreamweaver CS3 用于代码提示、目标浏览器检查、标签选择器和其他代码功能的标签信息。使用标签库编辑器，可以添加和删除标签库、标签和属性，设置标签库的属性以及编辑标签和属性。

选择"编辑 > 标签库"命令，启用"标签库编辑器"对话框，如图 12-2 所示。标签库中列出了绝大部分各种语言所用到的标签及其属性参数，设计者可以轻松地添加和删除标签库、标签和属性。

1. 新建标签库

启用"标签库编辑器"对话框，单击"加号"按

图 12-2

钮，在弹出的菜单中选择"新建标签库"命令，弹出"新建标签库"对话框，在"库名称"选项的文本框中输入一个名称，如图 12-3 所示，单击"确定"按钮完成设置。

2．新建标签

启用"标签库编辑器"对话框，单击"加号"按钮，在弹出的菜单中选择"新建标签"命令，弹出"新建标签"对话框，如图 12-4 所示。先在"标签库"选项的下拉列表中选择一个标签库，然后在"标签名称"选项的文本框中输入新标签的名称。若要添加多个标签，则输入这些标签的名称，中间以逗号和空格来分隔标签的名称，如"First Tags, Second Tags"。如果新的标签具有相应的结束标签（</...>），则选择"具有匹配的结束标签"复选框，最后单击"确定"按钮完成设置。

3．新建属性

"新建属性"命令为标签库中的标签添加新的属性。启用"标签库编辑器"对话框，单击"加号"按钮，在弹出的菜单中选择"新建属性"命令，弹出"新建属性"对话框，如图 12-5 所示，设置对话框中的选项。一般情况下，在"标签库"选项的下拉列表中选择一个标签库，在"标签"选项的下拉列表中选择一个标签，在"属性名称"选项的文本框中输入新属性的名称。若要添加多个属性，则输入这些属性的名称，中间以逗号和空格来分隔标签的名称，如"width，height"，最后单击"确定"按钮完成设置。

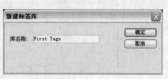
图 12-3

图 12-4

图 12-5

4．删除标签库、标签或属性

启用"标签库编辑器"对话框。先在"标签"选项框中选择一个标签库、标签或属性，再单击"减号"按钮，则将选中的项从"标签"选项框中删除，单击"确定"按钮关闭"标签库编辑器"对话框。

12.1.3 用标签选择器插入标签

在"代码"视图中单击鼠标右键，在弹出的菜单中选择"插入标签"命令，启用"标签选择器"对话框，如图 12-6 所示。左侧选项框中包含支持的标签库的列表，右侧选项框中显示选定标签库文件夹中的单独标签，下方选项框中显示选定标签的详细信息。

使用"标签选择器"对话框插入标签的操作步骤如下。

（1）启用"标签选择器"对话框。在左侧选项框中展开标签库，即从标签库中选择标签类别，或者展开该类别并选择一个子类别，从右侧选项框中选择一个标签。

图 12-6

（2）若要在"标签选择器"对话框中查看该标签的语法和用法信息，则单击"标签信息"按钮<input> 标签信息 ｜。如果有可用信息，则会显示关于该标签的信息。

（3）若要在"参考"面板中查看该标签的相同信息，单击图标<?>，若有可用信息，会显示关于该标签的信息。

（4）若要将选定标签插入代码中，则单击"插入"按钮 插入(I)，弹出"标签编辑器"对话框。如果该标签出现在右侧选项框中并带有尖括号（例如<title></title>），那么它不会要求其他信息就立即插入到文档的插入点，如果该标签不要求其他信息，则会出现标签编辑器。

（5）单击"确定"按钮回到"标签选择器"对话框，单击"关闭"按钮则关闭"标签选择器"对话框。

12.2　编辑代码

呆板的表格容易使人阅读疲劳，当用表格承载一些相关数据时，常常通过采用不同的字体、文字颜色、背景颜色等方式，对不同类别的数据加以区分或突出显示某些内容。

12.2.1　使用标签检查器编辑代码

标签检查器列出所选标签的属性表，方便设计者查看和编辑选择的标签对象的各项属性。选择"窗口 > 标签检查器"命令，启用"标签检查器"控制面板。若想查看或修改某标签的属性，只需先在文档窗口中用鼠标指针选择对象或选择文档窗口下方要选择对象相应的标签，再选择"窗口 > 标签检查器"命令，启用"标签检查器"控制面板，此时，控制面板将列出该标签的属性，如图 12-7 所示。设计者可以根据需要轻松地找到各属性参数，并方便地修改属性值。

图 12-7

在"标签检查器"控制面板的"属性"选项卡中，显示所选对象的属性及其当前值。若要查看其中的属性，有以下几种方法。

① 若要查看按类别组织的属性，则单击"显示类别视图"按钮。

② 若要在按字母排序的列表中查看属性，则单击"显示列表视图"按钮。

若要更改属性值，则选择该值并进行编辑，具体操作方法如下。

① 在属性值列（属性名称的右侧）中为该属性输入一个新的值。若要删除一个属性值，则选择该值，然后按 Backspace 键。

② 如果要更改属性的名称，则选择该属性名称，然后进行编辑。

如果该属性采用预定义的值，则从属性值列右侧的弹出菜单（或颜色选择器）中选择一个值。

如果属性采用 URL 值作为属性值，则单击"属性"面板中的"浏览文件"按钮或使用"指向文件"图标选择一个文件，或者在文本框中输入 URL。

如果该属性采用来自动态内容来源（如数据库）的值，则单击属性值列右侧的"动态数据"按钮，然后选择一个来源，如图 12-8 所示。

图 12-8

12.2.2 使用标签编辑器编辑代码

标签编辑器是另一个编辑标签的方式。先在文档窗口中选择特定的标签，然后单击"标签检查器"控制面板右上角的选项菜单 ▤，在弹出的菜单中选择"编辑标签"命令，打开"标签编辑器"对话框，如图 12-9 所示。

图 12-9

"标签编辑器"对话框列出被不同浏览器版本支持的特殊属性、事件和关于该标签的说明信息，用户可以方便地指定或编辑该标签的属性。

12.3 常用的 HTML 标签

HTML 是一种超文本置标语言，HTML 文件是被网络浏览器读取并产生网页的文件。常用的 HTML 标签有以下几种。

1. 文件结构标签

文件结构标签包含 html、head、title、body 等。html 标签用于表示页面的开始，它由文档头部分和文档体部分组成，浏览时只有文档体部分会被显示。head 标签用于表示网页的开头部分，开头部分用以存载重要信息，如注释、meta、和标题等。title 标签用于表示页面的标题，浏览时在浏览器的标题栏上显示。body 标签用于表示网页的文档体部分。

2. 排版标签

在网页中有 4 种段落对齐方式：左对齐、右对齐、居中对齐和两端对齐。在 HTML 语言中，可以使用 ALIGN 属性来设置段落的对齐方式。

ALIGN 属性可以应用于多种标签，例如分段标签\<p\>、标题标签\<hn\>以及水平线标签\<hr\>等。ALIGN 属性的取值可以是：left（左对齐）、center（居中对齐）、right（右对齐）以及 justify（两边对齐）。两边对齐是指将一行中的文本在排满的情况下向左右两个页边对齐，以避免在左右页边出现锯齿状。

对于不同的标签，ALIGN 属性的默认值是有所不同的。对于分段标签和各个标题标签，ALIGN 属性的默认值为 left；对于水平线标签\<hr\>，ALIGN 属性的默认值为 center。若要将文档中的多个段落设置成相同的对齐方式，可将这些段落置于\<div\>和\</div\>标签之间组成一个节，并使用

ALIGN 属性来设置该节的对齐方式。如果要将部分文档内容设置为居中对齐，也可以将这部分内容置于<center>和</center>标签之间。

3. 列表标签

列表分为无序列表和有序列表两种。li 标签标志无序列表，如项目符号；ol 标签标志有序列表，如标号。

4. 表格标签

表格标签包括表格标签<table>、表格标题标签<caption>、表格行标签<tr>、表格字段名标签<th>、列标签<td>等几个标签。

5. 框架

框架网页将浏览器上的视窗分成不同区域，在每个区域中都可以独立显示一个网页。框架网页通过一个或多个 frmaeset 和 frame 标签来定义。框架集包含如何组织各个框架的信息，可以通过 frmaeset 标签来定义。框架集 frmaeset 标签置于 head 之后，以取代 body 的位置，还可以使用 noframes 标签给出框架不能被显示时的替换内容。框架集 frmaeset 标签中包含多个 frame 标签，用以设置框架的属性。

6. 图形标签

图形的标签为<img>，其常用参数是<src>和<alt>属性，用于设置图像的位置和替换文本。SRC 属性给出图像文件的 URL 地址，图像可以是 JPEG 文件、GIF 文件或 PNG 文件。ALT 属性给出图像的简单文本说明，这段文本在浏览器不能显示图像时显示出来，或图像加载时间过长时先显示出来。

<img>标签不仅用于在网页中插入图像，也可以用于播放 Video for Windows 的多媒体文件（*.avi）。若要在网页中播放多媒体文件，应在<img>标签中设置 dynsrc、start、loop、Controls 和 loopdelay 属性。

例如，表示将影片循环播放 3 次，中间延时 250 毫秒，其代码如下：

<img src="SAMPLE-S.GIF" dynsrc="SAMPLE-S.AVI" loop=3 loopdelay=250>

例如，表示在鼠标指针移到 AVI 播放区域之上时才开始播放 SAMPLE-S.AVI 影片，其代码如下：

<img src="SAMPLE-S.GIF" dynsrc="SAMPLE-S.AVI" start=mouseover>

7. 链接标签

链接标签为<a>，其常用参数有，href 标志目标端点的 URL 地址，target 显示链接文件的一个窗口或框架，title 显示链接文件的标题文字。

8. 表单标签

表单在 HTML 页面中起着重要作用，它是与用户交互信息的主要手段。一个表单至少应该包括说明性文字、用户填写的表格、提交和重填按钮等内容。用户填写了所需的资料之后，按下"提交"按钮，所填资料就会通过专门的 CGI 接口传到 Web 服务器上。网页的设计者随后就能在 Web 服务器上看到用户填写的资料，从而完成了从用户到作者之间的反馈和交流。

表单中主要包括下列元素：普通按钮、单选按钮、复选框、下拉式菜单、单行文本框、多行文本框、提交按钮、重填按钮。

9. 滚动标签

滚动标签是 marquee，它会将其文字和图像进行滚动，形成滚动字幕的页面效果。

10. 载入网页的背景音乐标签

载入网页的背景音乐标签是 bgsound，它可设定页面载入时的背景音乐。

12.4 响应的 HTML 事件

前面已经介绍了基本的事件及其触发条件，现在讨论在代码中调用事件过程的方法。调用事件过程有 3 种方法，下面以在按钮上单击鼠标左键弹出欢迎对话框为例介绍调用事件过程的方法。

1．通过名称调用事件过程

```
<HTML>
<HEAD>
<TITLE>事件过程调用的实例</TITLE>
<SCRIPT LANGUAGE=vbscript>
<!--
sub bt1_onClick()
msgbox "欢迎使用代码实现浏览器的动态效果！"
end sub
-->
</SCRIPT>
</HEAD>
<BODY>
<INPUT name=bt1 type="button" value="单击这里">
</BODY>
</HTML>
```

2．通过 FOR/EVENT 属性调用事件过程

```
<HTML>
<HEAD>
<TITLE>事件过程调用的实例</TITLE>
<SCRIPT LANGUAGE=vbscript for="bt1" event="onclick">
<!--
msgbox "欢迎使用代码实现浏览器的动态效果！"
-->
</SCRIPT>
</HEAD>
<BODY>
<INPUT name=bt1 type="button" value="单击这里">
</BODY>
</HTML>
```

3．通过控件属性调用事件过程

```
<HTML>
<HEAD>
<TITLE>事件过程调用的实例</TITLE>
```

```
<SCRIPT LANGUAGE=vbscript >
<!--
sub msg()
msgbox "欢迎使用代码实现浏览器的动态效果！"
end sub
-->
</SCRIPT>
</HEAD>
<BODY>
  <INPUT name=bt1 type="button" value="单击这里" onclick="msg">
</BODY>
</HTML>
<HTML>
<HEAD>
<TITLE>事件过程调用的实例</TITLE>
</HEAD>
<BODY>
<INPUT name=bt1 type="button" value="单击这里" onclick='msgbox "欢迎使用代码实现浏览
器的动态效果！"' language="vbscript">
</BODY>
</HTML>
```

课堂练习——美食天下网页

【练习知识要点】使用页面属性命令改为页面的背景图像，使用插入标签命令制作浮动框架
效果，如图 12-10 所示。

【效果所在位置】光盘/Ch12/效果/美食天下网页/index1.html。

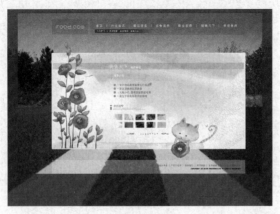

图 12-10

下 篇

案例实训篇

第13章

个人网页

个人网页是许多初学网页制作的读者非常感性兴趣的话题。它是各人根据自己的爱好，自由制作出来的网站。对网站设计初学者来说，制作个人网站无疑是一件令人愉悦的事情。个人网站通常在结构、内容上都比较简单、随意。本章以多个类型的个人网页为例，讲解了个人网页的设计方法和制作技巧。

课堂学习目标

- 了解个人网页的特色和功能
- 掌握个人网页的设计流程
- 掌握个人网页的设计思路和布局
- 掌握个人网页的制作方法

13.1 个人网页概述

个人网站是指个人或团体因某种兴趣、拥有某种专业技术、提供某种服务或把自己的作品、商品展示销售而制作的具有独立空间域名的网站。网站内容强调以个人信息为中心。个人网站包括博客、个人论坛、个人主页等等，网络的发展趋势就是向个人网站发展。

13.2 妞妞的个人网页

13.2.1 案例分析

妞妞是个活泼漂亮的小姑娘，她的个人网页主要表现的是她成长中的点点滴滴，这其中有生动的个人纪录，可爱的生活照片，有趣的亲友留言等。通过个人网页可以表现出妞妞的快乐童年和精彩生活。

在网页设计制作过程中，将背景设计为朴素的壁纸颜色。用导航条划分出页面的上下空间。上部空间通过书包、鲜花、幼苗、小树等元素营造出妞妞童年快乐茁壮成长的氛围。下部空间分为 3 个区域，左侧是用户注册信息，中间是主人妞妞的可爱相片。右侧是妞妞的档案和朋友的照片。整个页面布局轻松活泼，表现出孩子的童真和童趣。

本例将使用表格布局网页，使用 CSS 样式命令设置文字的行间距，使用属性面板改变图像的边距，使用属性面板改变文字的颜色和大小制作导航条效果，使用文本字段和图像域制作用户注册效果。

13.2.2 案例设计

本案例设计流程如图 13-1 所示。

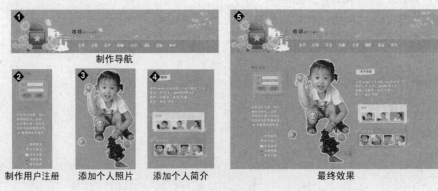

制作导航

制作用户注册　添加个人照片　添加个人简介　　　　　最终效果

图 13-1

13.2.3 案例制作

1. 制作导航部分

（1）选择"文件 > 新建"命令，新建空白文档。选择"文件 > 保存"命令，弹出"另存为"对话框，在"保存在"选项的下拉列表中选择当前站点目录保存路径；在"文件名"选项的文本框中输入"index"，单击"保存"按钮，返回网页编辑窗口。

（2）选择"修改 > 页面属性"命令，弹出"页面属性"对话框，在对话框中进行设置，如图 13-2 所示，单击"确定"按钮，在"插入"面板"常用"选项卡中单击"表格"按钮，在弹出的"表格"对话框中进行设置，如图 13-3 所示，单击"确定"按钮，保持表格的选取状态，在"属性"面板"对齐"选项的下拉列表中选择"居中对齐"选项，效果如图 13-4 所示。

图 13-2

图 13-3

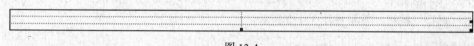
图 13-4

（3）单击"背景图像"选项右侧的"浏览文件"按钮，在弹出的"选择图像源文件"对话框中选择光盘目录下"Ch13 > clip > 妞妞的个人网页 > images"文件夹中的"bg.jpg"文件，单击"确定"按钮，为表格设置背景图像，效果如图 13-5 所示。

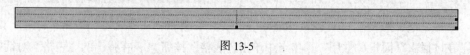
图 13-5

（4）将第 1 行第 1 列单元格和第 2 行第 1 列单元格全部选中，如图 13-6 所示。单击"属性"面板中的"合并所选单元格，使用跨度"按钮，将所选单元格合并，将"宽"选项设为"295"，效果如图 13-7 所示。

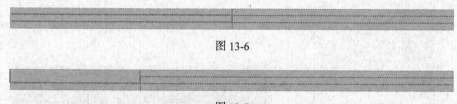
图 13-6

图 13-7

（5）将光标置入到合并的单元格中，在"属性"面板"垂直"选项的下拉列表中选择"顶端"，在"插入> 常用"选项卡中单击"图像"按钮，在弹出的"选择图像源文件"对话框中选择光盘目录下"Ch13 > clip > 妞妞的个人网页 > images"文件夹中的"01_01.jpg"文件，单击"确定"按钮，效果如图 13-8 所示。

图 13-8

（6）将光标置入到第 1 行第 2 列单元格中，在"属性"面板中进行设置，如图 13-9 所示。单击"背景"选项右侧的"单元格背景 URL"按钮 📄，在弹出的"选择图像源文件"对话框中选择光盘目录下"Ch13 > clip > 妞妞的个人网页 > images"文件夹中的"01_02.jpg"文件，单击"确定"按钮，效果如图 13-10 所示。

图 13-9　　　　　　　　　　　　　　　图 13-10

（7）在第 1 行第 2 列单元格中输入需要的文字，并在"属性"面板中选择适当的字体和大小，效果如图 13-11 所示。将光标置入到第 2 行第 2 列单元格中，在"属性"面板中将"高"选项设为"67"，单击"背景"选项右侧的"单元格背景 URL"按钮 📄，在弹出的"选择图像源文件"对话框中选择光盘目录下"Ch13 > clip > 妞妞的个人网页 > images"文件夹中的"01_03.jpg"文件，单击"确定"按钮，效果如图 13-12 所示。

图 13-11　　　　　　　　　　　　　　　图 13-12

（8）在"插入"面板"常用"选项卡中单击"表格"按钮 ⊞，在弹出的"表格"对话框中进行设置，如图 13-13 所示，单击"确定"按钮，效果如图 13-14 所示。

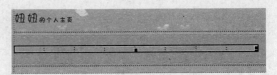

图 13-13　　　　　　　　　　　　　　　图 13-14

（9）将表格的单元格全部选中，在"属性"面板"水平"选项的下拉列表中选择"右对齐"，分别在各单元格中输入白色文字，并在"属性"面板中选择适当的字体和大小，效果如图 13-15 所示。

图 13-15

2．制作用户注册

（1）将主表格的第 3 行第 1 列单元格和第 2 列单元格全部选中，如图 13-16 所示。单击"属性"面板中的"合并所选单元格，使用跨度"按钮 ，将所选单元格合并，将"高"选项设为"539"，效果如图 13-17 所示。

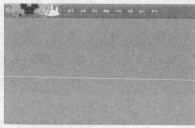

图 13-16　　　　　　　　　　　　　　　　图 13-17

（2）将光标置入到合并的单元格中，在"插入 > 常用"选项卡中单击"表格"按钮 ，在弹出的"表格"对话框中进行设置，如图 13-18 所示，单击"确定"按钮，保持表格的选取状态，在"属性"面板"对齐"选项的下拉列表中选择"居中对齐"选项，效果如图 13-19 所示。

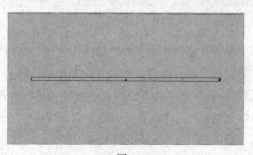

图 13-18　　　　　　　　　　　　　　　图 13-19

（3）将光标置入到第 1 列中，在"属性"面板中将"宽"选项设为"156"，在"插入"面板"常用"选项卡中单击"表格"按钮 ，在弹出的"表格"对话框中进行设置，如图 13-20 所示，单击"确定"按钮，效果如图 13-21 所示。

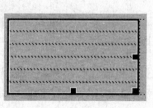

图 13-20　　　　　　　　　　图 13-21

（4）将光标置入到第 1 行中，在"属性"面板中将"高"选项设为"39"，在该行中输入褐色（#784C1D）文字，并在"属性"面板中选择适当的字体和大小，单击"加粗"按钮 **B**，效果如图 13-22 所示。

（5）将光标置入到第 2 行中，在"属性"面板中将"高"选项设为"123"，在"垂直"选项的下拉列表中选择"顶端"选项，单击"插入"面板"表单"选项卡中的"表单"按钮，插入表单，效果如图 13-23 所示。

（6）在"插入"面板"常用"选项卡中单击"表格"按钮，在弹出的"表格"对话框中进行设置，如图 13-24 所示，单击"确定"按钮，单击"背景图像"选项右侧的"浏览文件"按钮，在弹出的"选择图像源文件"对话框中选择光盘目录下"Ch13 > clip > 妞妞的个人网页 > images"文件夹中的"01_22.jpg"文件，单击"确定"按钮，将光标置入到表格中，在"属性"面板中将"高"选项设为"107"，效果如图 13-25 所示。

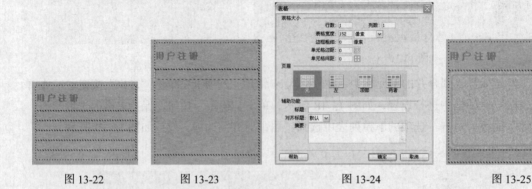

图 13-22   图 13-23   图 13-24   图 13-25

（7）将光标置入到表格中，在"插入"面板"常用"选项卡中单击"表格"按钮，在弹出的"表格"对话框中进行设置，如图 13-26 所示，单击"确定"按钮，保持表格的选取状态，在"属性"面板"对齐"选项的下拉列表中选择"居中对齐"选项，效果如图 13-27 所示。

（8）将单元格全部选中，在"属性"面板"水平"选项的下拉列表中选择"居中对齐"选项，将"高"选项设为"25"，效果如图 13-28 所示。

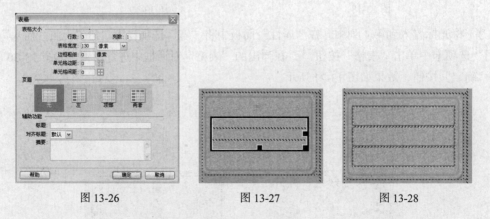

图 13-26   图 13-27   图 13-28

（9）分别在第 1 行和第 2 行单元格中输入褐色（#73471A）的英文，效果如图 13-29 所示。在英文"ID"的后面置入光标，单击"插入"面板"表单"选项卡中的"文本字段"按钮，插入一个文本字段，在"属性"面板中将"字符宽度"选项设为"10"，效果如图 13-30 所示。

（10）在英文"PW"的后面置入光标，单击"插入"面板"表单"选项卡中的"文本字段"按钮□，插入一个文本字段，在"属性"面板中将"字符宽度"选项设为"12"，在"类型"选项组中选择"密码"单选项，效果如图 13-31 所示。

图 13-29

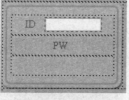
图 13-30

图 13-31

3. 添加 CSS 样式

（1）选择"窗口 > CSS 样式"命令，弹出"CSS 样式"面板，单击面板下方的"新建 CSS 规则"按钮，在弹出的"新建 CSS 规则"对话框中进行设置，如图 13-32 所示，单击"确定"按钮，弹出".txet 的 CSS 规则定义"对话框，将"大小"选项设为"12"；在左侧的"分类"列表中选择"背景"选项，将"背景颜色"选项设为土黄色（#F2DAC0）；在左侧的"分类"列表中选择"边框"选项，将"颜色"选项设为深褐色（#653232），其他选项的设置如图 13-33 所示。

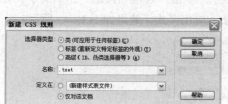

图 13-32

图 13-33

（2）单击"确定"按钮，分别选中文本字段，在"类"选项的下拉列表中选择"txet"选项，应用样式，效果如图 13-34 所示。

（3）将光标置入到第 3 行中，单击"插入"面板"表单"选项卡中的"图像域"按钮，在弹出的"选择图像源文件"对话框中选择光盘目录下"Ch13 > clip > 妞妞的个人网页 > images"文件夹中的"02_03.jpg"文件，单击"确定"按钮，效果如图 13-35 所示。

（4）用相同的方法，将"02_05.jpg"插入，效果如图 13-36 所示。

图 13-34

图 13-35

图 13-36

（5）将光标置入到主表格的第 3 行中，在"插入"面板"常用"选项卡中单击"图像"按钮，在弹出的"选择图像源文件"对话框中选择光盘目录下"Ch13 > clip > 妞妞的个人网页 > images"文件夹中的"01_29.jpg"文件，单击"确定"按钮，效果如图 13-37 所示。

（6）用相同的方法，将"01_29.jpg"文件插入到第 5 行中，效果如图 13-38 所示。将光标置入到第 4 行中，在"属性"面板中将"高"选项设为"145"，并在该行中输入需要的文字，效果如图 13-39 所示。

图 13-37

图 13-38

图 13-39

（7）将"01_35.jpg"插入到文字"把妞妞加为好友"的前面，在"属性"面板"对齐"选项的下拉列表中选择"绝对居中"选项，将"水平边距"和"垂直边距"选项均设为"5"，效果如图 13-40 所示。

（8）单击"CSS 样式"面板下方的"新建 CSS 规则"按钮，在弹出的"新建 CSS 规则"对话框中进行设置，如图 13-41 所示，单击"确定"按钮，在弹出的".txet1 的 CSS 规则定义"对话框中进行设置，如图 13-42 所示；在左侧的"分类"列表中选择"区块"选项，将"字母间距"选项设为"1"，在右侧的下拉列表中选择"像素"，单击"确定"按钮，选中文字，在"属性"面板"类"选项的下拉列表中选择"txet1"选项，应用样式，效果如图 13-43 所示。

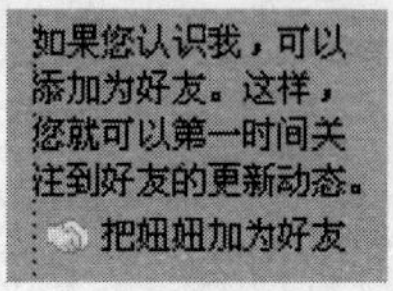

图 13-40

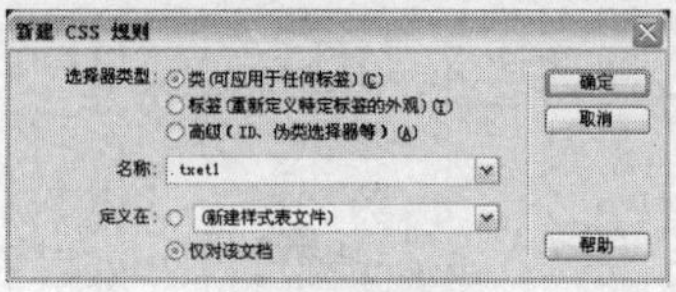

图 13-41

（9）将光标置入到第 6 行中，在"属性"面板"水平"选项的下拉列表中选择"居中对齐"选项，在该行中输入需要的文字，并将"01_41.jpg"、"01_44.jpg"、"01_49.jpg"、"01_51.jpg"、"01_54.jpg"插入到文字的前面，在"属性"面板"对齐"选项的下拉列表中选择"绝对居中"选项，将"水平边距"和"垂直边距"选项均设为"5"，应用样式，效果如图 13-44 所示。

图 13-42

图 13-43

图 13-44

4．添加照片

（1）将光标置入到主表格的第2列中，在"属性"面板中将"宽"选项设为"7"，将光盘目录下的"Ch13 > clip > 妞妞的个人网页 > images"文件夹中的"01_12.jpg"文件插入到第2列中，效果如图13-45所示。将该文件复制，粘贴到第4列中，并将第4列宽度设为"7"，效果如图13-46所示。

（2）将光标置入到第3列中，在"属性"面板"水平"选项的下拉列表中选择"居中对齐"选项，在"插入> 常用"选项卡中单击"图像"按钮█，在弹出的"选择图像源文件"对话框中选择光盘目录下"Ch13 > clip > 妞妞的个人网页 > images"文件夹中的"loge.jpg"文件，单击"确定"按钮，在"属性"面板中将"水平边距"选项设为"5"，效果如图13-47所示。

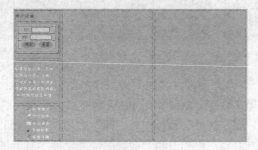

图 13-45　　　　　　　　　　图 13-46　　　　　　　　　　图 13-47

（3）将光标置入到第5列中，在"属性"面板中将"宽"选项设为"315"。在"插入"面板"常用"选项卡中单击"表格"按钮█，在弹出的"表格"对话框中进行设置，如图13-48所示，单击"确定"按钮，保持表格的选取状态，在"属性"面板"对齐"选项的下拉列表中选择"居中对齐"选项，效果如图13-49所示。

（4）将光标置入到第1行中，在"插入"面板"常用"选项卡中单击"表格"按钮█，在弹出的"表格"对话框中进行设置，如图13-50所示，单击"确定"按钮，效果如图13-51所示。

图 13-48

图 13-49　　　　　　　　　　图 13-50　　　　　　　　　　图 13-51

（5）将光标置入到表格中，在"属性"面板"水平"选项的下拉列表中选择"居中对齐"选项，将"高"选项设为"31"，单击"背景"选项右侧的"单元格背景 URL"按钮█，在弹出的"选择图像源文件"对话框中选择光盘目录下"Ch13 > clip > 妞妞的个人网页 > images"文件夹中的"01_09.jpg"文件，单击"确定"按钮，效果如图13-52所示。

（6）在该表格中输入需要的文字，并在"属性"面板中选择适当的字体和大小，效果如图 13-53 所示。

（7）将光标置入到第 2 行中，在"属性"面板中将"高"选项设为"120"，输入文字，将"01_19.jpg"文件插入，效果如图 13-54 所示。选中文字，在"属性"面板"样式"选项的下拉列表中选择"txet1"选项，应用样式，效果如图 13-55 所示。

| 图 13-52 | 图 13-53 | 图 13-54 | 图 13-55 |

（8）将光盘目录下的"Ch13 > clip > 妞妞的个人网页 > images"文件夹中的"01_25.jpg"文件分别插入到第 3 行、第 5 行、第 7 行中，效果如图 13-56 所示。

（9）将光标置入到第 4 行中，在"属性"面板中将"高"选项设为"106"，单击"背景"选项右侧的"单元格背景 URL"按钮，在弹出的"选择图像源文件"对话框中选择光盘目录下"Ch13 > clip > 妞妞的个人网页 > images"文件夹中的"01_28.jpg"文件，单击"确定"按钮，效果如图 13-57 所示。

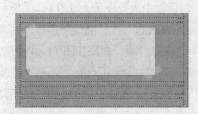

图 13-56 　　　　　　　　　　图 13-57

（10）在"插入"面板"常用"选项卡中单击"表格"按钮，在弹出的"表格"对话框中进行设置，如图 13-58 所示，单击"确定"按钮，效果如图 13-59 所示。

（11）在第 1 行第 2 列单元格中输入橘黄色（#FF8000）文字，并设置字体和大小。将光标置入到第 2 行第 2 列中，在"属性"面板"水平"选项的下拉列表中选择"居中对齐"选项，将"04_03.jpg"文件插入，效果如图 13-60 所示。

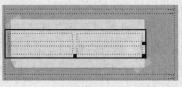

图 13-58 　　　　　　图 13-59 　　　　　　图 13-60

（12）将光标置入到第 8 行中，在"属性"面板中将"高"选项设为"101"，单击"背景"选项右侧的"单元格背景 URL"按钮，在弹出的"选择图像源文件"对话框中选择光盘目录下"Ch13 > clip > 妞妞的个人网页 > images"文件夹中的"01_33.jpg"文件，单击"确定"按钮，效果如图 13-61 所示。

（13）在"插入"面板"常用"选项卡中单击"表格"按钮，弹出"表格"对话框，各数值为默认设置，单击"确定"按钮，效果如图 13-62 所示。

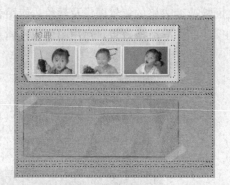

图 13-61

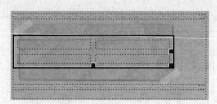

图 13-62

（14）在第 1 行第 2 列中输入黄色（#EFE58D）文字，将光标置入到第 2 行第 2 列单元格中，在"属性"面板"水平"选项的下拉列表中选择"居中对齐"选项，将"04_07.jpg"文件插入，效果如图 13-63 所示。

（15）妞妞的个人网页效果制作完成，保存文档，按 F12 键，预览网页效果，如图 13-64 所示。

图 13-63

图 13-64

13.3　张既的个人网页

13.3.1　案例分析

张既是个帅气健康的男孩，他希望自己的个人网页充满青春感和活力感。网页设计上要针对自己的爱好和专业特长，按自己的想法来收集资料和制作网页。网页的风格要现代时尚，感受到自由和创造的力量。

在网页设计制作的过程中，将背景设计制作成日历的样式，用以表现张既的青春生活记录。页面的左侧是张既帅气的个人写真照片，右侧是网页的布局和信息。在右侧以暗紫色的渐变为底色，导航栏简单实用，方便浏览。个人档案的设计个性风趣，配上写真照片和装饰图形，更显页面的健康率真。页面下方设计了生动活泼的个人爱好和收藏栏目，充分表现出张既的多才多艺。整个页面表现出年轻人追求自我的个性风格。

本例将使用层制作文字投影效果。使用属性面板改变表格的背景图像及颜色。使用表格和图像制作个人档案效果。使用属性面板改变文字的颜色制作导航条效果。使用图像按钮插入图像制作个性网页效果。

13.3.2　案例设计

本案例设计流程如图 13-65 所示。

图 13-65

13.3.3　案例制作

1. 制作投影文字

（1）选择"文件 > 新建"命令，新建空白文档。选择"文件 > 保存"命令，弹出"另存为"对话框。在"保存在"选项的下拉列表中选择当前站点目录保存路径，在"文件名"选项的文本框中输入"index"，单击"保存"按钮，返回网页编辑窗口。

（2）选择"修改 > 页面属性"命令，弹出"页面属性"对话框，在对话框中进行设置，如图 13-66 所示，单击"确定"按钮，在"插入"面板"常用"选项卡中单击"表格"按钮，在弹出的"表格"对话框中进行设置，如图 13-67 所示，单击"确定"按钮，保持表格的选取状态，在"属性"面板"对齐"选项的下拉列表中选择"居中对齐"选项，效果如图 13-68 所示。

图 13-66　　　　　　　　　　　　　　　　　　图 13-67

图 13-68

（3）将第 1 行第 1 列和第 2 行第 1 列单元格全部选中，单击"属性"面板中的"合并所选单元格，使用跨度"按钮⬚，将所选单元格合并，如图 13-69 所示。将光标置入到合并的单元格中，在"插入"面板"常用"选项卡中单击"图像"按钮⬚，在弹出的"选择图像源文件"对话框中选择光盘目录下"Ch13 > clip > 张既的个人网页 > images"文件夹中的"left.jpg"文件，单击"确定"按钮，效果如图 13-70 所示。

图 13-69

（4）单击"插入"面板"布局"选项卡中的"绘制 AP Div"按钮⬚，在文档窗口的左下方绘制层，效果如图 13-71 所示。在层中输入紫灰色（#765E6E）英文，并在"属性"面板中选中合适的字体和大小，单击"加粗"按钮 **B**，效果如图 13-72 所示。

图 13-70　　　　　　　　　　　　图 13-71　　　　　　　　图 13-72

（5）选中层，如图 13-73 所示。选择"编辑 > 拷贝"命令，在窗口中空白处单击鼠标，选择"编辑 > 粘贴"命令，复制层，面板中效果如图 13-74 所示。

（6）在"AP 元素"面板中选中"apDiv2"，同时，在文档窗口中对应的层也被选中，选取层中的文字，在"属性"面板中将颜色设为白色，效果如图 13-75 所示。在"AP 元素"面板中选中"apDiv1"，文档窗口中对应的层被选中，按键盘上的向右键→和向下键↓各一次，移动层的位置，效果如图 13-76 所示。

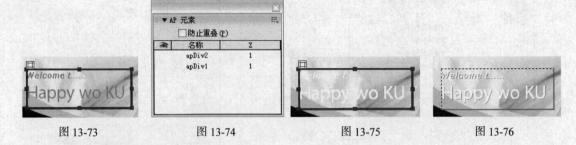

图 13-73   图 13-74   图 13-75   图 13-76

2. 制作导航部分

（1）将光标置入表格的第 1 行 2 列中，在"插入"面板"常用"选项卡中单击"表格"按钮，在弹出的"表格"对话框中进行设置，如图 13-77 所示，单击"确定"按钮，效果如图 13-78 所示。

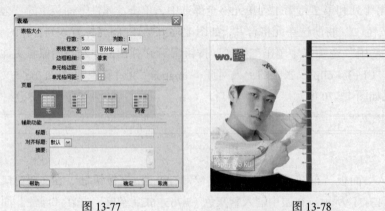

图 13-77   图 13-78

（2）将光标置入到第 1 行中，在"插入"面板"常用"选项卡中单击"表格"按钮，在弹出的"表格"对话框中进行设置，如图 13-79 所示，单击"确定"按钮，保持表格的选取状态，在"属性"面板"对齐"选项的下拉列表中选择"右对齐"选项，效果如图 13-80 所示。

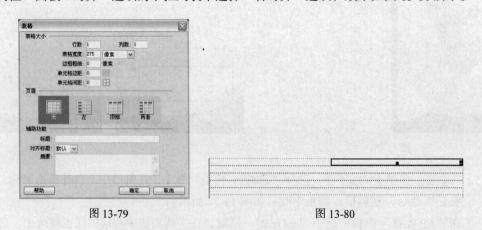

图 13-79   图 13-80

（3）将光标置入到表格中，在"属性"面板中将"高"选项设为"23"，单击"背景"选项右侧的"单元格背景 URL"按钮，在弹出的"选择图像源文件"对话框中选择光盘目录下"Ch13 >

clip ＞ 张既的个人网页 ＞images" 文件夹中的 "01_03.jpg" 文件，单击 "确定" 按钮，效果如图 13-81 所示。

（4）在 "插入" 面板 "常用" 选项卡中单击 "图像" 按钮 ，在弹出的 "选择图像源文件" 对话框中选择光盘目录下 "Ch13 ＞ clip ＞ 张既的个人网页 ＞images" 文件夹中的 "03_05.jpg" 文件，单击 "确定" 按钮，在 "属性" 面板 "对齐" 选项的下拉列表中选择 "绝对居中" 选项，将 "水平边距" 选项设为 "10"，效果如图 13-82 所示。

图 13-81　　　　　　　　　　　　　　　　图 13-82

（5）在图像的右侧输入白色文字，效果如图 13-83 所示。将 "03_05.jpg" 文件复制 3 次，并 粘贴到文字的中间，效果如图 13-84 所示。

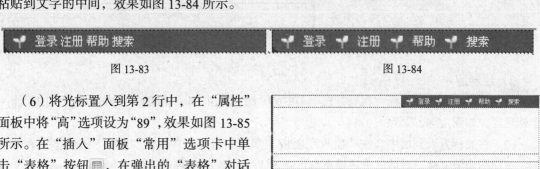

图 13-83　　　　　　　　　　　　　　　　图 13-84

（6）将光标置入到第 2 行中，在 "属性" 面板中将 "高" 选项设为 "89"，效果如图 13-85 所示。在 "插入" 面板 "常用" 选项卡中单击 "表格" 按钮 ，在弹出的 "表格" 对话框中进行设置，如图 13-86 所示，单击 "确定" 按钮，效果如图 13-87 所示。

图 13-86

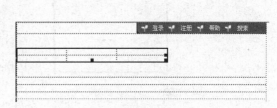

图 13-87

图 13-85

（7）将表格中所有单元格全部选中，如图 13-88 所示。在 "属性" 面板中进行设置，如图 13-89 所示。

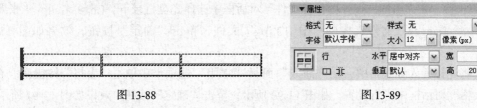

图 13-88　　　　　　　　　　　　　　　　图 13-89

（8）在第 1 行第 1 列单元格中输入绿色（#6DAC17）文字和字符，第 2 列单元格中输入蓝色（#0C7BD7）文字和字符，第 3 列单元格输入橘黄色（#F47D00）文字和字符；在第 2 行第 1 列中输入白色拼音"shouye"、第 2 列单元格中输入白色拼音"xiangce"，第 3 列单元格中输入白色拼音"haoyou"，在"属性"面板中选择适当的字体和大小，效果如图 13-90 所示。

（9）将光标置入到主表格的第 3 行中，在"插入"面板"常用"选项卡中单击"图像"按钮，在弹出的"选择图像源文件"对话框中选择光盘目录下"Ch13 > clip > 张既的个人网页 > images"文件夹中的"01_09.jpg"文件，单击"确定"按钮，效果如图 13-91 所示。

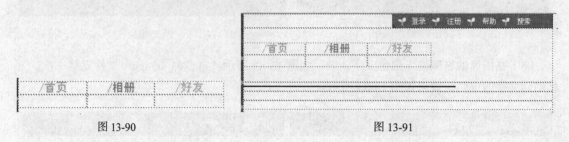

图 13-90   图 13-91

3．绘制层

（1）单击"插入"面板"布局"选项卡中的"绘制 AP Div"按钮，在文档窗口中绘制一个矩形层，如图 13-92 所示。

（2）将光标置入到层中，在"插入"面板"常用"选项卡中单击"图像"按钮，在弹出的"选择图像源文件"对话框中选择光盘目录下"Ch13 > clip >张既的个人网页 > images"文件夹中的"01.gif"文件，单击"确定"按钮，效果如图 13-93 所示。

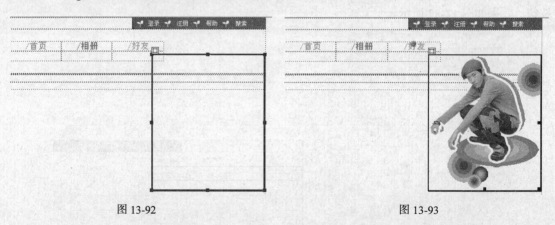

图 13-92   图 13-93

（3）将光标置入到第 4 行中，在"插入"面板"常用"选项卡中单击"表格"按钮，在弹出的"表格"对话框中进行设置，如图 13-94 所示，单击"确定"按钮，将光标置入到表格中，在"属性"面板中将"高"选项设为"200"，单击"背景"选项右侧的"单元格背景 URL"按钮，在弹出的"选择图像源文件"对话框中选择光盘目录下"Ch13 > clip > 张既的个人网页 > images"文件夹中的"01_13.jpg"文件，单击"确定"按钮，效果如图 13-95 所示。

（4）将光标置入到表格中，在"插入"面板"常用"选项卡中单击"表格"按钮，在弹出的"表格"对话框中进行设置，如图 13-96 所示，单击"确定"按钮，效果如图 13-97 所示。

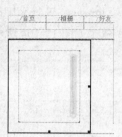

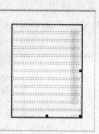

图 13-94　　　　　　　　　图 13-95　　　　　　　　　图 13-96　　　　　　　　　图 13-97

（5）将光盘目录下的"Ch13 > clip > 张既的个人网页 > images"文件夹中的"03_20.jpg"文件插入到第 1 行中，效果如图 13-98 所示。用相同的方法，将"03_28.jpg"文件分别插入到第 3 行、第 5 行、第 7 行、第 9 行、第 11 行中，效果如图 13-99 所示。

（6）分别在第 2 行、第 4 行、第 6 行、第 8 行、第 12 行中输入需要的文字，效果如图 13-100 所示。

（7）将"03_24.jpg"文件插入到第 2 行文字的前面，并在"属性"面板中将"水平边距"选项设为"10"，将"对齐"选项设为"绝对居中"；将"03_32.jpg"文件分别插入到第 4 行、第 6 行、第 8 行、第 10 行、第 12 行中文字的前面，并设置水平边距为"10"，将"对齐"选项设为"绝对居中"，效果如图 13-101 所示。

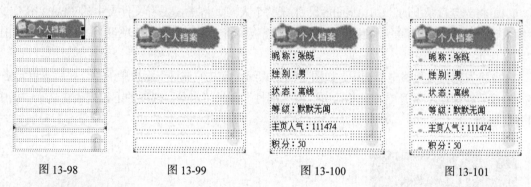

图 13-98　　　　　　　　　图 13-99　　　　　　　　　图 13-100　　　　　　　　　图 13-101

4．制作文档底部

（1）将光标置入到第 5 行中，在"插入"面板"常用"选项卡中单击"表格"按钮 ，在弹出的"表格"对话框中进行设置，如图 13-102 所示，单击"确定"按钮，效果如图 13-103 所示。

图 13-102

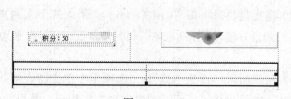

图 13-103

（2）将光标置入到第 1 行第 1 列单元格中，在"属性"面板中将"宽"选项设为"300"。将光盘目录下的"Ch13 > clip > 张既的个人网页 > images"文件夹中的"bg01.jpg"文件插入，在"属性"面板中将"水平边距"选项设为"15"，效果如图 13-104 所示。

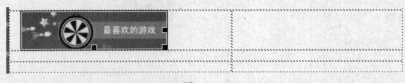

图 13-104

（3）将光标置入到第 2 行第 1 列单元格中，在"属性"面板中进行设置，如图 13-105 所示。将光盘目录下的"Ch13 > clip >张既的个人网页> images"文件夹中的"bg02.jpg"文件插入，效果如图 13-106 所示。

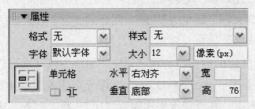

图 13-105

图 13-106

（4）将光盘目录下的"Ch13 > clip > 张既的个人网页 > images"文件夹中的"bg03.jpg"文件插入到第 3 行第 1 列单元格中，在"属性"面板中将"水平边距"选项设为"15"，效果如图 13-107 所示。

（5）将右则的单元格全部选中，如图 13-108 所示。单击"属性"面板中的"合并所选单元格，使用跨度"按钮，将所选单元格合并，在"属性"面板"水平"选项的下拉列表中选择"居中对齐"选项。

图 13-107

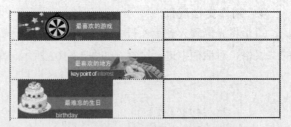

图 13-108

（6）将光盘目录下的"Ch13 > clip > 张既的个人网页 > images"文件夹中的"01_17.jpg"文件插入到合并的单元格中，在"属性"面板中将"水平边距"选项设为"29"，效果如图 13-109 所示。

（7）在"插入"面板"常用"选项卡中单击"表格"按钮，在弹出的"表格"对话框中进行设置，如图 13-110 所示，单击"确定"按钮，效果如图 13-111 所示。

图 13-109　　　　　　　　　　图 13-110　　　　　　　　　　图 13-111

（8）将 3 行单元格全部选中，在"属性"面板中"水平"选项的下拉列表中选择"居中对齐"选项。将光标置入到第 1 行中，在"属性"面板将"高"选项设为"18"，将"01_29.jpg"文件设为该行的背景图像，并输入白色文字，效果如图 13-112 所示。

（9）用相同的方法，将"01_29.jpg"文件设为第 2 行和第 3 行的背景图像，高设为"18"，输入文字，效果如图 13-113 所示。

（10）选中如图 13-114 所示的表格。单击窗口下方的"标签选择器"中的<table>标签，如图 13-115 所示。按键盘上的向左键，在"属性"面板中单击"背景"选项右侧的"单元格背景 URL"按钮，在弹出的"选择图像源文件"对话框中选择光盘目录下"Ch13＞clip＞张既的个人网页＞images"文件夹中的"02_02.jpg"文件，单击"确定"按钮，效果如图 13-116 所示。

图 13-112　　　　　　　　图 13-113　　　　　　　　图 13-114

<body><table><tr><td><table><tr><td><table><tr><td><table>

图 13-115　　　　　　　　　　　　　图 13-116

（11）将光标置入到主表格的第 2 行第 2 列中，在"属性"面板"水平"选项的下拉列表中选择"居中对齐"选项，"高"选项设为"42"，将"背景颜色"选项设为黑色，在该单元格中输入白色文字，效果如图 13-117 所示。

（12）张既的个人网页效果制作完成，保存文档，按 F12 键，预览网页效果，如图 13-118 所示。

图 13-117

图 13-118

13.4 晓辛的个人网页

13.4.1 案例分析

晓辛是一个文学杂志编辑，她建立自己的个人网页，是想在自己的空间中表达对现代文学的理解，发表自己最新的文学作品，联系有共同兴趣的文学爱好者，并提供一个大家互动交流的平台。她希望网页在风格上要有现代感和文化感，以体现文化青年的个性和特色。

在网页设计制作过程中，在页面的上部通过艺术化的设计表现手法，制作出晓辛带有文化气息的个人图案。图案包含了艺术处理的黑白照片、精致的蝴蝶和花卉、笔墨绘制的底纹、个人网址信息和一段介绍自己的文字。在页面左侧竖排设计了导航栏，便于好友浏览。在中间是晓辛自己写作的作品，右侧是为作品搭配的图片，表现出晓辛对文学的热爱。整体的页面构图打破了传统的形式，有一定新意和突破。

本例将使用页面属性命令修改页面的页边距，使用输入代码制作日期效果，使用 CSS 样式制作文字竖排效果，使用电子邮件链接按钮制作 E-mail 链接效果，使用属性面板制作下载链接效果，使用导航条按钮制作导航效果。

13.4.2 案例设计

本案例设计流程如图 13-119 所示。

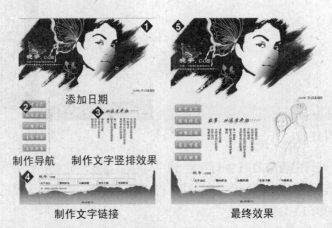

图 13-119

13.4.3　案例制作

1．创建并设置页面属性

（1）选择"文件 > 新建"命令，新建空白文档。选择"文件 > 保存"命令，弹出"另存为"对话框。在"保存在"选项的下拉列表中选择当前站点目录保存路径，在"文件名"选项的文本框中输入"index"，单击"保存"按钮，返回网页编辑窗口。

（2）选择"修改 > 页面属性"命令，在弹出的"页面属性"对话框中进行设置，如图 13-120 所示。选择"分类"选项列表中的"链接"选项，在右侧的对话框中进行设置，如图 13-121 所示。

图 13-120　　　　　　　　　　　　　　　图 13-121

（3）选择"分类"选项列表中的"标题/编码"选项，在右侧的对话框中进行设置，如图 13-122 所示，单击"确定"按钮完成网页属性的设置。

图 13-122

2．设置背景图像添加日期

（1）在"插入"面板"常用"选项卡中单击"表格"按钮 ▦ ，在弹出的"表格"对话框中进行设置，如图 13-123 所示，单击"确定"按钮，在"属性"面板"对齐"选项的下拉列表中选择"居中对齐"选项，使表格居中显示，如图 13-124 所示。

图 13-123　　　　　　　　　　　　　　　图 13-124

（2）将鼠标置入到第 1 行中，在"属性"面板中进行设置，如图 13-125 所示。单击"背景"选项右侧的"单元格背景 URL"按钮，弹出"选择图像源文件"对话框，选择光盘目录下的"Ch13 > clip > 晓辛的个人网页 > images"文件夹中的"top.jpg"文件，单击"确定"按钮，效果如图 13-126 所示。

图 13-125

图 13-126

（3）在"拆分"视图窗口中选中该行的" "标签，如图 13-127 所示，按 Delete 键，删除该标签，输入以下代码：

```
<script language=JavaScript1.2>
var isnMonth = new
Array("1 月","2 月","3 月","4 月","5 月","6 月","7 月","8 月","9 月","10 月","11 月","12 月");
var isnDay = new
Array("星期日","星期一","星期二","星期三","星期四","星期五","星期六","星期日");
today = new Date () ;
Year=today.getYear();
Date=today.getDate();
if (document.all)
document.write(Year+"年"+isnMonth[today.getMonth()]+Date+"日"+isnDay[today.getDay()])
</script>
```

代码效果如图 13-128 所示。

图 13-127

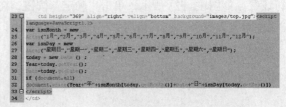

图 13-128

（4）返回到"设计"视图窗口中，将光标置入到第 2 行中，在"属性"面板中进行设置，如图 13-129 所示。单击"背景"选项右侧的"单元格背景 URL"按钮，弹出"选择图像源文件"对话框，在光盘目录下的"Ch13 > clip >晓辛的个人网页> images"文件夹中选择图片"bottom.jpg"，单击"确定"按钮，效果如图 13-130 所示。

图 13-129　　　　　　　　　　图 13-130

3．制作导航条

（1）在"插入"面板"常用"选项卡中单击"导航条"按钮 ，弹出"插入导航条"对话框，单击"状态图像"选项右侧的"浏览"按钮，弹出"选择图像源文件"对话框，在光盘目录下的"Ch13 > clip > 晓辛的个人网页 > images"文件夹中选择图片"01a.jpg"，单击"确定"按钮，如图 13-131 所示。

（2）单击"鼠标经过图像"选项右侧的"浏览"按钮，弹出"选择图像源文件"对话框，在光盘目录下的"Ch13 > clip > 晓辛的个人网页 > images"文件夹中选择图片"01b.jpg"，单击"确定"按钮，返回"插入导航条"对话框，如图 13-132 所示。

图 13-131　　　　　　　　　　　　图 13-132

（3）单击"添加项"按钮 ，将"状态图像"选项设为"02a.jpg"，"鼠标经过图像"选项设为"02b.jpg"，如图 13-133 所示。

（4）单击"添加项"按钮 ，将"状态图像"选项设为"03a.jpg"，"鼠标经过图像"选项设为"03b.jpg"，如图 13-134 所示。

图 13-133　　　　　　　　　　　　图 13-134

（5）单击"添加项"按钮 ，将"状态图像"选项设为"04a.jpg"，"鼠标经过图像"选项设为"04b.jpg"，如图 13-135 所示。

（6）再次单击"添加项"按钮■，将"状态图像"选项设为"05a.jpg"，"鼠标经过图像"选项设为"05b.jpg"，在"插入"选项的下拉列表中选择"垂直"选项，如图13-136所示，单击"确定"按钮，效果如图13-137所示。

（7）保持表格的选取状态，在"属性"面板中将"间距"选项设为"13"，表格效果如图13-138所示。

图13-135　　　　　　　　　　图13-136　　　　　　　图13-137　　图13-138

4. 创建 E-mail 链接和下载链接效果

（1）将光标置入到表格的右侧，如图13-139所示，按两次 Shift+Enter 组合键，将光标置于下一段落，在"插入"面板"常用"选项卡中单击"表格"按钮■，在弹出的"表格"对话框中进行设置，如图13-140所示，单击"确定"按钮，在"属性"面板"对齐"选项的下拉列表中选择"居中对齐"选项，使表格居中显示，如图13-141所示。

图13-139　　　　　　图13-140　　　　　　　　　图13-141

（2）将光标置入到第 1 行中，在"属性"面板"高"选项的文本框中输入"25"，并在该行中输入文字"晓辛.COM"，并在"属性"面板中选择适当的字体和大小，效果如图13-142所示。

（3）将光标置入到第 2 行中，在"插入"面板"常用"选项卡中单击"表格"按钮■，在弹出的"表格"对话框中进行设置，如图13-143所示，单击"确定"按钮，效果如图13-144所示。

图13-142　　　　　　图13-143　　　　　　　　　图13-144

（4）分别在单元格中输入文字，单击"加粗"按钮 **B**，效果如图 13-145 所示。在文字"关于自己"前面置入光标，输入灰色（#999999）符号"/"，选中符号，并设置大小，单击"加粗"按钮 **B**，效果如图 13-146 所示。

图 13-145   图 13-146

（5）用相同的方法，在其他文字前面输入相同的符号，并设置相同的属性，效果如图 13-147 所示。

图 13-147

（6）选中文字"音乐下载"，如图 13-148 所示。在"属性"面板中单击"链接"选项右侧的"浏览文件"按钮 📁，弹出"选择文件"对话框，在光盘目录下的"Ch13 > clip >晓辛的个人网页> images"文件夹中选择文件"音乐.rar"，单击"确定"按钮，链接选项如图 13-149 所示。

图 13-148   图 13-149

（7）选中文字"与我联系"，如图 13-150 所示。在"插入"面板"常用"选项卡中单击"电子邮件链接"按钮 ✉ ，在弹出的对话框中进行设置，如图 13-151 所示，单击"确定"按钮，链接选项如图 13-152 所示。

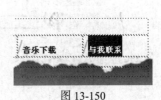

图 13-150

（8）将鼠标置入到第 3 行中，将光盘目录下"Ch13 > clip > 晓辛的个人网页 > images"文件夹中的图片"hao.jpg"插入到该行，效果如图 13-153 所示。

图 13-151   图 13-152   图 13-153

（9）选中插入的图像，在"属性"面板中进行设置，如图 13-154 所示。在该图像的后面中输入网址，效果如图 13-155 所示。

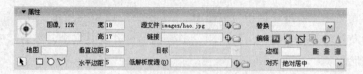

图 13-154

图 13-155

（10）将鼠标置入到最后一行中，在"属性"面板中进行设置，如图 13-156 所示，在该行中输入白色文字，效果如图 13-157 所示。

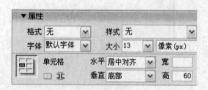

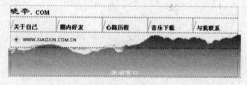

图 13-156

图 13-157

（11）选中文字"关闭窗口"，如图 13-158 所示。在"属性"面板"链接"文本框中输入"javascript:window.close()"，效果如图 13-159 所示。

图 13-158

图 13-159

5．制作阴影文字和文字竖排效果

（1）单击"插入"面板"布局"选项卡中的"绘制 AP Div"按钮，在页面中拖动鼠标绘制出一个矩形层，如图 13-160 所示。将光标置入到层内，输入文字，选中文字并在"属性"面板中设置字体和大小，效果如图 13-161 所示。

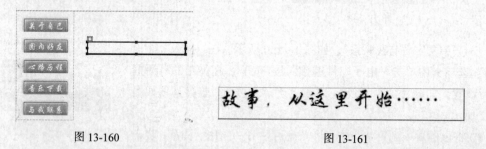

图 13-160

图 13-161

（2）选中层，如图 13-162 所示。选择"编辑 > 拷贝"命令，在页面的空白处单击鼠标，取消对层的选取状态，选择"编辑 > 粘贴"命令，"AP 元素"面板如图 13-163 所示。

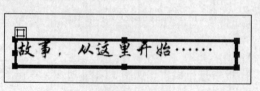

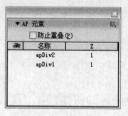

图 13-162

图 13-163

（3）在面板中选择"apDiv1"，分别按键盘上方向键中的向左键、向下键，向左、向下移动各6次，取消对层的选取状态，效果如图 13-164 所示。

（4）选中第 1 个层中的文字，在"属性"面板中将"文本颜色"选项设为灰色（#999999），效果如图 13-165 所示。

图 13-164   图 13-165

（5）单击"插入"面板"布局"选项卡中的"绘制 AP Div"按钮，在页面中拖动鼠标绘制出一个矩形层，如图 13-166 所示。在层中输入文字，效果如图 13-167 所示。

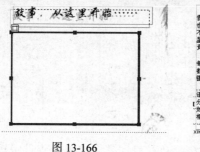

图 13-166   图 13-167

（6）选择"窗口 > CSS 样式"命令，弹出"CSS 样式"面板，单击面板下方的"新建 CSS 规则"按钮，在弹出的"新建 CSS 规则"对话框中进行设置，如图 13-168 所示，单击"确定"按钮，弹出".tnt 的 CSS 规则定义"对话框，将"行高"选项设为"130"，在右侧选项的下拉列表中选择"%"，效果如图 13-169 所示。

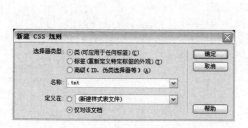

图 13-168   图 13-169

（7）在左侧的"分类"列表中选择"区块"选项，在"文本对齐"选项下拉列表中选择"两端对齐"选项，如图 13-170 所示，单击"确定"按钮。在"CSS 样式"面板选中".tnt"选项，单击面板左下方的"显示类别视图"按钮，选择"扩展"选项下拉列表中的"writing-mode"选项，在右侧的文本框中输入"tb-rl"，如图 13-171 所示。

（8）选中层，如图 13-172 所示。在"属性"面板"类"选项下拉列表中选择"tnt"，如图 13-173所示。保存文档，按 F12 键，预览网页效果，如图 13-174 所示。单击链接文字"音乐下载"时，弹出"文件下载"对话框，提示打开或保存文件，效果如图 13-175 所示。

图 13-170

图 13-171

图 13-172

图 13-173

图 13-174

图 13-175

（9）单击链接文字"与我联系"，系统会自动启动默认的电子邮件编辑软件，如图 13-176 所示。

（10）单击链接文件"关闭窗口"，弹出提示对话框，如图 13-177 所示，询问是否关闭窗口，单击"是"按钮，即可关闭窗口。

图 13-176

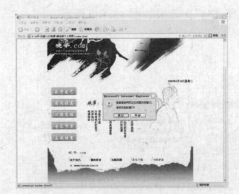

图 13-177

13.5　李可的个人网页

13.5.1　案例分析

李可是一个聪明伶俐、健康向上的大学生。大学校园中有丰富多彩的校园生活，也有志同道合的良师益友。通过建立自己的个人网页，可以展示自己多才多艺的一面，表达自己对于校园生活的感受，搭建起朋友间沟通交流的平台。

在网页设计制作过程中，他大胆地将页面背景设计为黑色，将贴有李可照片的个人档案也设计为黑色的背景，中间通过橘黄色装饰图案来增强颜色的反差对比，使页面感觉更加的轻松活跃，富有新时代大学生的朝气和活力。导航栏设计的简洁明了，方便同学和老师浏览。装饰图案上面设计了生动有趣的卡通形象，更表现出李可的青春和可爱。整个网页的设计充分运用了现代风格和元素，尽情地展示了一个大学生的风采。

本例将使用层的属性及时间轴面板制作滚动文字效果。使用页面属性命令改为网页的背景颜色和页边距。使用 CSS 样式改变文字的行间距。使用属性面板改变文字的字体、大小及颜色制作导航效果。

13.5.2　案例设计

本案例设计流程如图 13-178 所示。

制作导航　　　　制作文字滚动

制作底图　　　　　　　　　　　最终效果

图 13-178

13.5.3　案例制作

1．创建并设置页面属性

（1）选择"文件 > 新建"命令，新建空白文档。选择"文件 > 保存"命令，弹出"另存为"对话框。在"保存在"选项的下拉列表中选择当前站点目录保存路径，在"文件名"选项的文本框中输入"index"，单击"保存"按钮，返回网页编辑窗口。

（2）选择"修改 > 页面属性"命令，弹出"页面属性"对话框，在对话框中进行设置，如图 13-179 所示，单击"确定"按钮，在"插入"面板"常用"选项卡中单击"表格"按钮，在弹出的"表格"对话框中进行设置，如图 13-180 所示，单击"确定"按钮，保持表格的选取状态，在"属性"面板"对齐"选项的下拉列表中选择"居中对齐"选项，效果如图 13-181 所示。

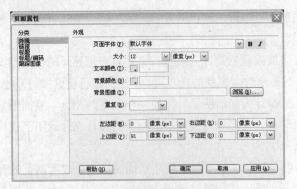

图 13-179　　　　　　　　　　　　　　　图 13-180

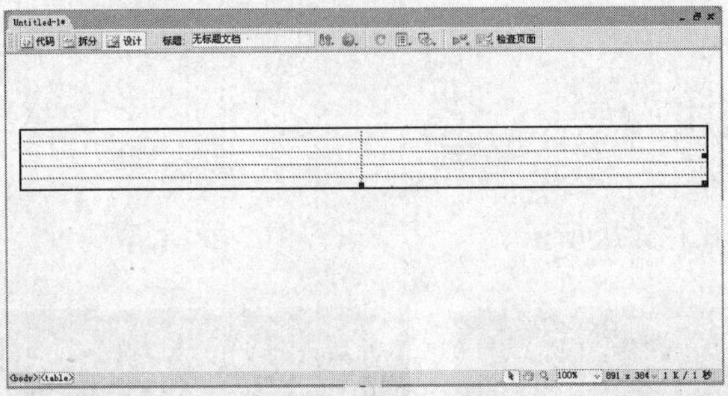

图 13-181

（3）同时选中第 1 行第 1 列和第 2 行第 1 列单元格，在"属性"面板中将"背景颜色"选项设为黑色，"宽"选项设为"334"，效果如图 13-182 所示。分别输入白色英文和灰色（#717171）英文，在"属性"面板中设置字体和大小，效果如图 13-183 所示。

（4）将光标置入到第 3 行第 1 列中，在"属性"面板中将"高"选项设为"29"，在该单元格中输入黄色（#FFB123）文字，在"属性"面板中设置字体和大小，效果如图 13-184 所示。

图 13-182

图 13-183　　　　　　　　　　　　　　图 13-184

2．制作个人介绍

（1）将第 1 行第 2 列、第 2 行第 2 列和第 3 行第 2 列单元格选中，如图 13-185 所示，单击"属性"面板中的"合并所选单元格，使用跨度"按钮，将所选单元格合并，将光标置入到合并的单元格中，在"插入"面板"常用"选项卡中单击"图像"按钮，在弹出的"选择图像源文件"对话框中选择光盘目录下"Ch13 > clip > 李可的个人网页 > images"文件夹中的"01_04.jpg"文件，单击"确定"按钮，效果如图 13-186 所示。

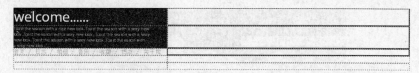

图 13-185

图 13-186

（2）将第 4 行第 1 列和第 2 列单元格选中，如图 13-187 所示，单击"属性"面板中的"合并所选单元格，使用跨度"按钮 □，将所选单元格合并。

图 13-187

（3）在"插入"面板"常用"选项卡中单击"表格"按钮 ▦，在弹出的"表格"对话框中进行设置，如图 13-188 所示，单击"确定"按钮，效果如图 13-189 所示。

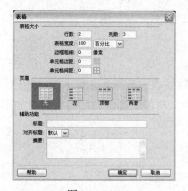

图 13-188

图 13-189

（4）选中第 1 行的第 1 列和第 2 列单元格中，如图 13-190 所示。单击"属性"面板中的"合并所选单元格，使用跨度"按钮 □，将所选单元格合并。将光标置入到合并的单元格中，在"插入"面板"常用"选项卡中单击"图像"按钮 ▦，在弹出的"选择图像源文件"对话框中选择光盘目录下"Ch13 > clip > 李可的个人网页 > images"文件夹中的"01_06.jpg"文件，单击"确定"按钮，效果如图 13-191 所示。

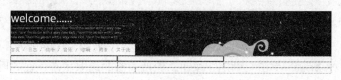

图 13-190

135

图 13-191

（5）将第 1 行第 3 列和第 2 行第 3 列单元格合并，光盘目录下的"Ch13 > clip > 李可的个人网页 > images"文件夹中的"01_07.jpg"文件，效果如图 13-192 所示。

（6）用相同的方法，将"01_10.jpg"文件插入到第 2 行第 2 列单元格中，如图 13-193 所示。

（7）将光标置入到第 2 行第 1 列单元格中，在"属性"面板中将"宽"选项设为"420"，在"垂直"选项的下拉列表中选择"顶端"选项，将"背景颜色"选项设为黄色（#FFB023），效果如图 13-194 所示。

图 13-192   图 13-193   图 13-194

（8）在"插入"面板"常用"选项卡中单击"表格"按钮 ，在弹出的"表格"对话框中进行设置，如图 13-195 所示，单击"确定"按钮，保持表格的选取状态，在"属性"面板"对齐"选项的下拉列表中选择"右对齐"选项，效果如图 13-196 所示。

（9）将光标置入到表格中，在"属性"面板中将"高"选项设为"231"，单击"背景"选项右侧的"单元格背景 URL"按钮 ，在弹出的"选择图像源文件"对话框中选择光盘目录下"Ch13 > clip > 李可的个人网页 > images"文件夹中的"01_09.jpg"文件，单击"确定"按钮，效果如图 13-197 所示。

图 13-195   图 13-196   图 13-197

（10）在"插入"面板"常用"选项卡中单击"表格"按钮 ，在弹出的"表格"对话框中进行设置，如图 13-198 所示，单击"确定"按钮，保持表格的选取状态，在"属性"面板"对齐"选项的下拉列表中选择"居中对齐"选项，效果如图 13-199 所示。

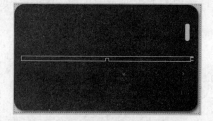

图 13-198　　　　　　　　　　　　　　　　图 13-199

（11）将光标置入到第 1 列中，在"属性"面板"垂直"选项的下拉列表中选择"顶端"选项。将光盘目录下的"Ch13 > clip > 李可的个人网页 > images"文件夹中的"02_03.jpg"文件插入，效果如图 13-200 所示。

（12）将光标置入到第 2 列中，在"属性"面板"垂直"选项的下拉列表中选择"底部"，将"高"选项设为"220"，将光盘目录下的"Ch13 > clip > 李可的个人网页> images"文件夹中的"02_06.jpg"文件插入，效果如图 13-201 所示。

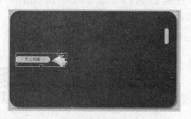

图 13-200　　　　　　　　　　　　　　　图 13-201

3．制作滚动的文字

（1）单击"插入"面板"布局"选项卡中的"绘制 AP Div"按钮，在文档窗口中拖曳鼠标绘制一个矩形层，如图 13-202 所示。在创建的层中再次绘制一个嵌套层，如图 13-203 所示。"AP 元素"面板中如图 13-204 所示。

（2）在第二个层中输入黄色（#FFB023）的文字，效果如图 13-205 所示。

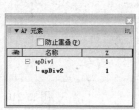

图 13-202　　　　　　图 13-203　　　　　　图 13-204　　　　　　图 13-205

（3）选择"窗口 > CSS 样式"命令，弹出"CSS 样式"面板，单击面板下方的"新建 CSS 规则"按钮，在弹出的"新建 CSS 规则"对话框中进行设置，如图 13-206 所示，单击"确定"

按钮，弹出 ".txet1 的 CSS 规则定义" 对话框，将 "行高" 选项设为 "150"，在右侧的下拉列表中选择 "%"，将 "颜色" 选项设为黄色（#FFB023），单击 "确定" 按钮，选中第二个层，在 "属性" 面板 "类" 选项的下拉列表中选择 "txet1"，应用样式，效果如图 13-207 所示。

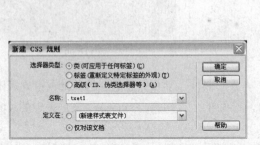

图 13-206　　　　　　　　　　　　　图 13-207

（4）选择 "窗口 > 时间轴" 命令，弹出 "时间轴" 面板，将第二个层作为对象添加到面板中，如图 13-208 所示。在面板中选中最后一帧，在文档窗口中选中层，按 Shift+↑ 组合键，创建一个垂直向上移动的路径，如图 13-209 所示。

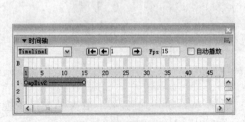

图 13-208　　　　　　　　　　　　　图 13-209

（5）在 "时间轴" 面板中向右拖曳最后一个关键帧，增长动画的播放时间，勾选 "自动播放" 和 "循环" 两个复选框，如图 13-210 所示。选中第 1 个层，在 "属性" 面板 "溢出" 选项的下拉列表中选择 "hidden" 选项，如图 13-211 所示。

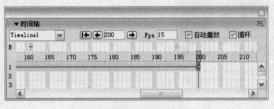

图 13-210　　　　　　　　　　　　　图 13-211

（6）将光标置入到主表格的第 5 行第 2 列单元格中，在 "属性" 面板中将 "高" 选项设为 "41"，在 "属性" 面板 "水平" 选项的下拉列表中选择 "居中对齐" 选项，如图 13-212 所示。在该单元格中输入黄色（#FFB023）文字，效果如图 13-213 所示。

图 13-212

图 13-213

（7）按 Ctrl+J 组合键，在弹出的"页面属性"面板中将"背景颜色"选项设为黑色，如图 13-214 所示。

（8）李可的个人网页效果制作完成，保存文档，按 F12 键，预览网页效果，如图 13-215 所示。

图 13-214

图 13-215

课堂练习——李美丽的个人网页

【练习知识要点】使用热点制作链接效果，使用表格的文字制作导航条效果，使用代码制作将站点设为首页并加入收藏效果，如图 13-216 所示。

【效果所在位置】光盘/Ch13/效果/李美丽的个人网页/index.html。

图 13-216

课后习题——刘恋的个人网页

【习题知识要点】使用鼠标经过图像制作导航效果，使用显示 - 隐藏显示元素命令制作当单击小图像时显示大图像效果，如图 13-217 所示。

【效果所在位置】光盘/Ch13/效果/刘恋的个人网页/index.html。

图 13-217

139

第14章

游戏娱乐网页

　　游戏娱乐网页包含了游戏网页和娱乐网页两大主题。游戏娱乐网页是现在最热门的网页，主要针对的是喜欢游戏，追逐娱乐和流行文化的青年。本章以多个类型的游戏娱乐网页为例，讲解了游戏娱乐网页的设计方法和制作技巧。

课堂学习目标

- 了解游戏娱乐网页的内容和服务
- 掌握游戏娱乐网页的设计流程
- 掌握游戏娱乐网页的设计布局
- 掌握游戏娱乐网页的制作方法

14.1 游戏娱乐网页概述

游戏网页以游戏服务和玩家互动娱乐为核心，整合多种信息传媒，提供游戏官网群、玩家圈子、图片中心、论坛等一系列优质的联动服务，满足游戏玩家个性展示和游戏娱乐的需求。娱乐网页提供了各类娱乐的相关信息，包括时尚、电影、电视、音乐、新闻、最新动态等在线内容。

14.2 Flash 游戏库网页

14.2.1 案例分析

Flash 游戏库网站提供了大量各种各样的 Flash 游戏和游戏的讲解说明，是喜爱 Flash 技术的朋友们不可多得的好地方。本例是为网络游戏公司设计制作的 Flash 游戏网页界面，是一个典型的 Flash 游戏网站。在网页的设计布局上要清晰合理、设计风格上要活泼生动，体现出游戏的趣味性和玩家信息。

在设计制作过程中，页面以天空白云和草地花香为背景，以求营造出清爽舒适的游戏氛围。导航栏放在页面的上方，玻璃按钮的效果简洁明快，方便游戏玩家浏览。在导航栏中的小游戏栏目选择好游戏后，有趣好玩的游戏界面显示在页面的中心位置，玩家可以尽情享受游戏。在页面左侧设置了本周游戏的排行，让玩家了解大家最喜欢玩的游戏。

使用 Flash 插入游戏动画，使用属性面板改为图像的边距，使用图像和文字制作导航效果，使用 Shadow 过滤器制作文字投影效果，使用属性面板改变文字的大小和颜色制作游戏排行效果。

14.2.2 案例设计

本案例设计流程如图 14-1 所示。

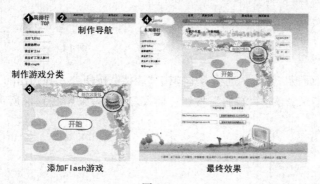

图 14-1

14.2.3 案例制作

1. 制作导航部分

（1）选择"文件 > 新建"命令，新建空白文档。选择"文件 > 保存"命令，弹出"另存为"

Dreamweaver 网页设计与应用

对话框。在"保存在"选项的下拉列表中选择当前站点目录保存路径，在"文件名"选项的文本框中输入"index"，单击"保存"按钮，返回网页编辑窗口。

（2）选择"修改 > 页面属性"命令，弹出"页面属性"对话框，在对话框中进行设置，如图 14-2 所示，单击"确定"按钮，在"插入"面板"常用"选项卡中单击"表格"按钮，在弹出的"表格"对话框中进行设置，如图 14-3 所示，单击"确定"按钮，保持表格的选取状态，在"属性"面板"对齐"选项的下拉列表中选择"居中对齐"选项，效果如图 14-4 所示。

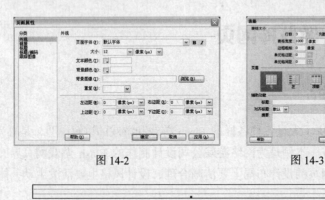

图 14-2   图 14-3

图 14-4

（3）将光标置入到第 1 行中，在"属性"面板中进行设置，如图 14-5 所示，单击"背景"选项右侧的"单元格背景 URL"按钮，在弹出的"选择图像源文件"对话框中选择光盘目录下的"Ch14 > clip > Flash 游戏库网页 > images"文件夹下的"bg.jpg"文件，单击"确定"按钮，为该行添加背景图像，效果如图 14-6 所示。

图 14-5   图 14-6

（4）在"插入"面板"常用"选项卡中单击"表格"按钮，在弹出的"表格"对话框中进行设置，如图 14-7 所示，单击"确定"按钮，插入表格，效果如图 14-8 所示。

图 14-7   图 14-8

（5）选中第 1 行第 1 列单元格和第 2 行第 1 列单元格，在"属性"面板中，将"宽"选项设为"251"，在"垂直"选项的下拉列表中选择"顶端"选项。将光盘目录下"Ch14 > clip > Flash 游戏库网页 > images"文件夹中的"loge.gif"插入到第 1 行第 1 列中，效果如图 14-9 所示。将光标置入到第 1 行第 2 列中，在"属性"面板中进行设置，如图 14-10 所示。

图 14-9　　　　　　　　　　　　　　图 14-10

（6）在"插入"面板"常用"选项卡中单击"表格"按钮 ▦，在弹出的"表格"对话框中进行设置，如图 14-11 所示，单击"确定"按钮，效果如图 14-12 所示。

图 14-11　　　　　　　　　　　　　　　　　图 14-12

（7）将第 1 行的所有单元格全部选中，在"属性"面板"水平"选项下拉列表中选择"居中对齐"选项，将"宽"选项设为"160"，分别在单元格中输入需要的文字，并在"属性"面板中选择适当的字体和大小，单击"加粗"按钮 **B**，效果如图 14-13 所示。将光盘目录下"Ch14 > clip > Flash 游戏库网页 > images"文件夹中的"01.gif"插入到第 3 列单元格中，效果如图 14-14 所示。

首页	我的空间		游戏论坛	网页游戏

图 14-13

首页	我的空间	小游戏	游戏论坛	网页游戏

图 14-14

（8）将第 2 行所有单元格全部选中，单击"属性"面板中的"合并所选单元格，使用跨度"按钮 ▭，将所选单元格合并，将光盘目录下"Ch14 > clip > Flash 游戏库网页 > images"文件夹中的"02.gif"文件插入到合并的单元格中，效果如图 14-15 所示。

图 14-15

2．制作左侧导航

（1）将光标置入到主表格的第 2 行第 1 列中，在"插入"面板"常用"选项卡中单击"表格"按钮 ▦，在弹出的"表格"对话框中进行设置，如图 14-16 所示，单击"确定"按钮，效果如图 14-17 所示。

（2）将光盘目录下"Ch14 > clip > flash 游戏库网页 > images"文件夹中的"ling.gif"文件分别插入到第 3 行、第 5 行、第 7 行、第 9 行、第 11 行中，效果如图 14-18 所示。

图 14-16　　　　　　　　　　　图 14-17　　　　　　　　　　　图 14-18

（3）将光标置入到第 1 行中，在"属性"面板中，将"高"选项设为"81"，在"水平"选项的下拉列表中选择"右对齐"，在该单元格中输入需要的文字和英文，效果如图 14-19 所示。选择"窗口 > CSS 样式"命令，弹出"CSS 样式"面板，单击面板下方的"新建 CSS 规则"按钮 ，在弹出的对话框中进行设置，如图 14-20 所示。

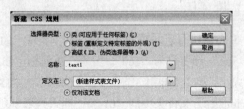

图 14-19　　　　　　　　　　　　　　　图 14-20

（4）单击"确定"按钮，在弹出的"text1 的 CSS 规则定义"对话框中进行设置，如图 14-21 所示。在"分类"选项列表中选择"扩展"选项，在"过滤器"选项的下拉列表中选择"Shadow"，将其值设为"Shadow(Color=#CCCCCC, Direction=-70)"，如图 14-22 所示，单击"确定"按钮。

图 14-21　　　　　　　　　　　　　　　图 14-22

144

（5）选中文字"本周排行 TOP"，在"属性"面板的"样式"选项下拉列表中选择"text1"，应用样式，文字效果如图 14-23 所示。分别选中第 2 行、第 4 行、第 5 行、第 6 行、第 8 行，第 10 行、第 12 行，在"属性"面板中，将"高"选项设为"25"，并分别输入红色（#FF0000）文字、字符和黑色文字，并设置适当的大小，单击"加粗"按钮 **B**，效果如图 14-24 所示。

图 14-23 图 14-24

3．制作主体部分

（1）将光标置入到主表格的第 2 行第 2 列中，在"属性"面板中，在"垂直"选项的下拉列表中选择"顶端"选项，单击"插入"面板"表单"选项卡中的"表单"按钮□，插入表单，如图 14-25 所示。将光标置入到表单中，在"插入"面板"常用"选项卡中单击"表格"按钮▦，在弹出的"表格"对话框中进行设置，如图 14-26 所示，单击"确定"按钮，效果如图 14-27 所示。

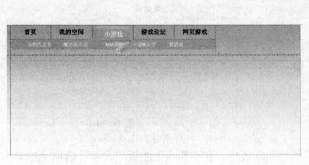

图 14-25 图 14-26

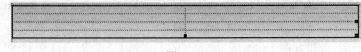

图 14-27

（2）将光标置入到第 1 行第 1 列中，在"属性"面板中进行设置，如图 14-28 所示。单击"背景"选项右侧的"单元格背景 URL"按钮□，在弹出的"选择图像源文件"对话框中选择光盘目录下的"Ch14 > clip > flash 游戏库网页 >images"文件夹下的"02_12.gif"文件，单击"确定"按钮，为单元格添加背景图像，效果如图 14-29 所示。

（3）按多次空格键，在该单元格中输入需要的文字，并在"属性"面板中选择适当的字体和大小，单击"加粗"按钮 **B**，效果如图 14-30 所示。

图 14-28

图 14-29

图 14-30

（4）将光标置入到第 2 行中，在"插入"面板"常用"选项卡中单击"Flash"按钮▮，在弹出"选择文件"对话框中选择光盘目录下"Ch14 > clip > flash 游戏库网页> images"文件夹中的

N

N

"game.swf"文件，单击"确定"按钮，完成 Flash 影片的插入，效果如图 14-31 所示。

（5）将光标置入到第 3 行中，在"属性"面板中进行设置，如图 14-32 所示。单击"插入"面板"表单"选项卡中的"图像域"按钮，在弹出的"选择图像源文件"对话框中选择光盘目录下的"Ch14 > clip > flash 游戏库网页 >images"文件夹下的"02_a.gif"文件，单击"确定"按钮，效果如图 14-33 所示。

（6）用相同的方法，将光盘目录下的"Ch14 > clip > flash 游戏库网页 >images"文件夹下的"02_b.gif"文件再次插入到该单元格中，效果如图 14-34 所示。

图 14-31

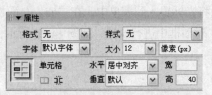

图 14-32

图 14-33

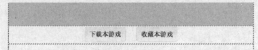

图 14-34

（7）将光标置入到第 4 行中，在"属性"面板中，在"插入"面板"表单"选项卡中单击"文本字段"按钮，在单元格中插入文本字段，效果如图 14-35 所示。在"属性"面板中，将"字符宽度"选项设为"35"，在"初始值"文本框中输入网址，如图 14-36 所示，效果如图 14-37 所示。

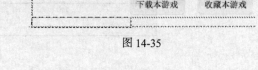

图 14-35

图 14-36

图 14-37

（8）在文本字段后面输入两次空格，单击"插入"面板"表单"选项卡中的"按钮"按钮，在文档窗口的表单中出现一个按钮，在"属性"面板"值"的文本框中输入文字，效果如图 14-38 所示。用相同的方法再次插入文本字段和按钮，制作出如图 14-39 所示的效果。

图 14-38

图 14-39

（9）选择"CSS 样式"面板，单击面板下方的"新建 CSS 规则"按钮，在弹出的对话框中进行设置，如图 14-40 所示，单击"确定"按钮，在弹出的".text2 的 CSS 规则定义"对话框中进行设置，如图 14-41 所示，单击"确定"按钮。

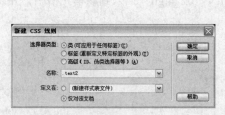

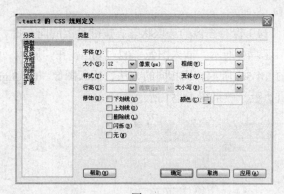

图 14-40　　　　　　　　　　　　　　　　　　　图 14-41

（10）分别选中文本字段和按钮，在"类"选项的下拉列表中选择"text2"选项，应用样式，效果如图 14-42 所示。

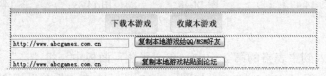

图 14-42

（11）将第 2 列所有单元格全部选中，如图 14-43 所示。单击"属性"面板中的"合并所选单元格，使用跨度"按钮▢，将所选单元格合并，在"属性"面板"垂直"选项下拉列表中选择"顶端"选项。在"插入"面板"常用"选项卡中单击"表格"按钮▦，在弹出的"表格"对话框中进行设置，如图 14-44 所示，单击"确定"按钮，效果如图 14-45 所示。

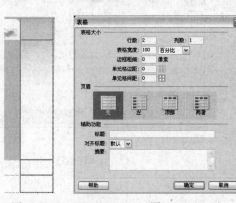

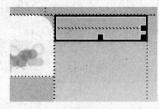

图 14-43　　　　　　　　　图 14-44　　　　　　　　　图 14-45

（12）将光标置入到第 1 行中，在"属性"面板中，将"高"选项设为"30"。将光标置入到第 2 行中，在"属性"面板中，将"高"选项设为"200"，"水平"选项设为"居中对齐"，单击"背景"选项右侧的"单元格背景 URL"按钮▢，在弹出的"选择图像源文件"对话框中选择光盘目录下的"Ch14 > clip > Flash 游戏库网页 >images"文件夹下的"right.gif"文件，单击"确定"按钮，为单元格添加背景图像，效果如图 14-46 所示。

（13）将光盘目录下的"Ch14 > clip > Flash 游戏库网页 >images"文件夹下的"02_1.gif"文件插入到该第 2 行中，如图 14-47 所示，在"属性"面板中，将"垂直边距"选项设为"2"，如图 14-48 所示。

（14）保持图像的选取状态，按键盘上的向右键，按 Shift+Enter 组合键，将光标置到下一行，如图 14-49 所示，插入图像"02_2.gif"，在"属性"面板中将"垂直边距"选项设为"2"，效果如图 14-50 所示。用相同的方法，插入图像"02_3.gif"、"02_4.gif"插入到该单元格中，并设置垂直边距，效果图 14-51 所示。

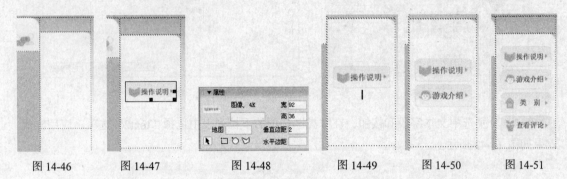

图 14-46   图 14-47   图 14-48   图 14-49   图 14-50   图 14-51

4．制作底部

（1）将光标置入到主表格的第 2 行中，在"属性"面板中，将"高"选项高为"8"，"背景颜色"选项设为灰色（#CCCCCE），如图 14-52 所示。在"拆分"视图窗口中选中该行的" "标签，如图 14-53 所示，按 Delete 键，删除该标签，返回到"设计"视图窗口，效果如图 14-54 所示。

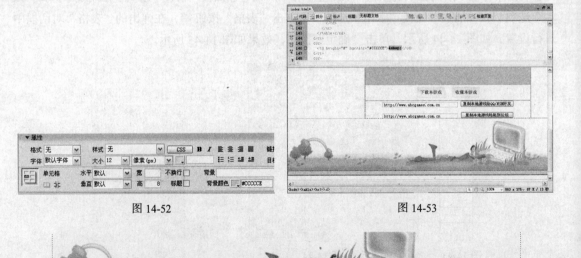

图 14-52   图 14-53

图 14-54

（2）将光标置入到第 3 行中，在"属性"面板中进行设置，如图 14-55 所示，单元格效果如图 14-56 所示。

图 14-55

图 14-56

（3）在单元格中输入需要的深灰色（#666666）文字，并在"属性"栏中设置适当的大小，单击"加粗"按钮 **B**，效果如图 14-57 所示。

（4）Flash 游戏库网页效果制作完成，保存文档，按 F12 键预览网页效果，如图 14-58 所示。

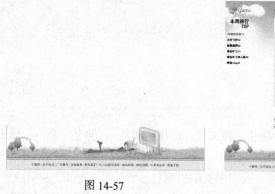

图 14-57

图 14-58

14.3　娱乐星闻网页

14.3.1　案例分析

娱乐星闻网页为网页浏览者提供了娱乐明星的相关信息，包括明星的电影、电视、音乐、演出、情报站、专题、资料库、最新动态等在线内容。在设计娱乐星闻网页时要注意界面的时尚美观、布局的合理搭配，并体现出娱乐的现代感和流行文化的魅力。

在设计制作过程中，背景采用白色，使页面清新明快；导航栏放在页面的右上角，方便追星族的浏览；左侧运用棕色的底图和图案制作了娱乐红人榜，可以帮助追星族更快捷地了解我们所钟爱的明星；右侧是明星秀，通过黄色的背景和漂亮的装饰图案结合，再配上明星的照片和小档案，充分表现出明星的闪闪星光；下方为明星要闻和笔记本图案，体现了网站对明星动态的追踪和专业性。

本例将使用表格布局网页，使用属性面板设置单元格的背景图像和大小，使用输入文字制作明星小档效果，使用属性面板设置图像的边距，改变文字的颜色制作娱乐红人榜和明星要闻效果。

14.3.2 案例设计

本案例设计流程如图 14-59 所示。

制作个人简介

制作娱乐红人榜   制作明星要闻   最终效果

图 14-59

14.3.3 案例制作

1. 制作导航部分

（1）选择"文件 > 新建"命令，新建空白文档。选择"文件 > 保存"命令，弹出"另存为"对话框。在"保存在"选项的下拉列表中选择当前站点目录保存路径，在"文件名"选项的文本框中输入"index"，单击"保存"按钮，返回网页编辑窗口。

（2）选择"修改 > 页面属性"命令，弹出"页面属性"对话框，在对话框中进行设置，如图 14-60 所示，单击"确定"按钮，在"插入"面板"常用"选项卡中单击"表格"按钮，在弹出的"表格"对话框中进行设置，如图 14-61 所示，单击"确定"按钮，保持表格的选取状态，在"属性"面板"对齐"选项的下拉列表中选择"居中对齐"选项，效果如图 14-62 所示。

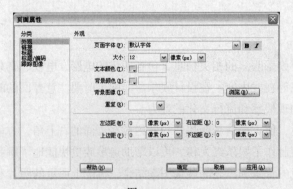

图 14-60

图 14-61

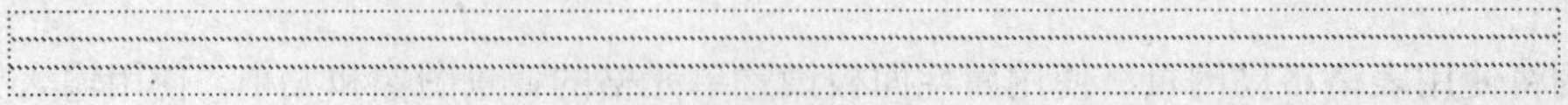

图 14-62

（3）将光标置入到第 1 行中，在"插入"面板"常用"选项卡中单击"表格"按钮 ▦，在弹出的"表格"对话框中进行设置，如图 14-63 所示，单击"确定"按钮，效果如图 14-64 所示。

图 14-63

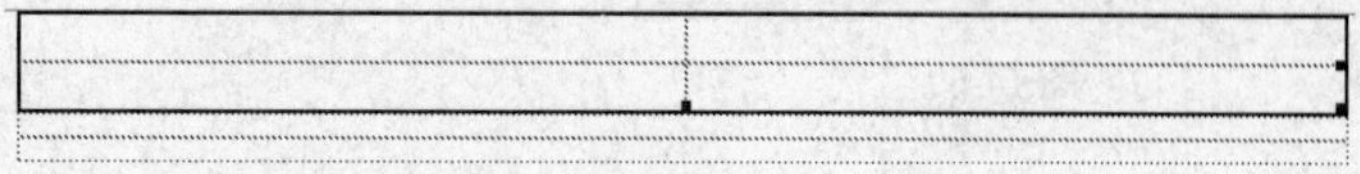

图 14-64

（4）将第 1 行第 1 列和第 2 行第 1 列单元格同时选中，单击"属性"面板中的"合并所选单元格，使用跨度"按钮 ▱，将所选单元格合并，将"宽"选项设为"207"，如图 14-65 所示。在该单元格中输入褐色（#664C00）文字，并在"属性"面板中设置适当的大小，单击"加粗"按钮 **B**，效果如图 14-66 所示。

（5）将光标置入到第 1 行第 2 列中，在"属性"面板中，在"水平"选项下拉列表中选择"右对齐"选项，在该单元格中输入需要的文字，并在"属性"面板中设置适当的大小，效果如图 14-67 所示。

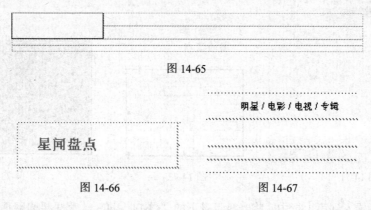

图 14-65

图 14-66

图 14-67

（6）将光标置入到第 2 行第 2 列单元格中，在"属性"面板"水平"选项下拉列表中选择"居中对齐"选项，在该单元格中输入需要的文字，并在"属性"面板中选择适当的字体和大小，单击"加粗"按钮 **B**，效果如图 14-68 所示。

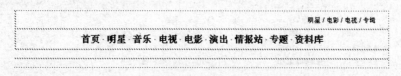

图 14-68

2．制作左侧导航

（1）将光标置入到主表格的第 2 行中，在"插入"面板"常用"选项卡中单击"表格"按钮 ▦，在弹出的"表格"对话框中进行设置，如图 14-69 所示，单击"确定"按钮，效果如图 14-70 所示。

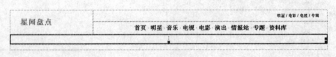

图 14-69   图 14-70

（2）将光标置入到第 1 列中，在"属性"面板中，将"宽"选项设为"207"，将光标置入到主表格的第 2 行中，在"插入"面板"常用"选项卡中单击"表格"按钮 ，在弹出的"表格"对话框中进行设置，如图 14-71 所示，单击"确定"按钮，效果如图 14-72 所示。

（3）保持表格的选取状态，单击"属性"面板"背景图像"选项右侧的"浏览文件"按钮 ，在弹出的"选择图像源文件"对话框中选择光盘目录下"Ch14 > clip > 娱乐星闻网页 > images"文件夹中的"left.png"文件，单击"确定"按钮，效果如图 14-73 所示。

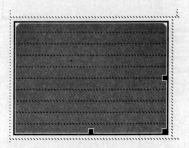

图 14-71   图 14-72   图 14-73

（4）将光标置入到第 1 行中，将光盘目录下的"Ch14 > clip > 娱乐星闻网页 > images" 文件夹中的"01_2.png"文件插入到该行，保持图像的选取状态，在"属性"面板中将"垂直边距"和"水平边距"选项均设为"20"，如图 14-74 所示。

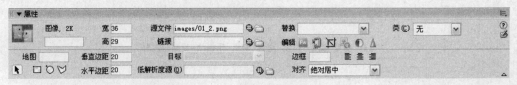

图 14-74

（5）在图像的右侧输入白色文字，并在"属性"面板中设置适当的大小，单击"加粗"按钮 **B** ，效果如图 14-75 所示。按住 Ctrl 键的同时，单击第 2 行、第 4 行、第 6 行、第 8 行，将需要的行同时选中，如图 14-76 所示，在"属性"面板中进行设置，如图 14-77 所示。

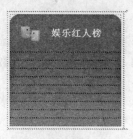

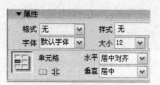

图 14-75　　　　　　　图 14-76　　　　　　　　图 14-77

（6）将光标置入到第 2 行中，将光盘目录下的"Ch14 > clip > 娱乐星闻网页 > images" 文件夹中的"line.png"文件插入，如图 14-78 所示。用相同的方法，将"line.png"文件分别插入到第 4 行、第 6 行和第 8 行中，效果如图 14-79 所示。

（7）将光标置入到第 3 行中，在"插入"面板"常用"选项卡中单击"表格"按钮，在弹出的"表格"对话框中进行设置，如图 14-80 所示，单击"确定"按钮，保持表格的选取状态，在"属性"面板"对齐"选项的下拉列表中选择"居中对齐"选项，效果如图 14-81 所示。

图 14-78　　　　　图 14-79　　　　　　　　图 14-80　　　　　　图 14-81

（8）在第 1 行中输入白色文字和符号，并在"属性"面板中设置适当的大小，单击"加粗"按钮 B，效果如图 14-82 所示。将光标置入到第 2 行中，在"属性"面板"水平"选项的下拉列表中选择"右对齐"选项，并在该行中输入白色文字，单击"斜体"按钮 I，将文字转换为斜体，效果如图 14-83 所示。

（9）用相同的方法，分别在第 3 行、第 5 行、第 7 行和第 9 行中插入相同的表格，并输入需要的文字，制作出如图 14-84 所示的效果。将光标置入到主表格的第 10 行中，在"属性"面板中将"高"选项设为"39"，效果如图 14-85 所示。

图 14-82　　　　　　图 14-83　　　　　　图 14-84　　　　　图 14-85

3. 制作人物介绍部分

（1）将光标置入到主表格的右侧（主表格的第 2 列中），在"插入"面板"常用"选项卡中单击"表格"按钮▦，在弹出的"表格"对话框中进行设置，如图 14-86 所示，单击"确定"按钮，效果如图 14-87 所示。

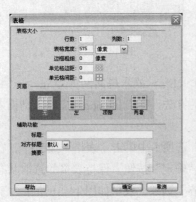

图 14-86

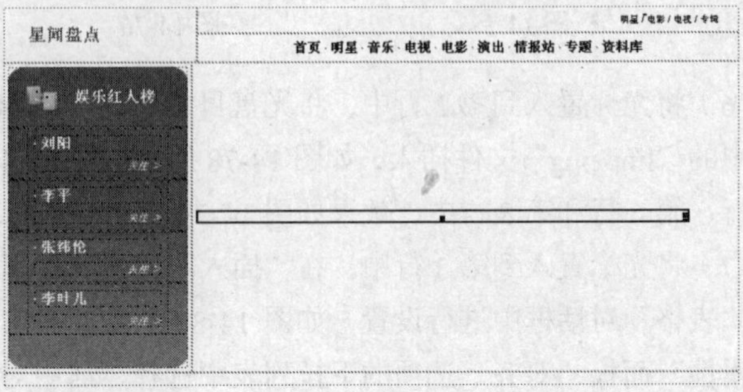

图 14-87

（2）保持表格的选取状态，单击"属性"面板"背景图像"选项右侧的"浏览文件"按钮▣，在弹出的"选择图像源文件"对话框中选择光盘目录下"Ch14 > clip > 娱乐星闻网页 > images"文件夹中的"right.png"文件，单击"确定"按钮，将光标置入到表格中，在"属性"面板中将"高"选项设为"344"，效果如图 14-88 所示。

图 14-88

（3）在"插入"面板"常用"选项卡中单击"表格"按钮▦，在弹出的"表格"对话框中进行设置，如图 14-89 所示，单击"确定"按钮，效果如图 14-90 所示。

图 14-89

图 14-90

（4）保持表格的选取状态，按键盘上的向左侧，将光标置于表格的左侧，按两次 Enter 键，效果如图 14-91 所示。将光标置入到第 1 行中，在"属性"面板中将"高"选项设为"200"，并在该行中输入需要的文字，效果如图 14-92 所示。

（5）将光标置入到第 2 行中，在"属性"面板中将"高"选项设为"29"，单击"背景"选项右侧的"单元格背景 URL"按钮，在弹出的"选择图像源文件"对话框中选择光盘目录下"Ch14 > clip > 娱乐星闻网页 > images"文件夹中的"02_11.png"文件，单击"确定"按钮，效果如图 14-93 所示。

（6）在该行中输入需要的文字，并在"属性"面板中设置适当的大小，单击"居中对齐"按钮和"加粗"按钮 **B**，效果如图 14-94 所示。

图 14-91　　　　　　　图 14-92　　　　　　　图 14-93　　　　　　　图 14-94

4．制作新闻和底部部分

（1）将光标置入到主表格的第 3 行中，在"属性"面板中将"高"选项设为"267"，单击"背景"选项右侧的"单元格背景 URL"按钮，在弹出的"选择图像源文件"对话框中选择光盘目录下"Ch14 > clip > 娱乐星闻网页 > images"文件夹中的"02_14.png"文件，单击"确定"按钮，效果如图 14-95 所示。

（2）在"插入"面板"常用"选项卡中单击"表格"按钮，在弹出的"表格"对话框中进行设置，如图 14-96 所示，单击"确定"按钮，效果如图 14-97 所示。

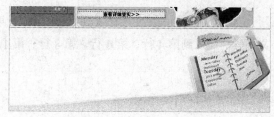

图 14-95

图 14-96

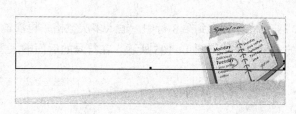

图 14-97

（3）将光标置入到表格中，在"插入"面板"常用"选项卡中单击"表格"按钮，在弹出的"表格"对话框中进行设置，如图 14-98 所示，单击"确定"按钮，效果如图 14-99 所示。

（4）将光标置入到第 1 行中，将光盘目录下的"Ch14 > clip > 娱乐星闻网页 > images"文件夹中的"01_1.png"文件插入到该行中，如图 14-100 所示。保持图像的选取状态，在"属性"面板中将"水平边距"选项设为"5"，在"对齐"选项的下拉列表中选择"居中对齐"选项。

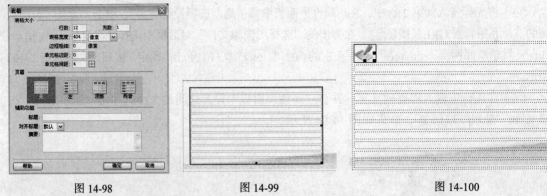

图 14-98　　　　　　　　　　图 14-99　　　　　　　　　　图 14-100

（5）在图像的右侧输入浅褐色（#C69C6A）文字，并在"属性"面板中设置适当的大小，单击"加粗"按钮 **B**，效果如图 14-101 所示。将光盘目录下"Ch14 > clip > 娱乐星闻网页 > images"文件夹中的"more.png"文件插入到文字的后面，在"属性"面板的"对齐"选项下拉列表中选择"右对齐"选项，效果如图 14-102 所示。

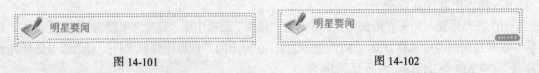

图 14-101　　　　　　　　　　　　　　　图 14-102

（6）将"line1.png"文件插入到第 2 行中，效果如图 14-103 所示。用相同的方法，将"line2.png"文件分别插入到第 4 行、第 6 行、第 8 行、第 10 行和第 12 行中，效果如图 14-104 所示。

图 14-103　　　　　　　　　　　　　　　图 14-104

（7）将光标置入到第 3 行中，输入多次空格，再次输入绿色符号"·"，在"属性"栏中设置适当的大小，效果如图 14-105 所示。在符号的后面输入黑色文字，效果如图 14-106 所示。

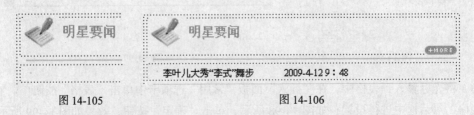

图 14-105　　　　　　　　　　　　　　　图 14-106

（8）在数字"48"的后面输入多个空格，将光盘目录下"Ch14 > clip > 娱乐星闻网页 > images"文件夹中的"new.png"文件插入到该行中，效果如图 14-107 所示。

（9）用相同方法分别在其他行中输入符号和文字，并插入图像，效果如图 14-108 所示。

图 14-107　　　　　　　　　　　图 14-108

（10）将光标置于表格的右侧，如图 14-109 所示，按 Shift+Enter 组合键，将光标置于下一行，输入所需的褐色（#9C7E60）字母，选中文字，单击"右对齐"按钮 ≡，效果如图 14-110 所示。

图 14-109　　　　　　　　　　　图 14-110

（11）选中整个表格，如图 14-111 所示，在"属性"在板中，将背景颜色设为白色。按 Ctrl+X 组合键，将表格剪切。在"插入"面板"常用"选项卡中单击"表格"按钮 ⊞，在弹出的"表格"对话框中进行设置，如图 14-112 所示，单击"确定"按钮，效果如图 14-113 所示。

图 14-111　　　　　　　　　　　图 14-112

图 14-113

（12）保持表格的选取状态，在"属性"面板"对齐"选项的下拉列表中选择"居中对齐"选项，将"背景颜色"选项设为浅褐色（#C0AD83），"间距"选项设为"1"，如图 14-114 所示，表格效果如图 14-115 所示。

图 14-114

图 14-115

（13）将光标置入到表格中，按 Ctrl+V 组合键，将剪切的表格粘贴到表格中，效果如图 14-116 所示。娱乐星闻网页效果制作完成，保存文档，按 F12 键，预览网页效果如图 14-117 所示。

图 14-116　　　　　　　　　　　　图 14-117

14.4　综艺频道网页

14.4.1　案例分析

　　本例是为一家电视台的综艺节目而制作的网页，电视综艺节目希望通过网站宣传节目的内容和特色，增加和网友的互动，体现出自身节目的大众化，以便成为百姓最喜爱的节目。

　　在设计制作过程中，页面左侧主持人以变魔术的形式出场，以活跃页面的气氛，并体现出综艺节目的鲜明特色。导航栏放在页面的右上角，每个栏目的精心设置都充分考虑网友的喜好，设计风格简洁大方，方便网友浏览交流。页面下部通过栏目、装饰图案和文字的巧妙设计和编排，充分体现了综艺节目的多样化。整个页面设计充满了轻松愉悦的大众娱乐氛围。

　　本例将使用属性面板设置单元格的背景图像和颜色，使用空格键和文字制作导航条效果，使用项目列表和文字制作热点信息效果，使用<marquee>语言制作走马灯似的图像效果。

14.4.2　案例设计

　　本案例设计流程如图 14-118 所示。

图 14-118

158

14.4.3　案例制作

1．制作导航部分

（1）选择"文件 > 新建"命令，新建空白文档。选择"文件 > 保存"命令，弹出"另存为"对话框。在"保存在"选项的下拉列表中选择当前站点目录保存路径，在"文件名"选项的文本框中输入"index"，单击"保存"按钮，返回网页编辑窗口。

（2）选择"修改 > 页面属性"命令，弹出"页面属性"对话框，在对话框中进行设置，如图 14-119 所示，单击"确定"按钮，在"插入"面板"常用"选项卡中单击"表格"按钮，在弹出的"表格"对话框中进行设置，如图 14-120 所示，单击"确定"按钮，保持表格的选取状态，在"属性"面板"对齐"选项的下拉列表中选择"居中对齐"选项，效果如图 14-121 所示。

图 14-119

图 14-120

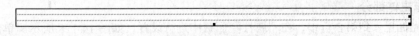

图 14-121

（3）将光标置入到第 1 行中，在"属性"面板中，将"高"选项设为"5"，"背景颜色"设为橘红色（#ED8761），如图 14-122 所示，表格效果如图 14-123 所示。

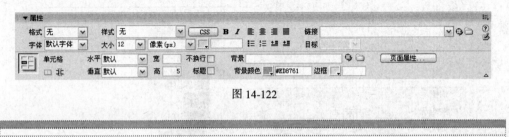

图 14-122

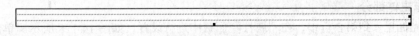

图 14-123

（4）在"拆分"视图窗口中选中该单元格的" "标签，如图 14-124 所示。按 Delete 键，将其删除，返回到"设计"视图窗口中，效果如图 14-125 所示。

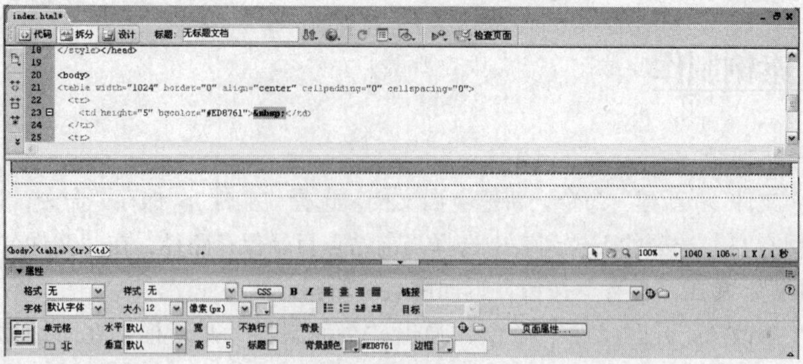

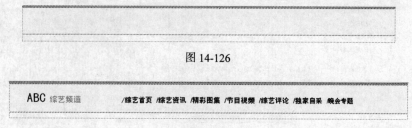

图 14-124

图 14-125

（5）将光标置入到第 2 行中，在"属性"面板中，将"高"选项设为"72"，"背景颜色"选项设为浅灰色（#FBFCEC），效果如图 14-126 所示。分别在该行中输入需要的浅褐色（#988675）和黑色文字，并在"属性"面板中选择合适的字体和大小，效果如图 14-127 所示。

图 14-126

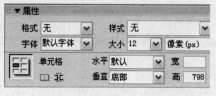

图 14-127

2．制作主体部分

（1）将光标置入到第 3 行中，在"属性"面板中进行设置，如图 14-128 所示。单击"背景"选项右侧的"单元格背景 URL"按钮，在弹出的"选择图像源文件"对话框中选择光盘目录下"Ch14 > clip >综艺频道网页> images"文件夹中的"bg.png"文件，单击"确定"按钮，效果如图 14-129 所示。

图 14-128　　　　　　　　　图 14-129

（2）在"插入"面板"常用"选项卡中单击"表格"按钮，在弹出的"表格"对话框中进行设置，如图 14-130 所示，单击"确定"按钮，保持表格的选取状态，在"属性"面板"对齐"
选项的下拉列表中选择"右对齐"选项，效果如图 14-131 所示。

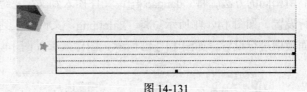

图 14-130 　　　　　　　　　　　　　　　　　图 14-131

（3）将光标置入到第 1 行中，在"插入"面板"常用"选项卡中单击"表格"按钮，
在弹出的"表格"对话框中进行设置，如图 14-132 所示，单击"确定"按钮，效果如图 14-133
所示。

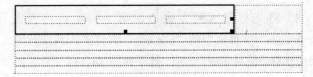

图 14-132 　　　　　　　　　　　　　　　　图 14-133

（4）将 3 个单元格同时选中，如图 14-134 所示。在"属性"面板中，将"宽"选项设为"116"，
"高"选项设为"94"，在"垂直"选项的下拉列表中选择"底部"选项，如图 14-135 所示。

（5）单击"背景"选项右侧的"单元格背景 URL"按钮，在弹出的"选择图像源文件"
对话框中选择光盘目录下"Ch14 > clip > 综艺频道网页 > images"文件夹中的"01_04.png"文件，
单击"确定"按钮，效果如图 14-136 所示。

图 14-134 　　　　　　　　　　图 14-135 　　　　　　　　　图 14-136

（6）分别在单元格中输入需要的文字，并在"属性"面板中选择合适的字体和大小，效果如
图 14-137 所示。将光盘目录下"Ch14 > clip > 综艺频道网页 > images"文件夹中的"shu.gif"文
件插入到文字"综艺达人"的后面，效果如图 14-138 所示。

图 14-137　　　　　　　　　　　图 14-138

（7）保持图像的选取状态，在"属性"面板中进行设置，如图 14-139 所示，效果如图 14-140 所示。用相同的方法，将"dangao.gif"文件插入到文字"综艺快评"的后面，并在"属性"面板中进行设置，如图 14-141 所示。将"kafei.png"文件插入到文字"综艺视频"的后面，并在"属性"面板中进行设置，如图 14-142 所示，图像效果如图 14-143 所示。

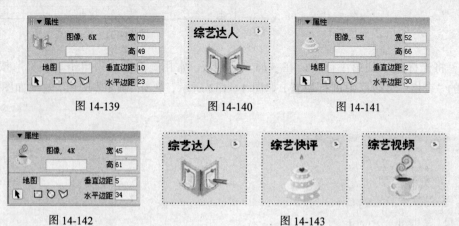

图 14-139　　　　　　　图 14-140　　　　　　图 14-141

图 14-142　　　　　　　　　　　图 14-143

（8）将光标置入到主表格的第 2 行中，将光盘目录下"Ch14 > clip > 综艺频道网页 > images"文件夹中的"hua.png"文件插入到该行中，在"属性"面板"对齐"选项的下拉列表中选择"绝对居中"选项，效果如图 14-144 所示。在图像的右侧输入需要的黄色（#F37B05）和灰色（#534640）文字，并在"属性"面板中选择适当的字体和大小，单击"加粗"按钮 **B**，效果如图 14-145 所示。

图 14-144　　　　　　　　　　　图 14-145

3．制作走马灯图像

（1）将光标置入到表格的第 3 行中，在"插入"面板"常用"选项卡中单击"表格"按钮 ，在弹出的"表格"对话框中进行设置，如图 14-146 所示，单击"确定"按钮，保持表格的选取状态，单击"属性"面板"背景图像"选项右侧的"浏览文件"按钮 ，在弹出的"选择图像源文件"对话框中选择光盘目录下"Ch14 > clip > 综艺频道网页 > images"文件夹中的"b01.png"文件，单击

"确定"按钮,将光标置入到表格中,在"属性"面板中将"高"设为"100",效果如图 14-147 所示。

图 14-146

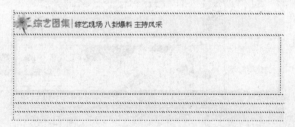

图 14-147

（2）在"插入"面板"常用"选项卡中单击"表格"按钮,在弹出的"表格"对话框中进行设置,如图 14-148 所示,单击"确定"按钮,效果如图 14-149 所示。

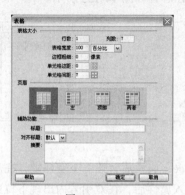

图 14-148

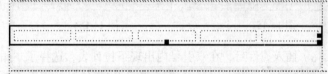

图 14-149

（3）分别将光盘目录下的"01_1.png"、"01_2.png"、"01_3.png"、"01_4.png"、"01_5.png"文件插入到各个单元格中,效果如图 14-150 所示。

图 14-150

（4）选中图片所在的表格,如图 14-151 所示。打开"拆分"视图窗口,按键盘中的向左键,使光标置于该表格的前面,"拆分"视图中的效果如图 14-152 所示。

图 14-151

图 14-152

（5）在光标所在处输入左尖括号"<"，显示标签列表，如图 14-153 所示。在列表中选择
"marquee"标签，如图 14-154 所示。然后双标鼠标，将标签插入到标签编辑器中，按一下空格键，
标签列表中出现了该标签的属性参数，在其中选择属性"behavior"，如图 14-155 所示。

图 14-153

图 14-154

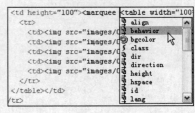

图 14-155

（6）插入属性后，在双引号内出现下拉列表，选择了"slide"属性后，按一下空格键，在出
现的标签列表中选择"direction"参数，如图 14-156 所示。插入属性后，在双引号内出现下拉列
表，选择"left"属性，如图 14-157 所示。

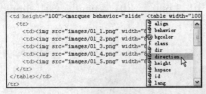

图 14-156

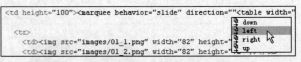

图 14-157

（7）选择"left"属性后，输入右尖括号">"，在尖括号的后面输入"</marquee>"标签，效
果如图 14-158 所示。选中标签"</marquee>"将其剪切并粘贴到标签</table>的后面（89 行处），
效果如图 14-159 所示。

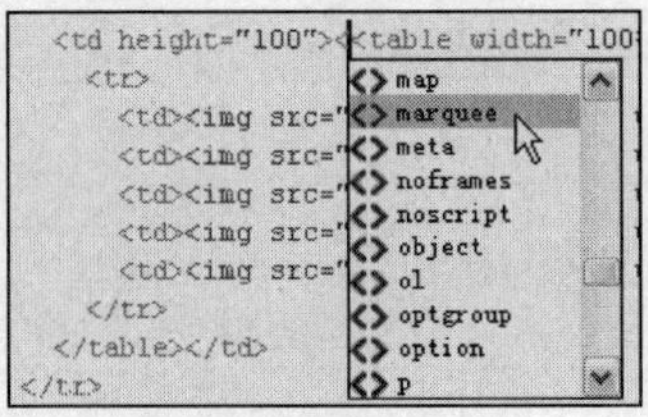

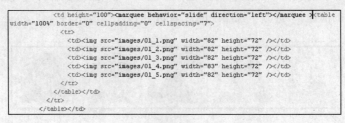

图 14-158

```
<td height="100"><marquee behavior="slide" direction="left"><table width=
"100%" border="0" cellpadding="0" cellspacing="7">
    <tr>
      <td><img src="images/01_1.png" width="82" height="72" /></td>
      <td><img src="images/01_2.png" width="82" height="72" /></td>
      <td><img src="images/01_3.png" width="82" height="72" /></td>
      <td><img src="images/01_4.png" width="83" height="72" /></td>
      <td><img src="images/01_5.png" width="82" height="72" /></td>
    </tr>
</table></marquee ></td>
```

图 14-159

4．制作新闻部分

（1）返回到“设计”视图窗口中，将光标置入到第 4 行中，在“插入”面板“常用”选项卡中单击“表格”按钮，在弹出的“表格”对话框中进行设置，如图 14-160 所示，单击“确定”按钮，效果如图 14-161 所示。

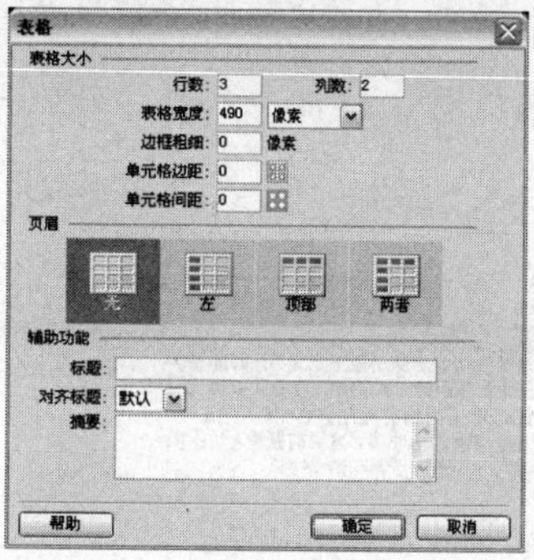

图 14-160

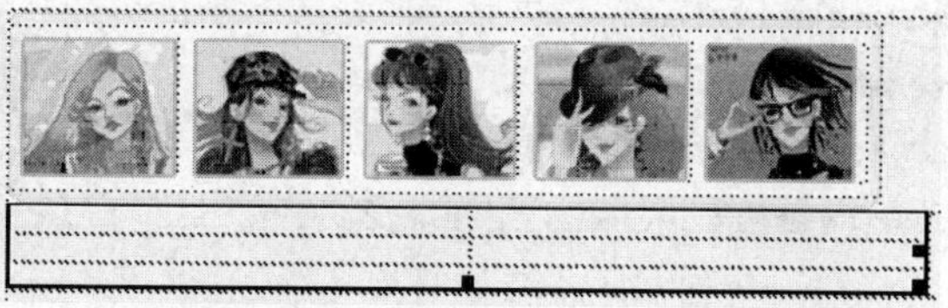

图 14-161

（2）将光标置入到第 1 行第 1 列中，将光盘目录下“Ch14 > clip > 综艺频道网页 > images”文件夹中的“shenyin.png”文件插入到该列中，并在“属性”面板中进行设置，如图 14-162 所示，在图像的右侧输入灰色（#534640）文字，并在“属性”面板中选择适当的大小，单击“加粗”按钮**B**，效果如图 14-163 所示。

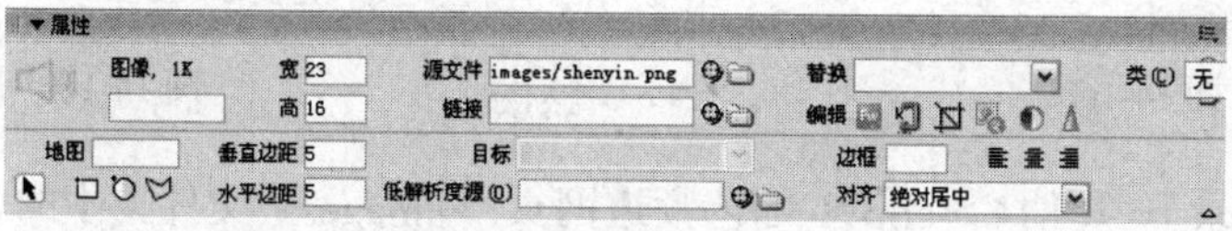

图 14-162

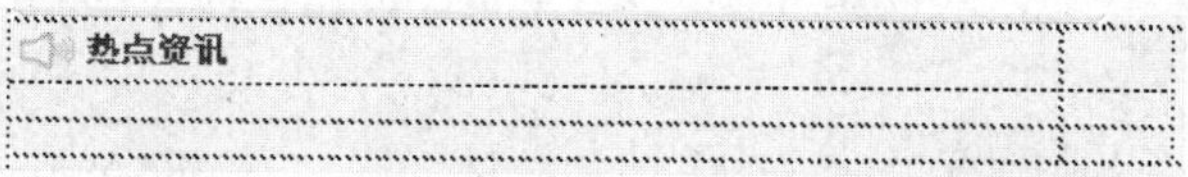

图 14-163

（3）将光标置入到第 2 行中，在“属性”面板中，将“高”选项设为“3”，“背景颜色”选项设为黄色（#F6B741），效果如图 14-164 所示，在“拆分”视图窗口中选中该单元格的“ ”标签，如图 14-165 所示。按 Delete 键，将其删除，返回到“设计”视图窗口中。

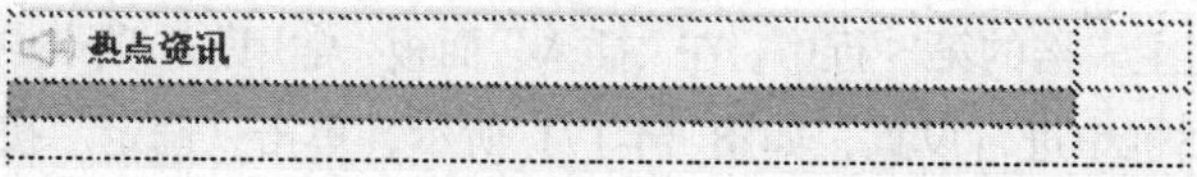

图 14-164

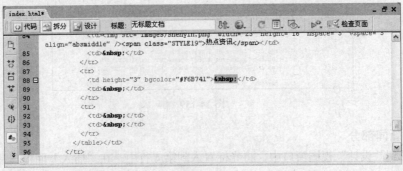

图 14-165

（4）在第 3 行中输入需要的文字，效果如图 14-166 所示。选中文字，单击"属性"面板中的"项目列表"按钮 :=，效果如图 14-167 所示。

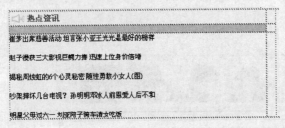

图 14-166

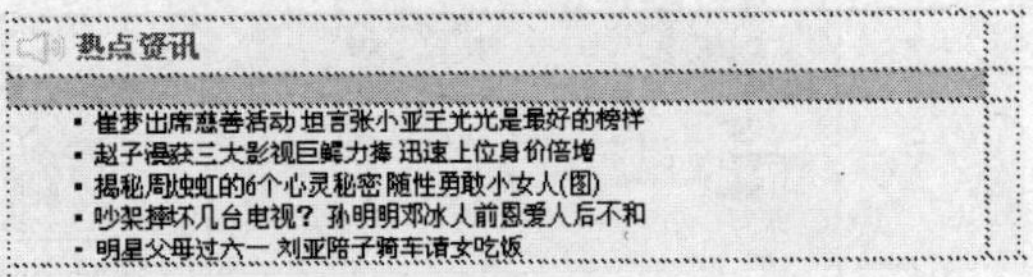

图 14-167

（5）同时选中第 2 列所有单元格，如图 14-168 所示。单击"合并所选单元格，使用跨度"按钮 □，合并所选单元格，效果如图 14-169 所示。

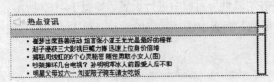

图 14-168

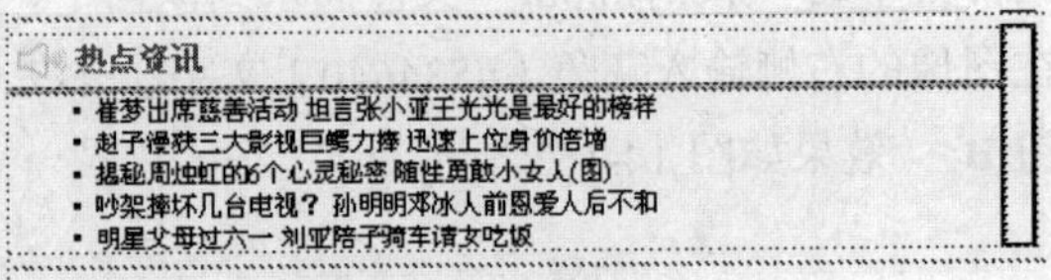

图 14-169

（6）将光盘目录下"Ch14 > clip > 综艺频道网页 > images"文件夹中的"01_24.png"文件插入到合并的单元格中，并在"属性"面板中将"垂直边距"选项设为"20"，效果如图 14-170 所示。

图 14-170

（7）将光标置入到主表格的第 5 行中，在"插入"面板"常用"选项卡中单击"表格"按钮 圁，在弹出的"表格"对话框中进行设置，如图 14-171 所示，单击"确定"按钮，效果如图 14-172 所示。

图 14-171

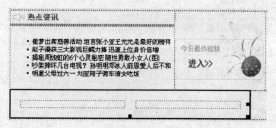

图 14-172

（8）将光标置入第 1 列中，在"插入"面板"常用"选项卡中单击"表格"按钮，在弹出的"表格"对话框中进行设置，如图 14-173 所示，单击"确定"按钮，保持表格的选取状态，在"属性"面板"对齐"选项的下拉列表中选择"居中对齐"选项，效果如图 14-174 所示。

图 14-173

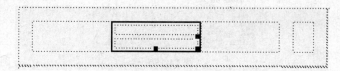

图 14-174

（9）将光标置入到第 1 行中，在"属性"面板中，将"高"选项设为"54"，单击"背景"选项右侧的"单元格背景 URL"按钮，在弹出的"选择图像源文件"对话框中选择光盘目录下"Ch14 > clip > 综艺频道网页 > images"文件夹中的"01_33.png"文件，单击"确定"按钮，效果如图 14-175 所示。

（10）在该行中输入粉色（#E58064）文字，并在"属性"面板中选择适当的字体和大小，效果如图 14-176 所示。用相同的方法设置第 2 行，效果如图 14-177 所示。

图 14-175　　　　　　　图 14-176　　　　　　　图 14-177

（11）将光标置入到主表格的第 2 列中，在"插入"面板"常用"选项卡中单击"表格"按钮，在弹出的"表格"对话框中进行设置，如图 14-178 所示，单击"确定"按钮，保持表格的选取状态，在"属性"面板"对齐"选项的下拉列表中选择"居中对齐"选项，效果如图 14-179 所示。

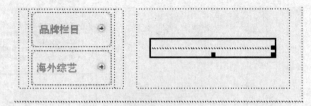

图 14-178   图 14-179

（12）将光标置入到第 1 行中，在"插入"面板"常用"选项卡中单击"表格"按钮 ，在弹出的"表格"对话框中进行设置，如图 14-180 所示，单击"确定"按钮，效果如图 14-181 所示。

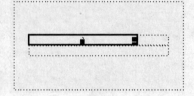

图 14-180   图 14-181

（13）将光标置入到第 1 列中，在"属性"面板中进行设置，如图 14-182 所示。单击"背景"选项右侧的"单元格背景 URL"按钮 ，在弹出的"选择图像源文件"对话框中选择光盘目录下"Ch14 > clip > 综艺频道网页 > images"文件夹中的"01_28.png"文件，单击"确定"按钮，效果如图 14-183 所示。

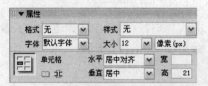

图 14-182   图 14-183

（14）用相同的方法，设置第 2 列单元格，并将"01_29.png"文件设为该单元格的背景，效果如图 14-184 所示。分别在单元格中输入白色和深绿色（#3F6617）文字，效果如图 14-185 所示。

图 14-184   图 14-185

（15）将光标置入到主表格的第 2 行中，在"属性"面板中将"高"选项设为"159"，单击"背景"选项右侧的"单元格背景 URL"按钮，在弹出的"选择图像源文件"对话框中选择光盘目录下"Ch14 > clip > 综艺频道网页 > images"文件夹中的"01_31.png"文件，单击"确定"按钮，效果如图 14-186 所示。

（16）在该单元格中输入需要的黄色（#EDA843）和黑色文字，并在"属性"面板中选择适当的字体和大小，单击"加粗"按钮 **B**，效果如图 14-187 所示。

图 14-186

图 14-187

5．制作底部部分

（1）将光标置入到最后一行，在"插入"面板"常用"选项卡中单击"表格"按钮，在弹出的"表格"对话框中进行设置，如图 14-188 所示，单击"确定"按钮，效果如图 14-189 所示。

图 14-188

图 14-189

（2）保持表格的选取状态，在"属性"面板中单击"背景图像"选项右侧的"浏览文件"按钮，在弹出的"选择图像源文件"对话框中选择光盘目录下"Ch14 > clip > 综艺频道网页 > images"文件夹中的"01_38.jpg"文件，单击"确定"按钮，将光标置入到第 1 列单元格中，在"属性"面板中进行设置，如图 14-190 所示，效果如图 14-191 所示。

（3）分别在各单元格中输入需要的文字，并在"属性"面板中选择适当的字体，效果如图 14-192 所示。

（4）综艺频道网页效果制作完成，保存文档，按 F12 键预览网页效果，如图 14-193 所示。

图 14-190

图 14-191

图 14-192

图 14-193

14.5 时尚前沿网页

14.5.1 案例分析

时尚像个非常善变的美女，总是让你捉摸不透而又难以追逐。靓衫、香车、精致的皮鞋总是给人无限遐思，各种设计理念的交汇与撞击首先发生在多变的时尚大潮中，进而引发流行时尚的燎原之势。本例是为一家女性时尚产品网站设计制作的展示和销售网页，页面的设计要表现出时尚的魅力，并方便网友浏览和购买自己喜欢的时尚产品。

在设计制作过程中，采用粉红渐变色作为背景颜色，通过雅致的花卉图案作为装饰，充分体现出女性的浪漫柔情。左侧是用户注册和销售方式链接按钮，使用了水晶按钮的设计手法，表现出时尚高贵的女性气质。右侧是女性时尚产品的导航栏，为女性提供了海量的时尚产品。导航栏下面是产品的图片展示区，可以完全展示出产品的造型和详细信息。整个页面的设计充满潮流感，营造出了浪漫典雅的氛围。

本例将使用属性面板改变文字的大小、字体和颜色，使用 CSS 样式命令改变文本字段的外观，使用水平线命令插入水平线制作分割效果，使用代码修改水平线的颜色，使用属性面板改变单元格的背景颜色和背景图像。

14.5.2 案例设计

本案例设计流程如图 14-194 所示。

图 14-194

14.5.3 案例制作

1．为网页添加背景音

（1）选择"文件 > 新建"命令，新建空白文档。选择"文件 > 保存"命令，弹出"另存为"对话框。在"保存在"选项的下拉列表中选择当前站点目录保存路径，在"文件名"选项的文本框中输入"index"，单击"保存"按钮，返回网页编辑窗口。

（2）选择"修改 > 页面属性"命令，弹出"页面属性"对话框，在对话框中进行设置，如图 14-195 所示，在"分类"列表中选择"标题"选项，在右侧的对话框中进行设置，如图 14-196 所示，单击"确定"按钮。

图 14-195

图 14-196

（3）在"代码"视图中找到"<body>"标签（20 行处），在其后面输入左尖括号"<"，显示标签列表，如图 14-197 所示。在列表中选择标签"bgsound"，插入属性后，按一次空格键，在弹出的标签列表中选择属性"src"，如图 14-198 所示。

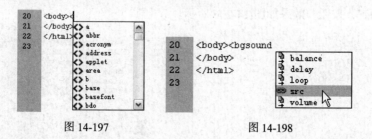

图 14-197　　　　图 14-198

（4）按 Enter 键后，出现"浏览"字样，如图 14-199 所示。单击鼠标弹出"选择文件"对话框，选择光盘目录下"Ch14 > clip > 时尚前沿网页 > images"文件夹中的"05.wav"文件，单击"确定"按钮，效果如图 14-200 所示。

图 14-199　　　　　图 14-200

（5）按一次空格键，输入"loop="-1""（表示自动播放），最后在属性值后面，输入右尖括号">"，效果如图 14-201 所示。

```
20  <body><bgsound src="images/05.wav" loop="-1" />
21  </body>
22  </html>
23
```

图 14-201

2．制作标志和用户注册

（1）返回到"设计"视图窗口中，在"插入"面板"常用"选项卡中单击"表格"按钮 ▦，在弹出的"表格"对话框中进行设置，如图 14-202 所示，单击"确定"按钮，保持表格的选取状态，在"属性"面板"对齐"选项的下拉列表中选择"居中对齐"选项，效果如图 14-203 所示。

图 14-202   图 14-203

（2）选中表格，在"属性"面板中单击"背景图像"选项右侧的"浏览文件"按钮 🗁，在弹出的"选择图像源文件"对话框中选择光盘目录下"Ch14 > clip > 时尚前沿网页 > images"文件夹中的"bg.jpg"文件，单击"确定"按钮。

（3）将光标置入到第 1 列中，在"属性"面板中进行设置，如图 14-204 所示。在"插入"面板"常用"选项卡中单击"表格"按钮 ▦，在弹出的"表格"对话框中进行设置，如图 14-205 所示，单击"确定"按钮，效果如图 14-206 所示。

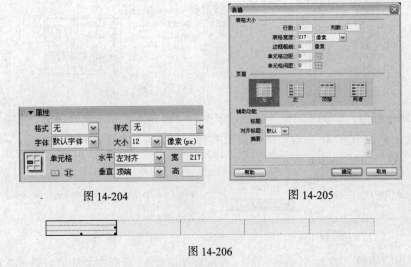

图 14-204   图 14-205

图 14-206

（4）将光标置入到第 1 行中，在"属性"面板中，将"高"选项设为"134"，单击"背景"选项右侧的"单元格背景 URL"按钮 🗁，在弹出的"选择图像源文件"对话框中选择光盘目录

下 "Ch14 > clip > 时尚前沿网页 > images" 文件夹中的 "01_01.png" 文件，单击 "确定" 按钮，
效果如图 14-207 所示。

（5）在 "插入" 面板 "常用" 选项卡中单击 "表格" 按钮 圖，在弹出的 "表格" 对话框中进
行设置，如图 14-208 所示，单击 "确定" 按钮，保持表格的选取状态，在 "属性" 面板 "对齐"
选项的下拉列表中选择 "居中对齐" 选项，效果如图 14-209 所示。

（6）在表格中分别输入需要的英文和文字，并在 "属性" 面板中选择适当的字体和大小，效
果如图 14-210 所示。

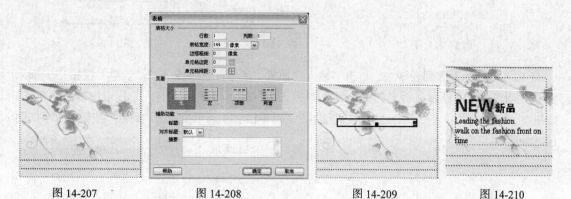

| 图 14-207 | 图 14-208 | 图 14-209 | 图 14-210 |

（7）将光标置入到第 2 行中，在 "插入" 面板 "常用" 选项卡中单击 "表格" 按钮 圖，在弹
出的 "表格" 对话框中进行设置，如图 14-211 所示，单击 "确定" 按钮，效果如图 14-212 所示。
将第 1 列单元格宽度设为 "32"，高度设为 "205"，第 2 列单元格宽度设为 "175"，第 3 列单元格
宽度设为 "10"，效果如图 14-213 所示。

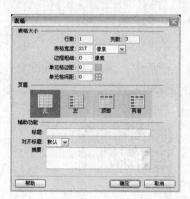

| 图 14-211 | 图 14-212 | 图 14-213 |

（8）将光标置入到第 2 列单元格中，单击 "背景" 选项右侧的 "单元格背景 URL" 按钮 ，
在弹出的 "选择图像源文件" 对话框中选择光盘目录下 "Ch14 > clip > 时尚前沿网页 > images"
文件夹中的 "03_33.png" 文件，单击 "确定" 按钮，效果如图 14-214 所示。

（9）将光标置入到第 2 列中，在 "属性" 面板中将 "垂直"
选项设为底部，如图 14-215 所示。在 "插入" 面板 "常用" 选项
卡中单击 "表格" 按钮 圖，在弹出的 "表格" 对话框中进行设置，
如图 14-216 所示，单击 "确定" 按钮，效果如图 14-217 所示。

图 14-214

图 14-215 图 14-216 图 14-217

（10）将光标置入到表格中，单击"插入"面板"表单"选项卡中的"表单"按钮□，插入表单，如图 14-218 所示。将光标置入到表单中，在"插入"面板"常用"选项卡中单击"表格"按钮▦，在弹出的"表格"对话框中进行设置，如图 14-219 所示，单击"确定"按钮，效果如图 14-220 所示。

图 14-218 图 14-219 图 14-220

（11）将单元格全部选中，如图 14-221 所示。在"属性"面板中，将"高"选项设为"26"，效果如图 14-222 所示。分别在第 1 行和第 2 行中输入英文，如图 14-223 所示。

图 14-221 图 14-222 图 14-223

（12）单击"插入"面板"表单"选项卡中的"文本字段"按钮□，在字母"id"的后面插入文本字段，选中文本字段，在"属性"面板中将"字符宽度"选项设为"16"，效果如图 14-224 所示。单击"插入"面板"表单"选项卡中的"文本字段"按钮□，在字母"pw"的后面插入文本字段，选中文本字段，在"属性"面板中将"字符宽度"选项设为"16"，在"类型"选项组中点选"密码"单选项，如图 14-225 所示，效果如图 14-226 所示。

图 14-224　　　　　　　　　图 14-225　　　　　　　　　图 14-226

3. 添加 CSS 样式

（1）选择"窗口 > CSS 样式"命令，弹出"CSS 样式"面板，单击面板下方的"新建 CSS 规则"按钮 ，在弹出的"新建 CSS 规则"对话框中进行设置，如图 14-227 所示，单击"确定"按钮，在弹出的".test1 的 CSS 规则定义"对话框中进行设置，如图 14-228 所示。

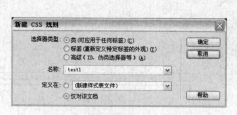

图 14-227　　　　　　　　　　　　　　　图 14-228

（2）在左侧的"分类"列表中选择"背景"选项，将"背景颜色"选项设为粉色（#FFCCFF），如图 14-229 所示。在左侧的"分类"列表中选择"边框"选项，将颜色设为灰色（#DFDFDF），其他选项的设置如图 14-230 所示，单击"确定"按钮。

图 14-229　　　　　　　　　　　　　　　图 14-230

（3）在窗口中选择文本字段，如图 14-231 所示。在"属性"面板"类"选项下拉列表中选择"test1"选项，为文本字段应用样式，效果如图 14-232 所示。选中另一个文本字段，应用相同的样式，效果如图 14-233 所示。

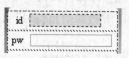

图 14-231　　　　　　　　图 14-232　　　　　　　　图 14-233

（4）选择"插入记录 > HTML > 水平线"命令，插入水平线，效果如图 14-234 所示。选中水平线，在"属性"面板中进行设置，如图 14-235 所示，水平线效果如图 14-236 所示。

图 14-234   图 14-235   图 14-236

（5）选中水平线，单击文档窗口左上方的"拆分"按钮 拆分，在"拆分"视图窗口中，在代码"140"后面置入光标，按一次空格键，标签列表中出现了该标签的属性参数，在其中选择属性"color"，如图 14-237 所示。插入属性后，在弹出颜色面板中选择需要的颜色，如图 14-238 所示，标签效果如图 14-239 所示。

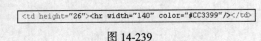

图 14-237   图 14-238   图 14-239

（6）返回到"设计"视图窗口中，将光标置入到第 4 行中，在"属性"面板中将"水平"选项设为"居中对齐"，单击"插入"面板"表单"选项卡中的"图像域"按钮 ，在弹出的"选择图像源文件"对话框中选择光盘目录下"Ch14 > clip > 时尚前沿网页 > images"文件夹中的"4_03.png"文件，单击"确定"按钮，效果如图 14-240 所示。

（7）用相同的方法，分别将文件"4_05.png"和"04_07.png"插入到该单元格中，效果如图 14-241 所示。

图 14-240   图 14-241

（8）将光标置入到主表格的第 3 行中，在"属性"面板中将"水平"选项设为"居中对齐"，在"插入"面板"常用"选项卡中单击"图像"按钮 ，在弹出的"选择图像源文件"对话框中选择光盘目录下"Ch14 > clip > 时尚前沿网页 > images"文件夹中的"01_37.png"文件，单击"确定"按钮，效果如图 14-242 所示。

（9）保持图像的选取状态，在"属性"面板中将"垂直边距"选项设为"15"，将光置于图像的左侧，按 Enter 键，将光标置于下一段落，效果如图 14-243 所示。将光标置于图像的右侧，按

Shift+Enter 组合键，将光标置于下一行。将光盘目录下的"Ch14 > clip > 时尚前沿网页 > images"
文件夹中的"01_41.png"文件插入，效果如图 14-244 所示。

图 14-242　　　　　　　　　　　图 14-243　　　　　　　　　　　图 14-244

4．制作导航

（1）将光标置入到主表格的第 2 列中，在"属性"面板中将"宽"选项设为"1"，背景颜色
设为灰色（#DADADA），如图 14-245 所示。在"拆分"视图窗口中选中该单元格的" "
标签，如图 14-246 所示，按 Delete 键，将其删除，返回到"设计"视图窗口中，效果如图 14-247
所示。

图 14-245　　　　　　　　　　　　　　　　　图 14-246

（2）用相同的方法，设置第 4 列单元格，效果如图 14-248 所示。

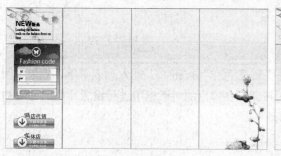
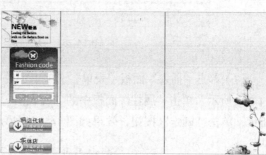

图 14-247　　　　　　　　　　　　　　　图 14-248

（3）将光标置入到第 3 列中，在"属性"面板中，将"垂直"选项设为"顶端"，在"插入"
面板"常用"选项卡中单击"表格"按钮 ，在弹出的"表格"对话框中进行设置，如图 14-249
所示，单击"确定"按钮，效果如图 14-250 所示。

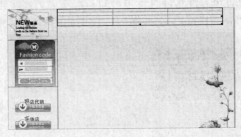

图 14-249　　　　　　　　　　　　　图 14-250

（4）选中需要的单元格，如图 14-251 所示，单击"属性"面板中的"合并所选单元格，使用跨度"按钮，并进行设置，如图 14-252 所示。在"拆分"视图窗口中选中该单元格的" "标签，按 Delete 键，将其删除，返回到"设计"视图窗口中，效果如图 14-253 所示。

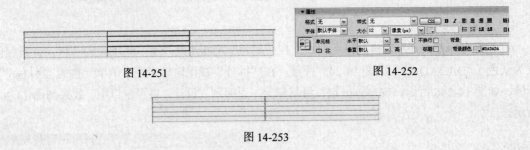

图 14-251　　　　　　　　　　　　　　　图 14-252

图 14-253

（5）用相同的方法，设置第 1 行第 1 列和第 3 列单元格，将背景颜色设为橘红色(#FE4C4C)，高度设为"5"，效果如图 14-254 所示。

（6）将光标置入到第 3 行第 1 列中，在"属性"面板中，将"宽"选项设为"249"。单击"插入"面板"表单"选项卡中的"表单"按钮，插入表单。将光盘目录下的"Ch14 > clip > 时尚前沿网页 > images"文件夹中的"01_41.png"文件插入到表单中。在"属性"面板中，将"水平边距"选项设为"10"，"垂直边距"选项设为"15"，在"对齐"选项的下拉列表中选择"绝对居中"选项，在该图像的右侧输入需要的文字，效果如图 14-255 所示。

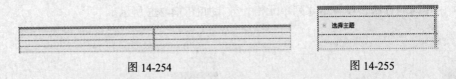

图 14-254　　　　　　　　　　　　　　图 14-255

（7）单击"插入"面板"表单"选项卡中的"列表/菜单"按钮，插入列表菜单，效果如图 14-256 所示。单击"属性"面板中的"列表值"按钮，在弹出的对话框中进行设置，如图 14-257 所示，单击"确定"按钮，效果如图 14-258 所示。

图 14-256　　　　　　　图 14-257　　　　　　　图 14-258

（8）将光标置入到第 4 行第 1 列中，在"属性"面板中，将"高"选项设为"26"，背景颜色设为灰色（#E8E8E8），效果如图 14-259 所示。

（9）将光标置入到第 2 行第 3 列中，在"属性"面板中进行设置，如图 14-260 所示。在该单元格中输入需要的红色（#FF0000）符号和黑色文字，并在"属性"面板中选择适当的字体和大小，效果如图 14-261 所示。

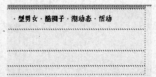

图 14-259　　　　　　　　　　　图 14-260　　　　　　　　　　　图 14-261

（10）在第 3 行第 3 列单元格中输入红色（#FE4444）和黑色文字，效果如图 14-262 所示。将光标置入到第 4 行中，在"属性"面板中将"高"选项设为"26"，背景颜色设为灰色（#E8E8E8），在该行中输入需要的文字，并在"属性"面板中选择适当的字体，效果如图 14-263 所示。

图 14-262　　　　　　　　　　　　　　　图 14-263

5．插入图像和输入文字

（1）选中最后一行的所有单元格，如图 14-264 所示。单击"合并所选单元格，使用跨度"按钮 ，将所选单元格合并，如图 14-265 所示。在"插入"面板"常用"选项卡中单击"表格"按钮 ，在弹出的"表格"对话框中进行设置，如图 14-266 所示，单击"确定"按钮，保持表格的选取状态，在"属性"面板"对齐"选项的下拉列表中选择"居中对齐"选项，效果如图 14-267 所示。

图 14-264　　　　　　　　　　　　　　　图 14-265

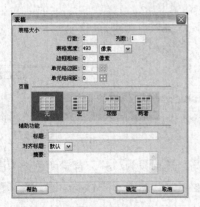

图 14-266

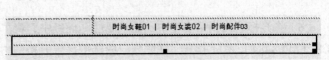

图 14-267

179

（2）将光标置入到第 1 行中，将光盘目录下的"Ch14 > clip > 时尚前沿网页 > images"文件夹中的"02_36.png"文件插入到该行中，在"属性"面板中进行设置，如图 14-268 所示，图像效果如图 14-269 所示。

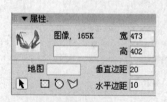

图 14-268   图 14-269

（3）在第 2 行中输入需要的文字，并在"属性"面板中选择适当的字体和大小，效果如图 14-270 所示。

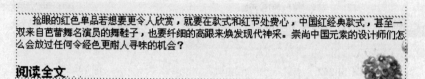

图 14-270

（4）将光标置入到主表格的第 5 列单元格中，在"属性"面板中进行设置，如图 14-271 所示，效果如图 14-272 所示。

（5）在"插入"面板"常用"选项卡中单击"表格"按钮，弹出"表格"对话框，将"行数"选项设为"2"，"列数"选项设为"1"，"表格宽度"选项设为"100"，在右侧的下拉列表中选择"百分比"选项，单击"确定"按钮，效果如图 14-273 所示。

图 14-271   图 14-272   图 14-273

（6）将光标置入到第 1 行中，在"属性"面板中，将"高"选项设为"5"，背景颜色设为浅红色（#FF8484），在"拆分"视图窗口中选中该单元格的" "标签，按 Delete 键，将其删除，返回到"设计"视图窗口中，效果如图 14-274 所示。

（7）将光标置入到第 2 行中，在"属性"面板中，将"高"选项设为"708"，效果如图 14-275 所示。时尚前沿网页效果制作完成，保存文档，按 F12 键预览网页效果，如图 14-276 所示。

图 14-274　　　　　　　　图 14-275

图 14-276

课堂练习——在线电影网页

【练习知识要点】使用层和时间轴制作动画效果和文字滚动效果，使用代码制作防止别人另存为网页效果，使用属性面板改变文字的颜色和大小，使用属性面板改变表格的背景颜色制作导航效果，如图 14-277 所示。

【效果所在位置】光盘/Ch14/效果/在线电影网页/index.html。

图 14-277

课后习题——星运奇缘网页

【习题知识要点】使用属性面板改变单元格的背景图像，使用背景图像和文字制作导航效果，使用 Flash 按钮插入动态菜单效果,使用表格制作星座运势效果，如图 14-278 所示。

【效果所在位置】光盘/Ch14/效果/星运奇缘网页/index.html。

图 14-278

第15章
旅游休闲网页

　　旅游业蓬勃发展，旅游网站也随之变得颇为火热。根据旅游公司的市场定位和产品特点，旅游休闲网站也表现出了不同的类型和特色。本章以多个主题的旅游休闲网页为例，讲解了旅游休闲网页的设计方法和制作技巧。

课堂学习目标

- 了解旅游休闲网页的功能和特色
- 了解旅游休闲网页的类别和内容
- 掌握旅游休闲网页的设计流程
- 掌握旅游休闲网页的布局构思
- 掌握旅游休闲网页的制作方法

15.1 旅游休闲网页概述

随着居民生活水平的日益提高，业余生活的丰富多彩，旅游已成为人们休闲、娱乐的首选方式。此起彼伏的旅游热潮，使旅游行业的生意蒸蒸日上。而通过互联网来宣传自已又成为旅游行业的一项重要举措。因此，越来越多的旅游网站建立起来，丰富多彩的内容不仅为旅游者提供了了解外界及旅行社情况的窗口，而且也为旅行社提供了网上报名、网上预定平台。良好的交流环境使得旅游行业获取更多的用户需求成为可能，也为寻找更好的旅游产品提供了良好的契机。

15.2 滑雪运动网页

15.2.1 案例分析

滑雪是一项既浪漫又刺激的体育运动。旅游健身滑雪是适应现代人们生活、文化需求而发展起来的大众性健身运动。旅游健身滑雪是出于娱乐、健身的目的，男女老幼均可在雪场上轻松、愉快地滑行，饱享滑雪运动的无穷乐趣。本例是为滑雪运动装备公司设计制作的网页，目的是宣传滑雪运动、展示和销售滑雪装备。在网页设计中要体现出健身滑雪运动的惊险和优美。

在设计制作过程中，将页面的背景设计为白色，寓意美丽的雪山和滑雪赛场。在页面的左侧设置了滑雪的相关知识和视频栏目。中间通过一张滑雪人物的图片和淡绿色的底纹背景，表现出滑雪运动迷人的魅力。右侧的上方放置了导航栏，方便滑雪爱好者浏览信息。下方通过对滑雪服、滑雪眼镜、滑雪帽、滑雪教师等图片和文字的设计编排，讲解了滑雪装备的原理和使用方法，设计出了滑雪装备销售和滑雪运动培训的信息，方便滑雪爱好者选择称心的服务和产品。整个页面设计体现出了滑雪运动的健康、动感、时尚的特质。

本例将使用表格按钮布局网页，使用属性面板改变文字的大小和颜色制作菜单效果，使用图像按钮插入滑雪人物图片效果，使用属性面板设置图像的边距制作滑雪旅游展示图片效果，使用项目列表制作滑雪常识效果。

15.2.2 案例设计

本案例设计流程如图 15-1 所示。

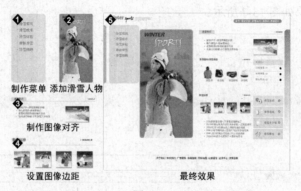

图 15-1

15.2.3　案例制作

1．制作导航部分

（1）选择"文件 > 新建"命令，新建空白文档。选择"文件 > 保存"命令，弹出"另存为"对话框。在"保存在"选项的下拉列表中选择当前站点目录保存路径，在"文件名"选项的文本框中输入"index"，单击"保存"按钮，返回网页编辑窗口。

（2）选择"修改 > 页面属性"命令，弹出"页面属性"对话框，在对话框中进行设置，如图 15-2 所示，单击"确定"按钮，在"插入"面板"常用"选项卡中单击"表格"按钮，在弹出的"表格"对话框中进行设置，如图 15-3 所示，单击"确定"按钮，保持表格的选取状态，在"属性"面板"对齐"选项的下拉列表中选择"居中对齐"选项，效果如图 15-4 所示。

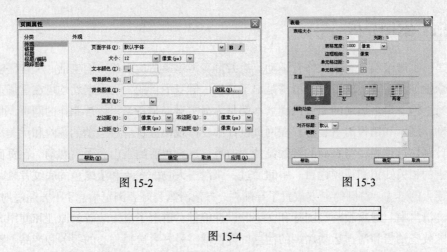

图 15-2　　　　　　　　　　　　　　　　　图 15-3

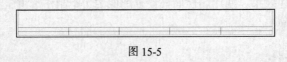

图 15-4

（3）将第 1 行所有单元格全部选中，单击"属性"面板中的"合并所选单元格，使用跨度"按钮，将"高"选项设为"64"，效果如图 15-5 所示。

图 15-5

（4）在"插入"面板"常用"选项卡中单击"表格"按钮，在弹出的"表格"对话框中进行设置，如图 15-6 所示，单击"确定"按钮，将光标置入到第 1 列中，在"属性"面板中将"宽"选项设为"693"，效果如图 15-7 所示。

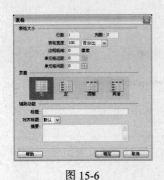

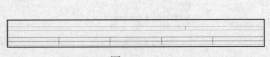

图 15-6　　　　　　　　　　　　　　　　　图 15-7

184

（5）将光标置入到第 1 列中，在"插入"面板"常用"选项卡中单击"图像"按钮，在弹出的"选择图像源文件"对话框中选择光盘目录下"Ch15 > clip > 滑雪运动网页 > images"文件夹中的"01.jpg"文件，单击"确定"按钮，保持图像的选取状态，在"属性"面板中进行设置，如图 15-8 所示，图像效果如图 15-9 所示。

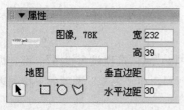

图 15-8

图 15-9

（6）将光标置入到第 2 列中，在"属性"面板"垂直"选项的下拉列表中选择"底部"选项。在"插入"面板"常用"选项卡中单击"表格"按钮，在弹出的"表格"对话框中进行设置，如图 15-10 所示，单击"确定"按钮，效果如图 15-11 所示。

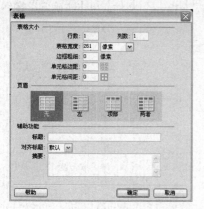

图 15-10

图 15-11

（7）将光标置入到表格中，在"属性"面板中将"高"选项设为"18"，在"水平"选项的下拉列表中选择"居中对齐"选项，单击"背景"选项右侧的"单元格背景 URL"按钮，在弹出的"选择图像源文件"对话框中选择光盘目录下"Ch15 > clip > 滑雪运动网页 > images"文件夹中的"01_04.png"文件，单击"确定"按钮，效果如图 15-12 所示。

（8）在表格中输入白色文字和符号，效果如图 15-13 所示。

图 15-12

图 15-13

2．制作左侧导航部分

（1）将光标置入到主表格的第 2 行第 1 列中，在"属性"面板中将"宽"选项设为"14"，在"垂直"选项的下拉列表中选择"顶端"选项，将光盘目录下的"Ch15 > clip > 滑雪运动网页 > images"文件夹中的"left.png"文件插入到该列中，效果如图 15-14 所示。

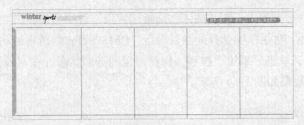

图 15-14

（2）将光标置到第 2 行第 2 列中，在"属性"面板中将"宽"选项设为"16"。将光标置到第 2 行第 3 列中，在"属性"面板中将"宽"选项设为"157"，在"垂直"选项的下拉列表中选择"顶端"选项，如图 15-15 所示。

（3）在"插入"面板"常用"选项卡中单击"表格"按钮 ，在弹出的"表格"对话框中进行设置，如图 15-16 所示，单击"确定"按钮，效果如图 15-17 所示。将光标置入到表格中，在"属性"面板中将"高"选项设为"306"，在"垂直"选项下拉列表中选择"顶端"选项，单击"背景"选项右侧的"单元格背景 URL"按钮 ，在弹出的"选择图像源文件"对话框中选择光盘目录下"Ch15 > clip > 滑雪运动网页 > images"文件夹中的"le1.png"文件，单击"确定"按钮，效果如图 15-18 所示。

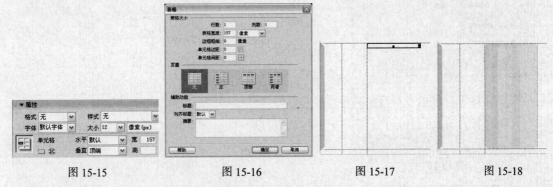

图 15-15　　　　　　　图 15-16　　　　　　　图 15-17　　　　　　　图 15-18

（4）在"插入"面板"常用"选项卡中单击"表格"按钮 ，在弹出的"表格"对话框中进行设置，如图 15-19 所示，单击"确定"按钮，保持表格的选取状态，在"属性"面板"对齐"选项的下拉列表中选择"居中对齐"选项，将光标置于表格的前面，按两次 Shift+Enter 组合键，效果如图 15-20 所示。

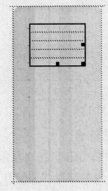

图 15-19　　　　　　　　　图 15-20

（5）将表格的单元格全部选中，在"属性"面板中将"高"选项设为"29"，效果如图 15-21 所示。分别在各单元格中输入需要的绿色（#86AB51）文字，并在"属性"面板中选择适当的字体和大小，效果如图 15-22 所示。

（6）将光盘目录下的"Ch15 > clip > 滑雪运动网页 > images"文件夹中的"le2.png"文件插入到第 2 行第 4 列中，在"属性"面板中将"水平"选项设为"5"，效果如图 15-23 所示。

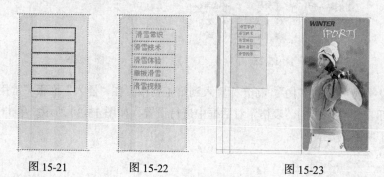

图 15-21　　　图 15-22　　　　　　　图 15-23

3. 制作主体部分

（1）将光标置入第 2 行第 5 列单元格中，在"属性"面板进行设置，如图 15-24 所示，表格效果如图 15-25 所示。在"插入"面板"常用"选项卡中单击"表格"按钮，在弹出的"表格"对话框中进行设置，如图 15-26 所示，单击"确定"按钮，保持表格的选取状态，在"属性"面板"对齐"选项的下拉列表中选择"右对齐"选项，效果如图 15-27 所示。

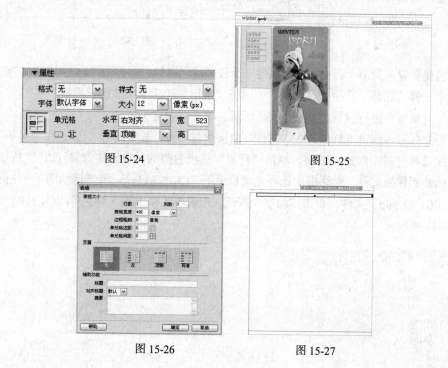

图 15-24　　　　　　　　　　　图 15-25

图 15-26　　　　　　　　　　　图 15-27

（2）将光标置入到第 1 列中，在"属性"面板中进行设置，如图 15-28 所示，将光盘目录下"Ch15 > clip > 滑雪运动网页 > images"文件夹中的"right.png"文件插入到第 3 列中，效果如图 15-29 所示。

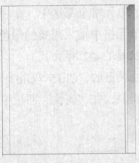

图 15-28　　　　　　　　　　　　图 15-29

（3）将第 2 列宽度设为"10"。将光标置入到第 1 列中，在"插入"面板"常用"选项卡中单击"表格"按钮，在弹出的"表格"对话框中进行设置，如图 15-30 所示，单击"确定"按钮，效果如图 15-31 所示。

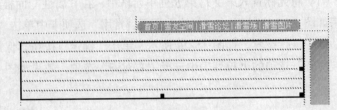

图 15-30　　　　　　　　　　　　　　图 15-31

（4）将光标置入到第 1 行中，在"属性"面板中将"高"选项设为"45"，在"垂直"选项的下拉列表中选择"底部"选项。在"插入"面板"常用"选项卡中单击"表格"按钮，在弹出的"表格"对话框中进行设置，如图 15-32 所示，单击"确定"按钮。

（5）将光标置入到第 1 列中，在"属性"面板中将"高"选项设为"19"，在"水平"选项的下拉列表中选择"居中对齐"选项，单击"背景"选项右侧的"单元格背景 URL"按钮，在弹出的"选择图像源文件"对话框中选择光盘目录下"Ch15 > clip > 滑雪运动网页 > images"文件夹中的"01_16.png"文件，单击"确定"按钮，在该单元格中输入绿色（#2C4D1F）文字，效果如图 15-33 所示。

图 15-32　　　　　　　　　　　　　　图 15-33

（6）将光标置入到第 2 列中，在"属性"面板中将"垂直"选项设为"右对齐"。将光盘目录下"Ch15 > clip > 滑雪运动网页 > images"文件夹中的"more.jpg"文件插入，效果如图 15-34 所示。用相同的方法，将"01_18.png"文件插入到主表格的第 2 行中，效果如图 15-35 所示。

图 15-34

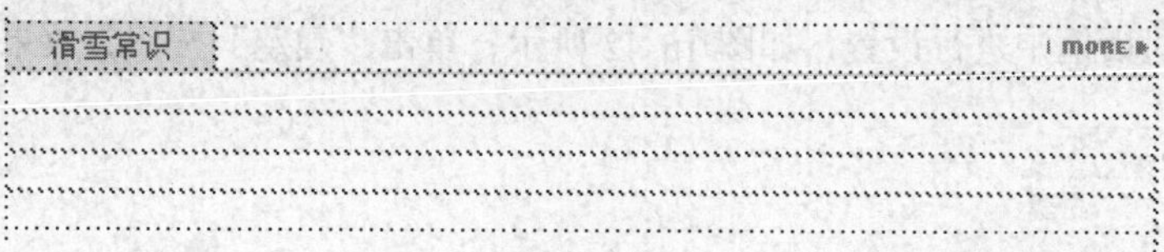

图 15-35

（7）将光标置入到第 3 行中，在"属性"面板中将"高"选项设为"125"，在第 3 行中输入需要的灰色（#858585）文字，如图 15-36 所示。将文字全部选中，单击"属性"面板中的"项目列表"按钮，效果如图 15-37 所示。

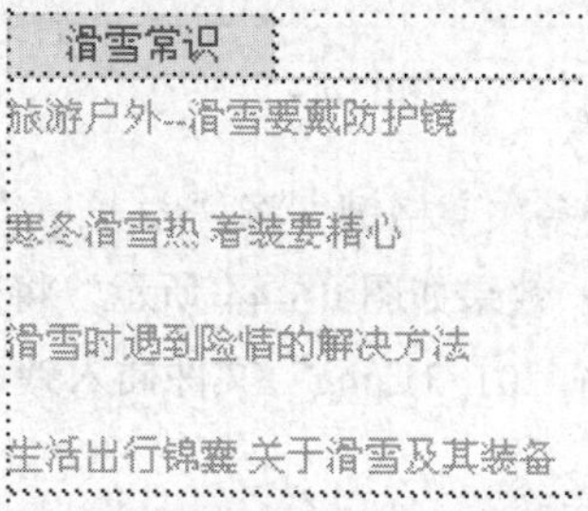

图 15-36

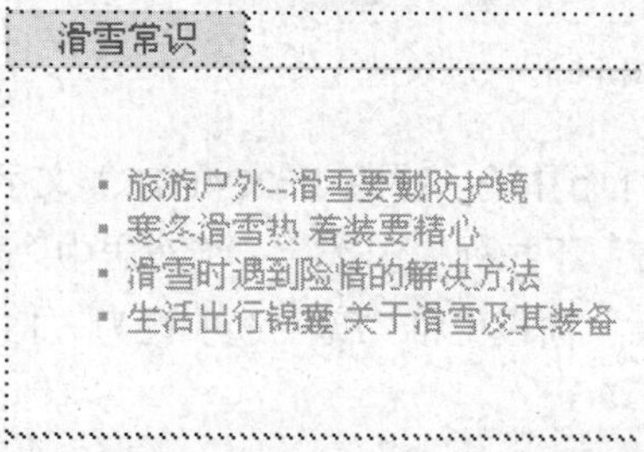

图 15-37

（8）将光标置入到文字的前面，如图 15-38 所示。将光盘目录下的"Ch15 > clip >滑雪运动网页> images"文件夹中的"tu1.jpg"文件插入，在"属性"面板中，将"垂直边距"选项设为"30"，在"对齐"选项的下拉列表中选择"右对齐"选项，效果如图 15-39 所示。

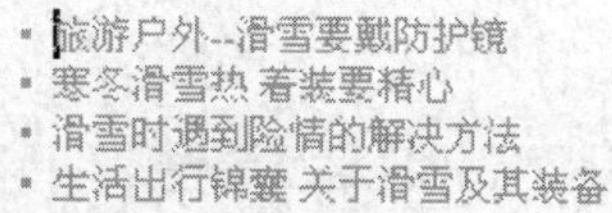

图 15-38

图 15-39

（9）将光标置入到第 4 行中，在"插入"面板"常用"选项卡中单击"表格"按钮，在弹出的"表格"对话框中进行设置，如图 15-40 所示，单击"确定"按钮，效果如图 15-41 所示。

图 15-40

图 15-41

（10）将光标置入到第 1 列中，在"插入"面板"常用"选项卡中单击"表格"按钮 ，在弹出的"表格"对话框中进行设置，如图 15-42 所示，单击"确定"按钮，效果如图 15-43 所示。

图 15-42

图 15-43

（11）在第 1 行中输入绿色（#2C4D1F）文字，按多次空格键，将"more.jpg"文件插入到该行中，在"对齐"下拉列表中选择"绝对居中"选项，效果如图 15-44 所示。将光标置入到第 2 行中，在"属性"面板中将"高"选项设为"15"，将"01_31.png"文件插入到该行中，效果如图 15-45 所示。

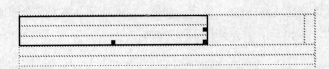

图 15-44

图 15-45

（12）将光标置入到第 3 行中，在"属性"面板的"水平"选项下拉列表中选择"居中对齐"选项。分别将"n01.png"、"n02.png"、"n03.png"、"n04.png"文件插入到该行中，并分别在"属性"面板中设置"垂直边距"和"水平边距"，效果如图 15-46 所示。在图像的下面分别输入绿色（#86AB51）文字，效果如图 15-47 所示。

图 15-46

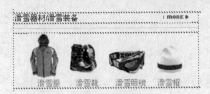

图 15-47

（13）将光标置入到右侧的第 2 列中，在"插入"面板"常用"选项卡中单击"表格"按钮，在弹出的"表格"对话框中进行设置，如图 15-48 所示，单击"确定"按钮，保持表格的选取状态，单击"背景图像"选项右侧的"浏览文件"按钮，在弹出的"选择图像源文件"对话框中选择光盘目录下"Ch15 > clip > 滑雪运动网页 > images"文件夹中的"02_03.png"文件，单击"确定"按钮，效果如图 15-49 所示。

图 15-48

图 15-49

（14）将第 1 行高度设为"28"，其他 3 行的高度设为"30"，效果如图 15-50 所示。分别在各行中输入绿色（#92B45A）文字，效果如图 15-51 所示。

（15）将光标置入到第 5 行中，在"属性"面板中将"高"选项设为"47"，效果如图 15-52所示。

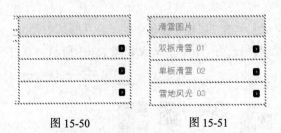

图 15-50　　　　　图 15-51

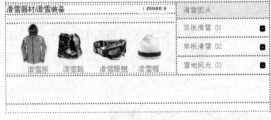

图 15-52

4．制作新闻和底部

（1）将光标置入到第 6 行中，在"插入"面板"常用"选项卡中单击"表格"按钮，在弹出的"表格"对话框中进行设置，如图 15-53 所示，单击"确定"按钮，效果如图 15-54 所示。

图 15-53

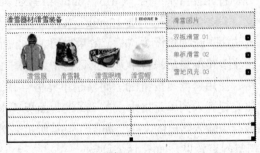

图 15-54

（2）在第 1 行第 1 列中输入绿色（#2C4D1F）文字，按多次空格键，将 "more.jpg" 文件插入到该行中，在 "对齐" 下拉列表中选择 "绝对居中" 选项，效果如图 15-55 所示。将光标置入到第 2 行第 1 列中，在 "属性" 面板中将 "高" 选项设为 "15"，将 "01_31.png" 文件插入到该行中，效果如图 15-56 所示。

图 15-55   图 15-56

（3）分别将 "tu2.jpg"、"tu3.png"、"tu4.png"、"tu5.png" 文件插入到第 3 行第 1 列中，并分别在 "属性" 面板中将 "垂直边距" 选项设为 "5"，"水平边距" 选项设为 "7"，效果如图 15-57 所示。

（4）在第 4 行第 1 列中输入灰色（#858585）文字，如图 15-58 所示。将文字全部选中，单击 "属性" 面板中的 "项目列表" 按钮，效果如图 15-59 所示。

图 15-57   图 15-58   图 15-59

（5）将右侧的单元格全部选中，如图 15-60 所示。单击 "属性" 面板中的 "合并所选单元格，使用跨度" 按钮，将所选单元格合并，将 "宽" 选项设为 "161"，效果如图 15-61 所示。

图 15-60   图 15-61

（6）分别将光盘目录下的 "Ch15 > clip >滑雪运动网页> images" 文件夹中的 "02_06.png"、"02_08.png"、"02_10.png"、"02_12.png" 文件插入到合并的单元格中，将第 2 张图像和第 4 张图像的 "垂直边距" 选项均设为 "6"，效果如图 15-62 所示。

（7）将主表格的最后一行单元格全部选中，如图 15-63 所示。单击 "属性" 面板中的 "合并所选单元格，使用跨度" 按钮，将所选单元格合并，将 "高" 选项设为 "168"。

（8）将光标置入到单元格中，在 "属性" 面板 "水平" 选项的下拉列表中选择 "居中对齐" 选项，在该行中输入需要的文字，如图 15-64 所示。滑雪运动网页效果制作完成，保存文档，按 F12 键，预览网页效果，如图 15-65 所示。

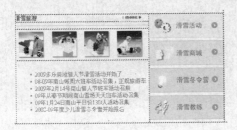

图 15-62

图 15-63

图 15-64

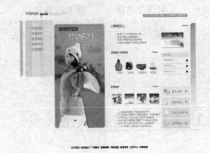

图 15-65

15.3　户外运动网页

15.3.1　案例分析

　　户外休闲运动已经成为人们娱乐、休闲和提升生活质量的一种新的生活方式。户外休闲运动中多数带有探险性，属于极限和亚极限运动。户外休闲运动可以拥抱自然，挑战自我，培养个人的毅力、团队之间的合作精神，提高野外生存能力。本例是为户外休闲运动俱乐部设计的网页界面。该网页主要的功能是宣传户外休闲运动，并不定期地组织网友活动。网页的设计要体现出户外休闲运动的挑战性和刺激性。

　　在设计制作过程中，采用了蓝天、白云、海水、风车、热气球等元素作为背景，表现出了自然的美丽和运动的魅力。导航栏放在页面的上方，爱好者可以方便地浏览户外休闲运动的各种出行方式和相关知识。中间位置工作箱栏目的透明设计，新颖独特，感觉更加贴近自然。中间的白色图形区域用于显示栏目的相关内容和信息。整个页面设计清新爽朗，颜色明快通透，使浏览者有种希望参与其中的冲动。

　　本例将使用图像按钮插入 LOGO，使用 CSS 样式命令改变文字的行距制作旅游常识效果，使用属性面板设置单元格的背景图像和单元格的属性，使用属性面板改设置文字的大小和颜色制作导航效果，使用背景图像和白色文字制作网页底部效果。

15.3.2　案例设计

　　本案例设计流程如图 15-66 所示。

制作导航

制作工具箱　　制作旅游常识

制作网页底部

最终效果

图 15-66

15.3.3　案例制作

1．制作导航部分

（1）选择"文件 > 新建"命令，新建空白文档。选择"文件 > 保存"命令，弹出"另存为"对话框。在"保存在"选项的下拉列表中选择当前站点目录保存路径，在"文件名"选项的文本框中输入"index"，单击"保存"按钮，返回网页编辑窗口。

（2）选择"修改 > 页面属性"命令，弹出"页面属性"对话框，在对话框中进行设置，如图 15-67 所示，单击"确定"按钮，在"插入"面板"常用"选项卡中单击"表格"按钮，在弹出的"表格"对话框中进行设置，如图 15-68 所示，单击"确定"按钮，保持表格的选取状态，在"属性"面板"对齐"选项的下拉列表中选择"居中对齐"选项，效果如图 15-69 所示。

图 15-67　　　　　　　　　　　　　　　　图 15-68

图 15-69

（3）单击"背景图像"选项右侧的"浏览文件"按钮，在弹出的"选择图像源文件"对话框中选择光盘目录下"Ch15 > clip > 户外运动网页 > images"文件夹中的"bg.jpg"文件，单击"确定"按钮，效果如图 15-70 所示。

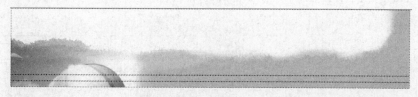

图 15-70

（4）将光标置入到第 1 行中，在"属性"面板"垂直"选项的下拉列表中选择"顶端"选项，将"高"选项设为"162"，表格效果如图 15-71 所示。

图 15-71

（5）在"插入"面板"常用"选项卡中单击"表格"按钮，在弹出的"表格"对话框中进行设置，如图 15-72 所示，单击"确定"按钮，保持表格的选取状态，在"属性"面板"对齐"选项的下拉列表中选择"居中对齐"选项，效果如图 15-73 所示。

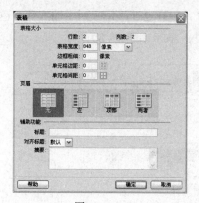

图 15-72

图 15-73

（6）将第 1 列所有单元格全部选中，单击"合并所选单元格，使用跨度"按钮，将所选单元格合并，在"属性"面板中，将"宽"选项设为"290"，效果如图 15-74 所示。将光标置入到合并的单元格中，在"插入"面板"常用"选项卡中单击"图像"按钮，在弹出的"选择图像源文件"对话框中选择光盘目录下"Ch15 > clip > 户外运动网页 > images"文件夹中的"01_06.jpg"文件，单击"确定"按钮，在"属性"面板中将"垂直边距"选项设为"9"，效果如图 15-75 所示。

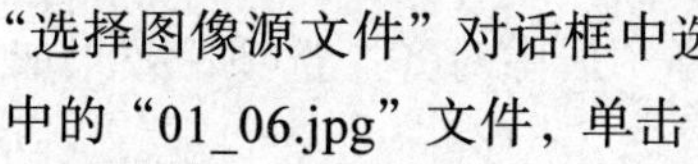

图 15-74

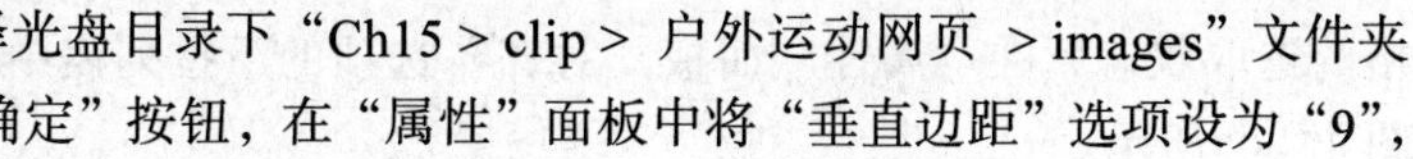

图 15-75

（7）将光标置入到第 1 行第 2 列中，在"属性"面板"垂直"选项下拉列表中选择"顶端"选项，将"高"选项设为"60"。在"插入"面板"常用"选项卡中单击"表格"按钮，在弹出的"表格"对话框中进行设置，如图 15-76 所示，单击"确定"按钮，保持表格的选取状态，在"属性"面板"对齐"选项的下拉列表中选择"右对齐"选项，效果如图 15-77 所示。

图 15-76

图 15-77

（8）将光标置入到表格中，在"属性"面板"水平"选项的下拉列表中选择"居中对齐"选项，将"高"选项设为"28"，单击"背景"选项右侧的"单元格背景 URL"按钮 ，在弹出的"选择图像源文件"对话框中选择光盘目录下"Ch15 > clip > 户外运动网页 > images"文件夹中的"01_03.jpg"文件，单击"确定"按钮，效果如图 15-78 所示。

（9）在该表格中输入需要的文字，效果如图 15-79 所示。在第 2 行第 2 列中输入深蓝色（#00536A）文字，并在"属性"面板中选择适当的字体和大小，效果如图 15-80 所示。

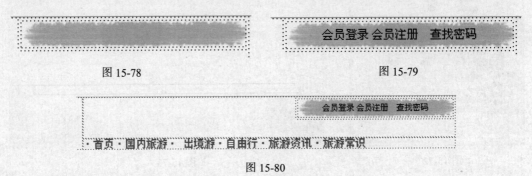

图 15-78

图 15-79

图 15-80

2．制作主体部分

（1）将光标置入到主表格的第 2 行中，在"插入"面板"常用"选项卡中单击"表格"按钮 ，在弹出的"表格"对话框中进行设置，如图 15-81 所示，单击"确定"按钮，保持表格的选取状态，在"属性"面板"对齐"选项的下拉列表中选择"居中对齐"选项，效果如图 15-82 所示。

图 15-81

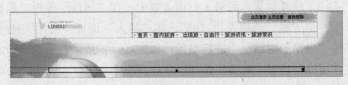

图 15-82

（2）将光标置入到第 1 列中，在"属性"面板"垂直"选项的下拉列表中选择"顶端"选项，将"宽"选项设为"162"，在"插入"面板"常用"选项卡中单击"表格"按钮，在弹出的"表格"对话框中进行设置，如图 15-83 所示，单击"确定"按钮，单击"背景图像"选项右侧的"浏览文件"按钮，在弹出的"选择图像源文件"对话框中选择光盘目录下"Ch15 > clip > 户外运动网页 > images"文件夹中的"03.png"文件，单击"确定"按钮，将光标置入到表格中，在"属性"面板"垂直"选项的下拉列表中选择"顶端"选项，将"高"选项设为"326"，效果如图 15-84 所示。

（3）在"插入"面板"常用"选项卡中单击"表格"按钮，在弹出的"表格"对话框中进行设置，如图 15-85 所示，单击"确定"按钮，保持表格的选取状态，在"属性"面板"对齐"选项的下拉列表中选择"右对齐"选项，效果如图 15-86 所示。

图 15-83

图 15-84

图 15-85

图 15-86

（4）将所有单元格全部选中，如图 15-87 所示。在"属性"面板"水平"选项的下拉列表中选择"右对齐"选项，将第 2 行的高度设置为"30"，第 3 行至第 6 行的高度设置为"20"，效果如图 15-88 所示。

（5）分别在单元格中输入需要的文字，并在"属性"面板中选择适当的字体和大小，效果如图 15-89 所示。将光盘目录下的"Ch15 > clip > 户外运动网页 > images"文件夹中的"022_03.jpg"文件插入到第 2 行中，效果如图 15-90 所示。

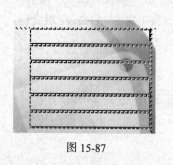
图 15-87

图 15-88

图 15-89

图 15-90

（6）将光标置入到文字"天气预报"的后面，将"022_07.jpg"文件插入，并在"属性"面板中将"水平边距"选项设为"5"，如图 15-91 所示。用相同的方法在其他文字的后面插入该图像，并设置相同的边距，效果如图 15-92 所示。

（7）将光标置到表格的前面，按 3 次 Shift+Enter 组合键，表格效果如图 15-93 所示。

图 15-91   图 15-92   图 15-93

（8）将光标置入到右侧第 2 列中，在"插入"面板"常用"选项卡中单击"表格"按钮，在弹出的"表格"对话框中进行设置，如图 15-94 所示，单击"确定"按钮，单击"属性"面板"背景图像"选项右侧的"浏览文件"按钮，在弹出的"选择图像源文件"对话框中选择光盘目录下"Ch15＞clip＞户外运动网页＞images"文件夹中的"01.png"文件，单击"确定"按钮，将光标置入到表格中，在"属性"面板中将"高"选项设为"466"，在"垂直"选项的下拉列表中选择"顶端"选项，效果如图 15-95 所示。

 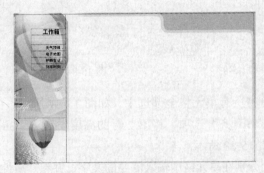

图 15-94   图 15-95

（9）在"插入"面板"常用"选项卡中单击"表格"按钮，在弹出的"表格"对话框中进行设置，如图 15-96 所示，单击"确定"按钮，保持表格的选取状态，在"属性"面板"对齐"选项的下拉列表中选择"居中对齐"选项，将光标置入到表格的前面，按 1 次 Shift+Enter 组合键，效果如图 15-97 所示。

 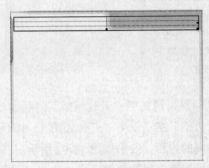

图 15-96   图 15-97

（10）将光标置入到第 1 行第 1 列中，在"属性"面板中将"宽"选项设为"295"，"高"选项设为"57"，单击"背景"选项右侧的"单元格背景 URL"按钮，在弹出的"选择图像源文件"对话框中选择光盘目录下"Ch15 > clip > 户外运动网页 > images"文件夹中的"04_03.jpg"文件，单击"确定"按钮，效果如图 15-98 所示。

（11）分别在第 1 行第 1 列和第 1 行第 2 列中输入黑色、白色和黄色（#FDC702）文字，并在"属性"面板中选择适当的字体和大小，单击"加粗"按钮 **B**，效果如图 15-99 所示。

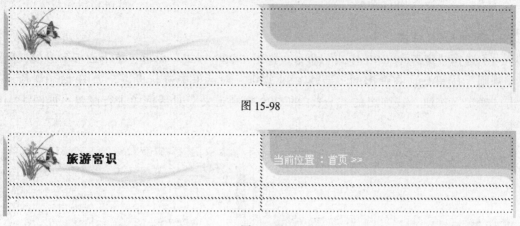

图 15-98

图 15-99

（12）将光盘目录下"Ch15 > clip > 户外运动网页 > images"文件夹中的"01_17.jpg"文件插入到文字"当前位置"的前面，在"属性"面板中，将"水平边距"选项设为"10"，效果如图 15-100 所示。

（13）将第 2 行单元格全部选中，单击"合并所选单元格，使用跨度"按钮，将所选单元格合并，将光标置入到合并的单元格中，在"属性"面板中，将"高"选项设为"260"，在"水平"选项的下拉列表中选择"居中对齐"选项，单击"背景"选项右侧的"单元格背景 URL"按钮，在弹出的"选择图像源文件"对话框中选择光盘目录下"Ch15 > clip > 户外运动网页 > images"文件夹中的"line.jpg"文件，单击"确定"按钮，效果如图 15-101 所示。

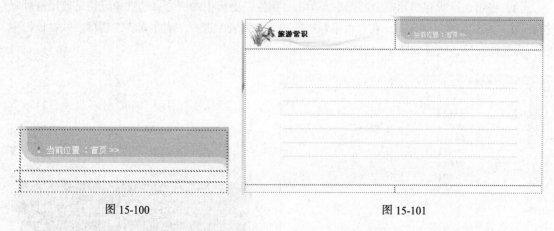

图 15-100

图 15-101

（14）在该行中输入需要的文字，如图 15-102 所示。将文字全部选中，单击"属性"面板中的"编号列表"按钮，效果如图 15-103 所示。

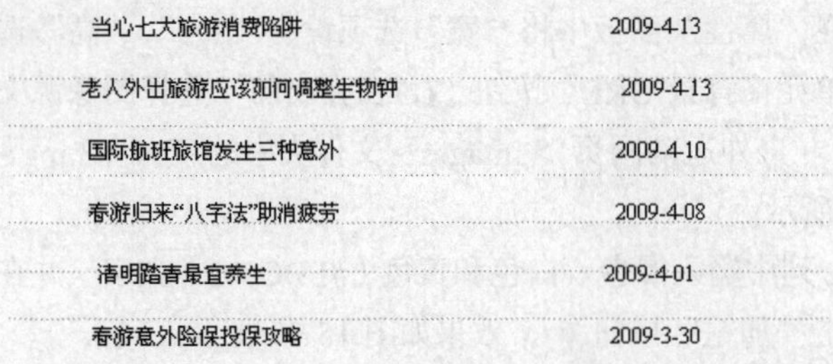

当心七大旅游消费陷阱 2009-4-13
老人外出旅游应该如何调整生物钟 2009-4-13
国际航班旅馆发生三种意外 2009-4-10
春游归来“八字法”助消疲劳 2009-4-08
清明踏青最宜养生 2009-4-01
春游意外险保投保攻略 2009-3-30

图 15-102

1. 当心七大旅游消费陷阱 2009-4-13
2. 老人外出旅游应该如何调整生物钟 2009-4-13
3. 国际航班旅馆发生三种意外 2009-4-10
4. 春游归来“八字法”助消疲劳 2009-4-08
5. 清明踏青最宜养生 2009-4-01
6. 春游意外险保投保攻略 2009-3-30

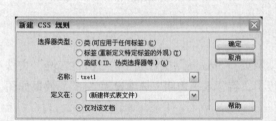

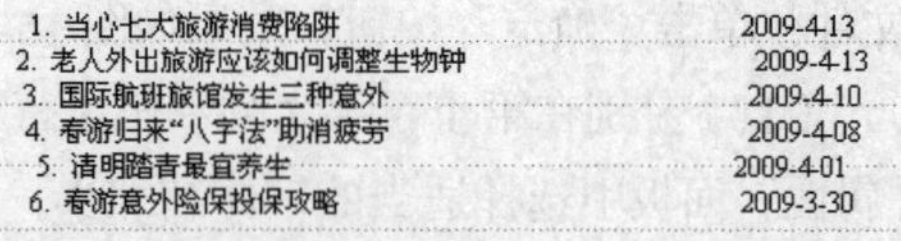

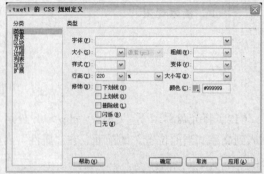

图 15-103

3. 添加 CSS 样式

（1）选择“窗口 >CSS 样式”命令，弹出“CSS 样式”面板，单击面板下方的“新建 CSS 规则”按钮，在弹出的“新建 CSS 规则”对话框中进行设置，如图 15-104 所示，单击“确定”按钮，在弹出的“.txet1 的 CSS 规则定义”对话框中进行设置，如图 15-105 所示。

新建 CSS 规则
选择器类型：类（可应用于任何标签）(C)
标签（重新定义特定标签的外观）(T)
高级（ID、伪类选择器等）(A)
名称：.txet1
定义在：(新建样式表文件)
仅对该文档
确定
取消
帮助

图 15-104

.txet1 的 CSS 规则定义
分类
类型
背景
区块
方框
边框
列表
定位
扩展
字体(F)：
大小(S)：
像素(px)
粗细(W)：
样式(T)：
变体(V)：
行高(I)：220
%
大小写(E)：
修饰(D)：
下划线(U)
上划线(O)
删除线(L)
闪烁(B)
无(N)
颜色(C)：#999999
帮助(H)
确定
取消
应用(A)

图 15-105

（2）在左侧的“分类”列表中选择“区块”选项，在右侧的对话框中进行设置，如图 15-106 所示，单击“确定”按钮。选中文字，如图 15-107 所示。在“属性”面板“样式”选项的列表中选择“txet1”，应用样式，效果如图 15-108 所示。

（3）将第 3 行所有单元格全部选中，单击“属性”面板中的“合并所选单元格，使用跨度”按钮，将所选单元格合并，在“水平”选项的下拉列表中选择“居中对齐”选项。并在该行中输入需要的文字，效果如图 15-109 所示。

.txet1 的 CSS 规则定义
分类
类型
背景
区块
方框
边框
列表
定位
扩展
区块
单词间距(S)：
字体高(em)
字母间距(L)：1
像素(px)
垂直对齐(V)：
%
文本对齐(T)：
文字缩进(I)：
像素(px)
空格(W)：
显示(D)：
帮助(H)
确定
取消
应用(A)

图 15-106

1. 当心七大旅游消费陷阱 2009-4-13
2. 老人外出旅游应该如何调整生物钟 2009-4-13
3. 国际航班旅馆发生三种意外 2009-4-10
4. 春游归来“八字法”助消疲劳 2009-4-08
5. 清明踏青最宜养生 2009-4-01
6. 春游意外险保投保攻略 2009-3-30

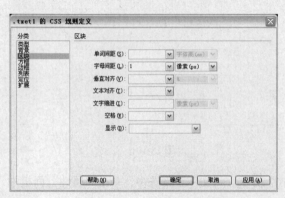

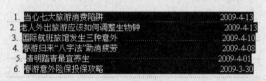

图 15-107

图 15-108　　　　　　　　　　　　　　　　图 15-109

（4）将文字选中，在“属性”面板“样式”选项的列表中选择“txet1”，应用样式，选中数字“[1]”，在“属性”面板中将颜色设为橘黄色（#FF6600），效果如图 15-110 所示。

（5）将光标置入到文字“上一页”的前面，将光盘目录下的“Ch15 > clip > 户外运动网页 > images”文件夹中的“01_23.jpg”文件插入，在“属性”面板中，将“水平边距”选项设为“5”，用相同的方法，将“01_25.jpg”文件插入到文字“下一页”的后面，并设置相同的边距，效果如图 15-111 所示。

图 15-110　　　　　　　　　　　　　　　图 15-111

（6）将光标置入到主表格的最后一行中，在“属性”面板“水平”选项的下拉列表中选择“右对齐”选项，“高”选项设为“92”，单击“背景”选项右侧的“单元格背景 URL”按钮，将光盘目录下的“Ch15 > clip > 户外运动网页 > images”文件夹中的“01_29.jpg”文件设为该行的背景，效果如图 15-112 所示。

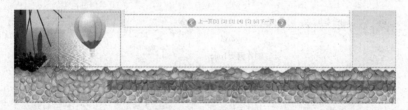

图 15-112

（7）在该行中输入需要的白色文字，效果如图 15-113 所示。户外运动网页效果制作完成，保存文档，按 F12 键预览网页效果，如图 15-114 所示。

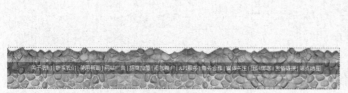

图 15-113

图 15-114

201

15.4 瑜伽休闲网页

15.4.1 案例分析

瑜伽运用了一个古老而易于掌握的方法来提高人们生理、心理、情感和精神方面的能力，是一种达到身体、心灵与精神和谐统一的运动形式。本例是为瑜伽休闲健身俱乐部设计制作的网页，本俱乐部主要针对的客户是热衷于健身、减肥、减压，改变亚健康状态的人群。网页设计上希望能体现出瑜伽运动的健康与活力。

在设计制作过程上，整个页面以清新淡雅的粉色为基调，表现出恬静、舒爽的氛围。清晰明确的导航栏被设计成透明水晶质感，体现出瑜伽这项古老运动的现代气息，令浏览者的视觉和身心感受到健康自然的安定。飘落的花瓣与正在练习瑜伽的卡通人物的摆放，体现出在练习瑜伽时的优美空间与环境。右侧的内容区域对俱乐部的活动和安排进行了详细的介绍。整个页面的设计充分体现出了瑜伽运动心灵与精神的和谐统一。

本例将使用 Tab 键增加表格的行数，使用属性面板改变单元格的属性制作网页 LOGO 效果，使用背景图像和居中命令制作导航条效果，使用背景颜色命令改变单元格的背景色，使用图像按钮插入主体人物效果。

15.4.2 案例设计

本案例设计流程如图 15-115 所示。

添加矢量图形　　制作网页底部　　　　　最终效果

图 15-115

15.4.3 案例制作

1. 制作导航部分

（1）选择"文件 > 新建"命令，新建空白文档。选择"文件 > 保存"命令，弹出"另存为"对话框。在"保存在"选项的下拉列表中选择当前站点目录保存路径，在"文件名"选项的文本框中输入"index"，单击"保存"按钮，返回网页编辑窗口。

（2）选择"修改 > 页面属性"命令，弹出"页面属性"对话框，在对话框中进行设置，如图 15-116 所示，单击"确定"按钮，在"插入"面板"常用"选项卡中单击"表格"按钮▦，在弹出的"表格"对话框中进行设置，如图 15-117 所示，单击"确定"按钮，保持表格的选取状态，在"属性"面板"对齐"选项的下拉列表中选择"居中对齐"选项，效果如图 15-118 所示。

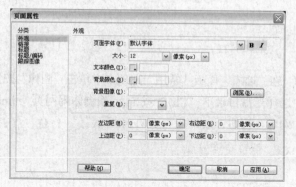

图 15-116

图 15-117

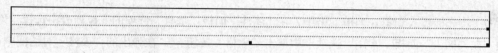

图 15-118

（3）将光标置入到第 1 行中，在"属性"面板中进行设置，如图 15-119 所示，单击"背景"选项右侧的"单元格背景 URL"按钮▭，在弹出的"选择图像源文件"对话框中选择光盘目录下"Ch15 > clip >瑜伽休闲网页> images"文件夹中的"01_05.jpg"文件，单击"确定"按钮，效果如图 15-120 所示。

图 15-119

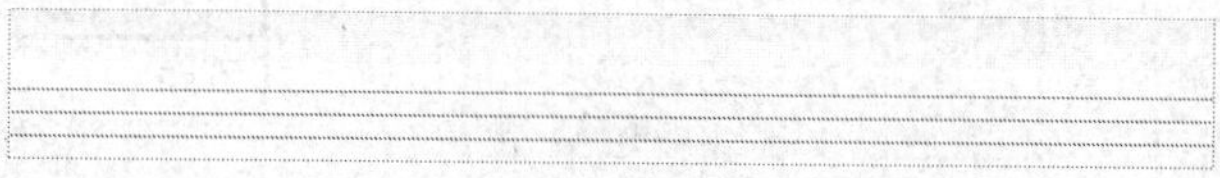

图 15-120

（4）在"插入"面板"常用"选项卡中单击"表格"按钮▦，在弹出的"表格"对话框中进行设置，如图 15-121 所示，单击"确定"按钮，效果如图 15-122 所示。

图 15-121

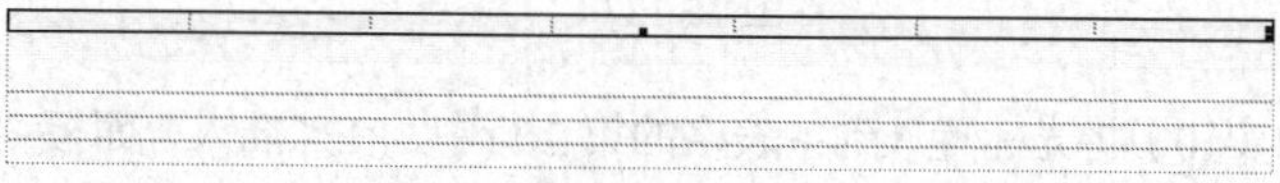

图 15-122

（5）将第 1 列单元格宽度设为 "34"，高度设为 "66"；将第 2 列单元格宽设为 "212"，背景颜色设为白色；第 3 列单元格宽度为 "33"；第 4 列单元格宽度为 "78"；第 5 列单元格宽度设为 "372"；第 6 列单元格宽度设为 "222"；第 7 列单元格宽度设为 "73"，效果如图 15-123 所示。

图 15-123

（6）将光标置入到第 4 列单元格中，在 "插入" 面板 "常用" 选项卡中单击 "图像" 按钮，在弹出的 "选择图像源文件" 对话框中选择光盘目录下 "Ch15＞clip＞瑜伽休闲网页＞images" 文件夹中的 "01_07.jpg" 文件，单击 "确定" 按钮，效果如图 15-124 所示。

图 15-124

（7）将光标置入到第 6 列单元格中，在 "属性" 面板 "垂直" 选项的下拉列表中选择 "顶端" 选项，在 "插入" 面板 "常用" 选项卡中单击 "表格" 按钮，在弹出的 "表格" 对话框中进行设置，如图 15-125 所示，单击 "确定" 按钮，效果如图 15-126 所示。

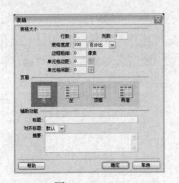

图 15-125

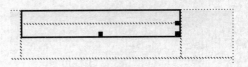

图 15-126

（8）将光标置入到第 1 行中，在 "属性" 面板 "水平" 选项的下拉列表中选择 "居中对齐" 选项，将 "高" 选项设为 "19"，单击 "背景" 选项右侧的 "单元格背景 URL" 按钮，在弹出的 "选择图像源文件" 对话框中选择光盘目录下 "Ch15＞clip＞瑜伽休闲网页＞images" 文件夹中的 "01_04.jpg" 文件，单击 "确定" 按钮，效果如图 15-127 所示。

（9）在该行中输入白色文字，效果如图 15-128 所示。

图 15-127   图 15-128

（10）将光标置入到主表格的第 2 行中，在 "插入" 面板 "常用" 选项卡中单击 "表格" 按钮，在弹出的 "表格" 对话框中进行设置，如图 15-129 所示，单击 "确定" 按钮，效果如图 15-130 所示。

图 15-129

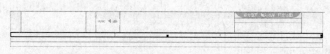

图 15-130

（11）保持表格的选取状态，单击"背景图像"选项右侧的"浏览文件"按钮，在弹出的"选择图像源文件"对话框中选择光盘目录下"Ch15 > clip > 瑜伽休闲网页 > images"文件夹中的"01_15.jpg"文件，单击"确定"按钮，将光标置入到第 2 列单元格中，在"属性"面板中将"高"选项设为"37"，背景颜色设为白色，效果如图 15-131 所示。

图 15-131

（12）将第 1 列单元格宽度设为"34"，第 2 列单元格宽度设为"212"，在"属性"面板"水平"选项的下拉列表中选择"居中对齐"选项；将光标置入到第 3 列中，在"属性"面板"水平"选项的下拉列表中选择"居中对齐"选项，效果如图 15-132 所示。

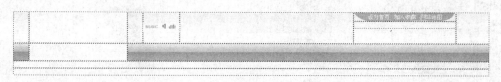

图 15-132

（13）将光盘目录下"Ch15 > clip > 瑜伽休闲网页 > images"文件夹中的"01_12.jpg"文件插入到第 2 列单元格中，在第 3 列中输入需要的白色文字，并在"属性"面板中选择适当的字体和大小，效果如图 15-133 所示。

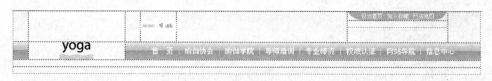

图 15-133

2．制作主体部分

（1）将光标置入到第 3 行中，在"属性"面板中将"高"选项设为"49"，效果如图 15-134所示。将光标置入到第 4 行中，按两次 Tab 键，增加两行单元格，效果如图 15-135 所示。

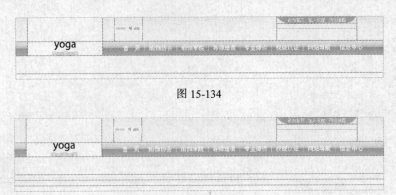

图 15-134

图 15-135

（2）将光标置入到第 4 行中，在"插入"面板"常用"选项卡中单击"表格"按钮，在弹出的"表格"对话框中进行设置，如图 15-136 所示，单击"确定"按钮。将光盘目录下的"Ch15 > clip > 瑜伽休闲网页 > images"文件夹中的"n1_02.jpg"文件插入到第 1 列单元格中，效果如图 15-137 所示。

（3）将光标置入到第 2 列单元格中，在"属性"面板"垂直"选项的下拉列表中选择"底部"选项，将"宽"选项设为"541"，单击"背景"选项右侧的"单元格背景 URL"按钮，在弹出的"选择图像源文件"对话框中选择光盘目录下"Ch15 > clip > 瑜伽休闲网页 > images"文件夹中的"n1_03.jpg"文件，单击"确定"按钮，效果如图 15-138 所示。

图 15-136

图 15-137

图 15-138

（4）在"插入"面板"常用"选项卡中单击"表格"按钮，在弹出的"表格"对话框中进行设置，如图 15-139 所示，单击"确定"按钮，效果如图 15-140 所示。

图 15-139

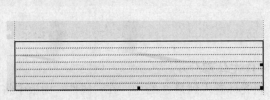

图 15-140

（5）将光标置入到第 1 行中，将光盘目录下的"Ch15 > clip > 瑜伽休闲网页 > images"文件夹中的"04_03.jpg"文件插入，在"属性"面板"对齐"选项的下拉列表中选择"绝对居中"选项，效果如图 15-141 所示。在图像的右侧输入粉红色（#F6507E）文字，效果如图15-142 所示。

（6）将光标置入到第 2 行中，在"属性"面板中将"高"选项设为"72"，效果如图 15-143 所示。

图 15-141　　　　　　　　　　　图 15-142　　　　　　　　　　　图 15-143

（7）将光标置入到第 3 行中，在"插入"面板"常用"选项卡中单击"表格"按钮，在弹出的"表格"对话框中进行设置，如图 15-144 所示，单击"确定"按钮，效果如图 15-145 所示。将光标置入到表格中，在"属性"面板中将"高"选项设为"37"，单击"背景"选项右侧的"单元格背景 URL"按钮，在弹出的"选择图像源文件"对话框中选择光盘目录下"Ch15 > clip > 瑜伽休闲网页 > images"文件夹中的"01_21.jpg"文件，单击"确定"按钮，效果如图 15-146 所示。

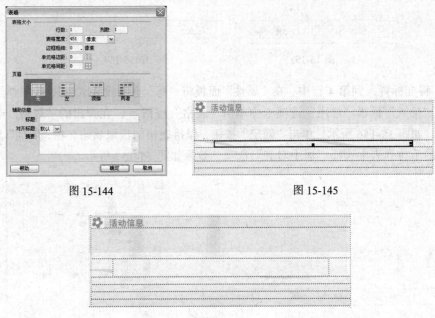

图 15-144　　　　　　　　　　　　　　　图 15-145

图 15-146

（8）单击"插入"面板"表单"选项卡中的"表单"按钮，插入表单，如图 15-147 所示。按多次空格键，单击"插入"面板"表单"选项卡中的"列表/菜单"按钮，插入列表菜单，效果如图 15-148 所示。单击"属性"面板中的"列表值"按钮，在弹出的"列表值"对话框中进行设置，如图 15-149 所示，单击"确定"按钮，效果如图 15-150 所示。

图 15-147　　　　　　　　　　　　　　　图 15-148

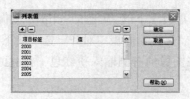

图 15-149   图 15-150

（9）按多次空格键，单击"插入"面板"表单"选项卡中的"列表/菜单"按钮，插入列表菜单，效果如图 15-151 所示。单击"属性"面板中的"列表值"按钮，在弹出的"列表值"对话框中进行设置，如图 15-152 所示，单击"确定"按钮，效果如图 15-153 所示。

（10）单击"插入"面板"表单"选项卡中的"按钮"，插入"提交"按钮，在"属性"面板"值"选项的文本框中输入"搜索"，效果如图 15-154 所示。

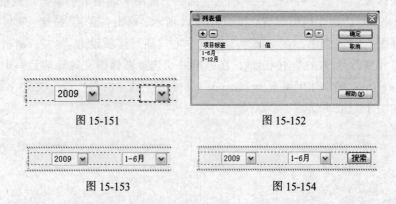

图 15-151   图 15-152

图 15-153   图 15-154

（11）将光标置入到第 4 行中，在"属性"面板将"高"选项设为"62"，效果如图 15-155 所示。在"插入"面板"常用"选项卡中单击"表格"按钮，在弹出的"表格"对话框中进行设置，如图 15-156 所示，单击"确定"按钮，保持表格的选取状态，在"属性"面板"对齐"选项的下拉列表中选择"居中对齐"选项，效果如图 15-157 所示。

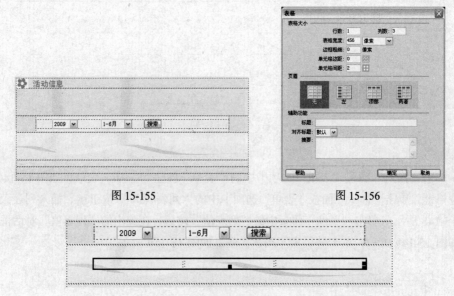

图 15-155   图 15-156

图 15-157

（12）将第 1 列单元格宽度设为"76"，高度设为"22"；将第 2 列单元格宽度设为"294"，第 3 列单元格宽度设为"76"，将 3 列单元格同时选中，在"属性"面板"水平"选项的下拉列表中选择"居中对齐"选项，效果如图 15-158 所示。

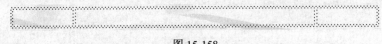

图 15-158

（13）将"01_25.jpg"文件设为第 1 列和第 3 列的背景图像；将"01_27.jpg"文件设为第 2 列的背景图像，效果如图 15-159 所示。分别在单元格中输入粉红色（#F6507E）和白色文字，效果如图 15-160 所示。

图 15-159

图 15-160

（14）将光标置入到第 5 行中，在"属性"面板中将"高"选项设为"174"。在"插入"面板"常用"选项卡中单击"表格"按钮 ，在弹出的"表格"对话框中进行设置，如图 15-161 所示，单击"确定"按钮，保持表格的选取状态，在"属性"面板"对齐"选项的下拉列表中选择"居中对齐"选项，效果如图 15-162 所示。

图 15-161

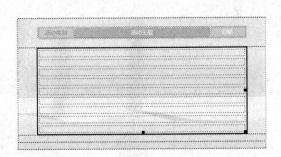

图 15-162

（15）将光盘目录下"Ch15 > clip > 瑜伽休闲网页 > images"文件夹中的"line.jpg"文件分别插入到第 2 行、第 4 行、第 6 行和第 8 行中，效果如图 15-163 所示。分别在第 1 行、第 3 行、第 5 行、第 7 行和第 9 行中输入需要的文字，效果如图 15-164 所示。

图 15-163

会员活动	舞动中国ZUMBA公开课	2009-04-01
会员活动	顶级瑜伽大师9月驻店指导	2009-04-01
会员活动	"呻"你真屌！	2009-04-01
会员活动	未有瑜伽课程，首次登录本地	2009-04-01
会员活动	瑜伽协会会长李林亲临	2009-04-01

图 15-164

（16）将光标置入到主表格的第 6 行中，在"属性"面板中将"高"选项设为"101"。将光标置入到第 7 行中，在"属性"面板中将"高"选项设为"109"，效果如图 15-165 所示。在"插入"面板"常用"选项卡中单击"表格"按钮 ，在弹出的"表格"对话框中进行设置，如图 15-166 所示，单击"确定"按钮，效果如图 15-167 所示。

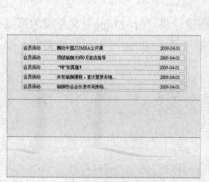

图 15-165

图 15-166

图 15-167

（17）分别将"s-line.gif"文件插入到第 2 列、第 4 列、第 6 列和第 8 列中，效果如图 15-168 所示。将光标置入到第 1 列中，在"属性"面板"水平"选项的下拉列表中选择"居中对齐"选项，将"01.gif"文件插入到该单元格，在"属性"面板中，将"垂直边距"选项设为"5"，"水平边距"选项设为"20"，将光标置于图像的右侧，按 Shift+Enter 组合键，输入需要的文字，效果如图 15-169 所示。

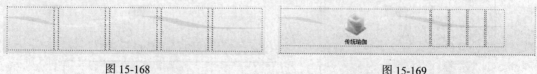

图 15-168　　　　　　　　　　　　　　　　　图 15-169

（18）用相同的方法，在其他单元格中插入图像并输入需要的文字，效果如图 15-170 所示。

图 15-170

3. 制作底部部分

（1）将光标置入主表格的第 5 行中，在"插入"面板"常用"选项卡中单击"表格"按钮 ，在弹出的"表格"对话框中进行设置，如图 15-171 所示，单击"确定"按钮。将光盘目录下的"Ch15 > clip >瑜伽休闲网页> images"文件夹中的"n1_04.jpg"文件插入到第 1 列单元格中，效果如图 15-172 所示。

图 15-171

图 15-172

（2）将光标置入第 2 列单元格中，在"属性"面板中将"宽"选项设为"651"，"背景颜色"选项设为粉色（#F9EBEB），效果如图 15-173 所示。在该单元格中输入需要的文字，效果如图 15-174 所示。

图 15-173

图 15-174

（3）将光盘目录下的"Ch15 > clip >瑜伽休闲网页> images"文件夹中的"n1_06.jpg"文件插入到最后一行中，效果如图 15-175 所示。

（4）瑜伽休闲网页效果制作完成，保存文档，按 F12 键预览网页效果，如图 15-176 所示。

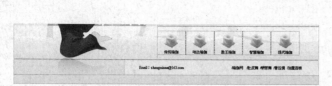

图 15-175

图 15-176

15.5　旅游度假网页

15.5.1　案例分析

旅游度假已经成为现代人生活休闲的重要部分。在忙碌的工作过后，人们都会选择到旅游度假村去放松心情、享受假期。本例是为度假村设计制作的宣传网页。"旅游度假网页"是一个景点类网站，着重介绍关于度假村的相关信息，如酒店预订、餐饮特色、交通状况、休闲设施服务等。通过对各个栏目图文并茂的介绍，使旅游度假网站得到最佳的宣传效果。在设计上要表现出度假村特有的风光和良好的服务。

在设计制作过程中，使用度假村自然美丽的写实照片作为背景，充分表现出度假村的自然风光和独特建筑形式。导航栏的内容结构清晰明确，设计上采用透明质感的装饰图形，感觉更加亲近自然。下方的内容区域设计新颖独特，通过对图片和文字的巧妙编排，体现出了度假村的良好设施和服务。整个页面设计表现出了休闲时光的惬意和享受。

本例将使用表格布局网页，使用属性面板设置图像的边距，使用<marquee>语言制作滚动式消息效果，使用 CSS 样式命令为表格制作灰色边线效果，使用水平线命令插入水平线制作分割效果，使用输入文字制作休闲设施说明效果。

15.5.2 案例设计

本案例设计流程如图 15-177 所示。

图 15-177

15.5.3 案例制作

1．制作导航部分

（1）选择"文件 > 新建"命令，新建空白文档。选择"文件 > 保存"命令，弹出"另存为"对话框。在"保存在"选项的下拉列表中选择当前站点目录保存路径，在"文件名"选项的文本框中输入"index"，单击"保存"按钮，返回网页编辑窗口。

（2）选择"修改 > 页面属性"命令，弹出"页面属性"对话框，在对话框中进行设置，如图 15-178 所示，单击"确定"按钮，在"插入"面板"常用"选项卡中单击"表格"按钮 ，在弹出的"表格"对话框中进行设置，如图 15-179 所示，单击"确定"按钮，保持表格的选取状态，在"属性"面板"对齐"选项的下拉列表中选择"居中对齐"选项。

（3）单击"背景图像"选项右侧的"浏览文件"按钮 ，在弹出的"选择图像源文件"对话框中选择光盘目录下"Ch15 > clip > 旅游度假网页 > images"文件夹中的"bg.jpg"文件，单击

"确定"按钮，将光标置入到表格中，在"属性"面板中进行设置，如图 15-180 所示，表格效果如图 15-181 所示。

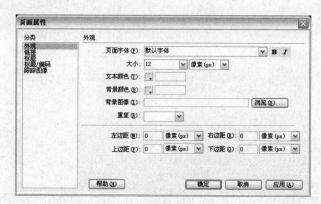

图 15-178

图 15-179

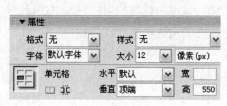

图 15-180

图 15-181

（4）在"插入"面板"常用"选项卡中单击"表格"按钮 ▦，在弹出的"表格"对话框中进行设置，如图 15-182 所示，单击"确定"按钮，效果如图 15-183 所示。

图 15-182

图 15-183

（5）将表格的第 1 列单元格宽度设为"193"，第 2 列单元格宽度设为"549"，第 3 列单元格宽度设为"58"，效果如图 15-184 所示。

图 15-184

（6）将光标置入到第 2 列单元格中，在"插入"面板"常用"选项卡中单击"表格"按钮，在弹出的"表格"对话框中进行设置，如图 15-185 所示，单击"确定"按钮，效果如图 15-186 所示。

图 15-185

图 15-186

（7）将光标置入到第 1 行中，在"属性"面板中将"高"选项设为"16"。将光标置入到第 2 行中，在"属性"面板中将"高"选项设为"35"，在"水平"选项的下拉列表中选择"居中对齐"选项，如图 15-187 所示。单击"背景"选项右侧的"单元格背景 URL"按钮，在弹出的"选择图像源文件"对话框中选择光盘目录下"Ch15 > clip > 旅游度假网页 > images"文件夹中的"dh.jpg"文件，单击"确定"按钮，效果如图 15-188 所示。

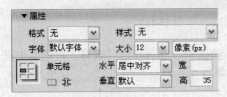

图 15-187

图 15-188

（8）在该行中输入需要的文字和符号，效果如图 15-189 所示。

图 15-189

2．制作主体部分

（1）将光标置入到第 3 行中，在"属性"面板中将"高"选项设为"45"，效果如图 15-190 所示。

（2）将光标置入到第 4 行中，在"属性"面板中将"高"选项设为"373"，单击"背景"选项右侧的"单元格背景 URL"按钮，在弹出的"选择图像源文件"对话框中选择光盘目录下"Ch15 > clip > 旅游度假网页 > images"文件夹中的"b01.jpg"文件，单击"确定"按钮，效果如图 15-191 所示。

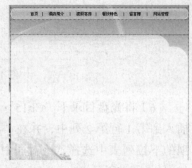

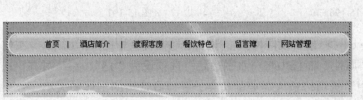

图 15-190　　　　　　　　　　　　　　　　　图 15-191

（3）在"插入"面板"常用"选项卡中单击"表格"按钮 ，在弹出的"表格"对话框中进行设置，如图 15-192 所示，单击"确定"按钮，效果如图 15-193 所示。

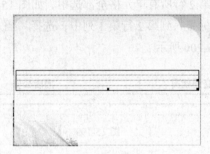

图 15-192　　　　　　　　　　　　　　　图 15-193

（4）将光标置入到第 1 行中，在"插入"面板"常用"选项卡中单击"表格"按钮 ，在弹出的"表格"对话框中进行设置，如图 15-194 所示，单击"确定"按钮，效果如图 15-195 所示。

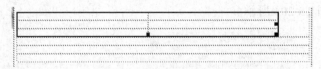

图 15-194　　　　　　　　　　　　　图 15-195

（5）将光标置入到第 1 行第 1 列中，在"插入"面板"常用"选项卡中单击"图像"按钮 ，在弹出的"选择图像源文件"对话框中选择光盘目录下"Ch15 > clip >旅游度假网页> images"文件夹中的"n_01.jpg"文件，单击"确定"按钮，在"属性"面板中将"水平边距"选项设为"15"，在"对齐"选项的下拉列表中选择"绝对居中"选项，效果如图 15-196 所示。在图像的右侧输入需要的文字，并在"属性"面板中选择适当的字体和大小，效果如图 15-197 所示。

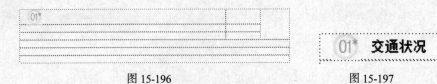

图 15-196   图 15-197

（6）将光盘目录下"Ch15 > clip > 旅游度假网页 > images"文件夹中的"n_02.jpg"文件插入到第 1 行第 2 列中，并在"属性"面板中将"水平边距"选项设为"15"，在"对齐"选项的下拉列表中选择"绝对居中"选项，输入需要的文字，并设置适当的字体和大小，效果如图 15-198 所示。

图 15-198

（7）将第 2 行所有单元格全部选中，如图 15-199 所示。在"属性"面板中将"高"选项设为"10"。将光标置入到第 2 行第 1 列中，选择"插入记录 > HTML > 水平线"命令，插入水平线，效果如图 15-200 所示。

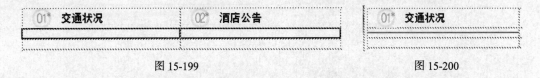

图 15-199   图 15-200

（8）在"属性"面板中将"宽"选项设为"170"，水平线效果如图 15-201 所示。复制水平线，将其粘贴到第 2 行第 2 列的单元格中，效果如图 15-202 所示。

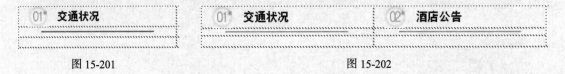

图 15-201   图 15-202

（9）将光标置入到第 3 行第 1 列中，在"插入"面板"常用"选项卡中单击"表格"按钮 ，在弹出的"表格"对话框中进行设置，如图 15-203 所示，单击"确定"按钮，效果如图 15-204 所示。

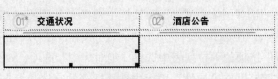

图 15-203   图 15-204

（10）在表格中输入需要的文字，效果如图 15-205 所示。用相同的方法在第 2 行第 2 列中插入相同的表格并输入需要的文字，制作出如图 15-206 所示的效果。

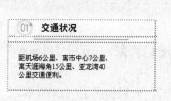

图 15-205

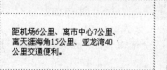

图 15-206

3. 制作滚动式文字

（1）在"代码"视图中将光标置入到"酒店在……"的前面，如图 15-207 所示，在其前面输入左尖括号"<"，显示标签列表，在列表中选择"marquee"标签，如图 15-208 所示。

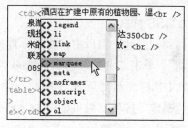

图 15-207　　　　　　　　　　　　　　　　图 15-208

（2）双击鼠标，将标签插入，按一次空格键，标签列表中出现了该标签的属性参数，在其中选择属性"behavior"，如图 15-209 所示。插入属性后，在双引号内弹出下拉列表，有 3 个参数，如图 15-210 所示。

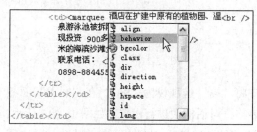

图 15-209

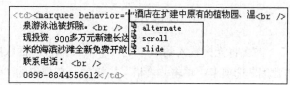

图 15-210

（3）选择"scroll"属性，按一次空格键，在出现的列表框中选择"direction"参数，如图 15-211所示。插入属性后，在双引号内弹出下拉列表，有 4 个参数，如图 15-212 所示。

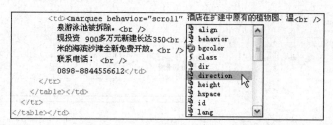

图 15-211

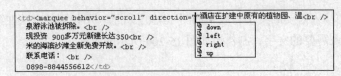

图 15-212

（4）选择"up"属性，按一次空格键，在列表框中选择"height"参数，在双引号内输入"100"，如图 15-213 所示。

（5）在数字"……612"后面输入左尖括号"<"和符号"/"，效果如图 15-214 所示。

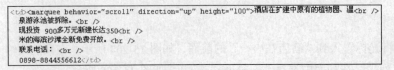

图 15-213   图 15-214

4．添加 CSS 样式

（1）返回到"设计"窗口中，将光标置入到主表格的第 2 行中，在"属性"面板中将"高"选项设为"48"，单击"背景"选项右侧的"单元格背景 URL"按钮，在弹出的"选择图像源文件"对话框中选择光盘目录下"Ch15 > clip > 旅游度假网页 > images"文件夹中的"02_16.jpg"文件，单击"确定"按钮，效果如图 15-215 所示。

（2）在该行中输入需要的文字，并在"属性"面板中选择适当的字体和大小，效果如图 15-216 所示。

图 15-215   图 15-216

（3）将光标置入到第 3 行中，在"属性"面板中将"高"选项设为"90"，在"插入"面板"常用"选项卡中单击"表格"按钮，在弹出的"表格"对话框中进行设置，如图 15-217 所示，单击"确定"按钮，保持表格的选取状态，在"属性"面板"对齐"选项的下拉列表中选择"居中对齐"选项，效果如图 15-218 所示。

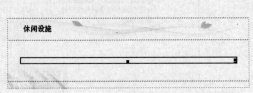

图 15-217   图 15-218

（4）选择"窗口 > CSS 样式"命令，弹出"CSS 样式"面板，单击面板下方的"新建 CSS 规则"按钮 ，在弹出的"新建 CSS 规则"对话框中进行设置，如图 15-219 所示，单击"确定"按钮，在弹出的".a 的 CSS 规则定义"对话框中进行设置，如图 15-220 所示。

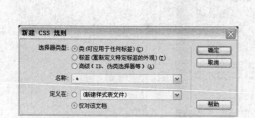

图 15-219   图 15-220

（5）单击"确定"按钮，选中刚插入的表格，在"属性"面板"类"选项的下拉列表中选择"a"选项，应用样式，效果如图 15-221 所示。

（6）分别将光盘目录下"Ch15 > clip > 旅游度假网页 > images"文件夹中的"01.jpg"、"02.jpg"、"03.jpg"、"04.jpg"、"05.jpg"文件插入到表格中，并在"属性"面板中将"垂直边距"和"水平边距"选项分别设为"4"、"9"，效果如图 15-222 所示。

图 15-221   图 15-222

（7）将光标置入到主表格的第 4 行中，在"插入"面板"常用"选项卡中单击"表格"按钮 ，在弹出的"表格"对话框中进行设置，如图 15-223 所示，单击"确定"按钮，保持表格的选取状态，在"属性"面板"对齐"选项的下拉列表中选择"居中对齐"选项，效果如图 15-224 所示。

图 15-223   图 15-224

（8）将表格的单元格全部选中，如图 15-225 所示，在"属性"面板"水平"选项的下拉列表中选择"居中对齐"选项，分别在各单元格中输入需要的文字，效果如图 15-226 所示。

图 15-225

图 15-226

（9）旅游度假网页效果制作完成，保存文档，按 F12 键预览网页效果，如图 15-227 所示。

图 15-227

课堂练习——休闲生活网页

【练习知识要点】使用鼠标经过图像按钮制作导航效果，使用图像按钮插入图像布局页面效果，使用椭圆形热点工具制作热点链接效果，使用层和表格制作"美丽大收集"效果，如图 15-228 所示。

【效果所在位置】光盘/Ch15/效果/休闲生活网页/index.html。

图 15-228

课后习题——篮球运动网页

【习题知识要点】使用鼠标经过图像按包制作导航效果，使用 Flash 按钮插入影片，使用行为命令制作表格晃动效果，使用参数命令制作动画背景透明效果，如图 15-229 所示。

【效果所在位置】光盘/Ch15/效果/篮球运动网页/index.html。

图 15-229

第16章
房产网页

房地产信息网站是房地产公司为了将自己的营销活动全部或部分建立在互联网之上，从而进行网络营销而创建的。而消费者根据自己的需要浏览房地产企业或项目的网页，了解正在营销的房地产项目，同时可以在线向房地产营销网站反馈一些重要的信息。本章以多个类型的房产网页为例，讲解了房地产网页的设计方法和制作技巧。

课堂学习目标

- 了解房地产网页的功能和服务
- 了解房地产网页的类别和内容
- 掌握房地产网页的设计流程
- 掌握房地产网页的布局构思
- 掌握房地产网页的制作方法

16.1 房产网页概述

目前，高速发展的网络技术有力地促进了房地产产业网络化的进程，各房地产公司都建立了自己的网站，许多专业房地产网站也应运而生。好的房地产网站不仅可以为企业带来赢利，还可以宣传新经济时代房地产的新形象，丰富大家对房地产业的直观认识。

16.2 购房中心网页

16.2.1 案例分析

购房中心网页最大的特色即在于"足不出户，选天下房"。不需要从一地赶到另一地选房看房，仅在家里利用互联网，就可了解房地产楼盘项目的规模和环境，进行各种房屋的查询和观看。因此，在网页的设计上要根据功能需求，合理进行布局和制作。

在网页设计制作过程中，将清新明快的自然风景图片设计为背景。导航栏的设计简洁清晰，方便购房者浏览查找需要的项目和户型。下方的白色区域为内容显示区域，通过对文字和图片的精心编排和分类设计，提供出购房者最需要了解的购房知识、精品项目推荐、精品户型图等重要的购房信息。

本例将使用 CSS 样式命令制作图标列表效果，使用水平线命令插入水平线制作分割效果，使用输入代码改变水平线的颜色，使用属性面板改变文字的大小和颜色制作导航效果，使用项目列表按钮为文字应用项目列表制作购房知识效果。

16.2.2 案例设计

本案例设计流程如图 16-1 所示。

图 16-1

16.2.3　案例制作

1．制作导航部分

（1）选择"文件 > 新建"命令，新建空白文档。选择"文件 > 保存"命令，弹出"另存为"对话框。在"保存在"选项的下拉列表中选择当前站点目录保存路径，在"文件名"选项的文本框中输入"index"，单击"保存"按钮，返回网页编辑窗口。

（2）选择"修改 > 页面属性"命令，弹出"页面属性"对话框，在对话框中进行设置，如图 16-2 所示，单击"确定"按钮，在"插入"面板"常用"选项卡中单击"表格"按钮，在弹出的"表格"对话框中进行设置，如图 16-3 所示，单击"确定"按钮，保持表格的选取状态，在"属性"面板"对齐"选项的下拉列表中选择"居中对齐"选项，效果如图 16-4 所示。

图 16-2

图 16-3

图 16-4

（3）将光标置入到第 1 行中，在"属性"面板中进行设置，如图 16-5 所示。单击"背景"选项右侧的"单元格背景 URL"按钮，在弹出的"选择图像源文件"对话框中选择光盘目录下"Ch16 > clip > 购房中心网页 > images"文件夹中的"top.jpg"文件，单击"确定"按钮，效果如图 16-6 所示。

图 16-5

图 16-6

（4）在"插入"面板"常用"选项卡中单击"表格"按钮，在弹出的"表格"对话框中进行设置，如图 16-7 所示，单击"确定"按钮，保持表格的选取状态，在"属性"面板"对齐"选项的下拉列表中选择"右对齐"选项，效果如图 16-8 所示。

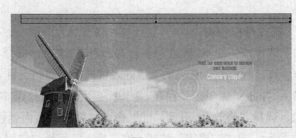

图 16-7 　　　　　　　　　　　　　　　　　　　图 16-8

（5）将光标置入到第 1 行第 1 列单元格中，在"属性"面板中将"高"选项设为"31"，效果如图 16-9 所示。

图 16-9

（6）将光标置入到第 2 行第 1 列单元格中，在"属性"面板中将"宽"选项设为"242"，在"插入"面板"常用"选项卡中单击"图像"按钮，在弹出的"选择图像源文件"对话框中选择光盘目录下"Ch16 > clip > 购房中心网页 > images"文件夹中的"loge.jpg"文件，单击"确定"按钮，在"属性"面板"对齐"选项的下拉列表中选择"绝对居中"选项，效果如图 16-10 所示。

（7）在图像的右侧输入需要的空格和白色文字，并在"属性"面板中选择适当的字体和大小，效果如图 16-11 所示。

图 16-10 　　　　　　　　　　　　　　　　　　图 16-11

（8）将光标置入到第 2 行第 2 列单元格中，在"插入"面板"常用"选项卡中单击"表格"按钮，在弹出的"表格"对话框中进行设置，如图 16-12 所示，单击"确定"按钮，效果如图 16-13 所示。

图 16-12 　　　　　　　　　　　　　　　　　　图 16-13

（9）将光标置入到第 1 行中，在"属性"面板中将"高"选项设为"7"，选择"插入记录 > HTML > 水平线"命令，插入水平线，效果如图 16-14 所示。在"属性"面板中进行设置，如图 16-15 所示。

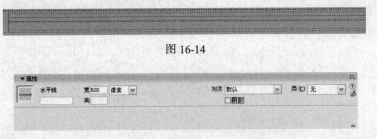

图 16-14

图 16-15

（10）选中水平线，单击文档窗口左上方的"拆分"按钮 <u>拆分</u>，在"拆分"视图窗口中，在代码"noshade"后面置入光标，按一次空格键，输入代码"color="#6CBFDF""，如图 16-16 所示。

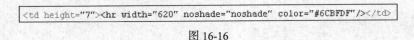

```
<td height="7"><hr width="620" noshade="noshade" color="#6CBFDF"/></td>
```

图 16-16

（11）返回到"设计"视图窗口中，将光盘目录下"Ch16 > clip > 购房中心网页 > images"文件夹中的"01_06.jpg"文件插入到第 2 行中，在"属性"面板"对齐"选项的下拉列表中选择"绝对居中"选项，效果如图 16-17 所示。

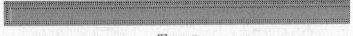

图 16-17

（12）将该图像复制 5 次，并在各图像之间输入需要的白色文字，在"属性"面板中选择适当的字体和大小，效果如图 16-18 所示。

首页　购房指南　新闻中心　精品楼盘　家居装饰　典型住宅

图 16-18

2．制作项目列表

（1）将光标置入到主表格的第 2 行中，在"插入"面板"常用"选项卡中单击"表格"按钮 ，在弹出的"表格"对话框中进行设置，如图 16-19 所示，单击"确定"按钮，效果如图 16-20 所示。

图 16-19

图 16-20

225

（2）将光盘目录下"Ch16 > clip > 购房中心网页 > images"文件夹中的"left.jpg"文件插入到第 1 列单元格中，用相同的方法将"right.jpg"文件插入到第 3 列单元格中，效果如图 16-21 所示。

图 16-21

（3）将光标置入到第 2 列单元格中，在"插入"面板"常用"选项卡中单击"表格"按钮 ，在弹出的"表格"对话框中进行设置，如图 16-22 所示，单击"确定"按钮，效果如图 16-23 所示。

图 16-22

图 16-23

（4）将光标置入到第 1 行中，在"插入"面板"常用"选项卡中单击"表格"按钮 ，在弹出的"表格"对话框中进行设置，如图 16-24 所示，单击"确定"按钮，保持表格的选取状态，在"属性"面板"对齐"选项的下拉列表中选择"居中对齐"选项，效果如图 16-25 所示。

图 16-24

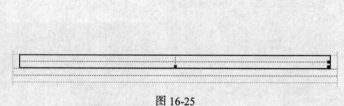

图 16-25

（5）将光盘目录下"Ch16 > clip > 旅游度假网页 > images"文件夹中的"bi01.jpg"文件插入到第 1 行第 1 列中，在"属性"面板中将"水平边距"选项设为"5"，在"对齐"选项的下拉列表中选择"绝对居中"选项，效果如图 16-26 所示。

（6）在图像的右侧输入需要的文字，并在"属性"面板中选择适当的字体和大小，效果如图 16-27 所示。将"01_21.jpg"文件插入文字的右侧，在"属性"面板中将"水平边距"选项设为"10"，在"对齐"选项的下拉列表中选择"右对齐"选项，效果如图 16-28 所示。

（7）用相同的方法，将"bi02.jpg"文件和"01_21.jpg"文件插入到第 1 行第 2 列中，并在"属性"面板中进行相同设置，输入黄色（#FF6633）文字，效果如图 16-29 所示。

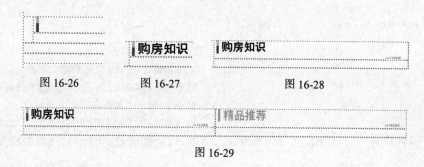

图 16-26　　　　图 16-27　　　　　　　　图 16-28

图 16-29

（8）在第 2 行第 2 列单元格中输入需要的文字，如图 16-30 所示。选中输入的文字，单击"属性"面板中的"项目列表"按钮，为选中的文字添加项目列表，效果如图 16-31 所示。

图 16-30　　　　　　　　　　　　　　图 16-31

3．制作图标列表

（1）选择"窗口 > CSS 样式"命令，弹出"CSS 样式"面板，单击面板下方的"新建 CSS 规则"按钮，在弹出的"新建 CSS 规则"对话框中进行设置，如图 16-32 所示，单击"确定"按钮，在弹出的".txet1 的 CSS 规则定义"对话框中进行设置，如图 16-33 所示。

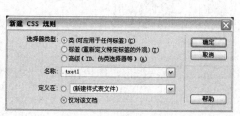

图 16-32

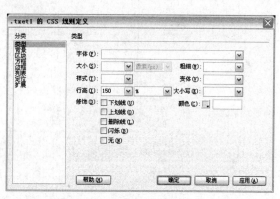

图 16-33

（2）在左侧的"分类"列表中选择"列表"选项，单击"项目符号图像"选项右侧的"浏览"按钮，在弹出的"选择图像源文件"对话框中选择光盘目录下"Ch16 > clip > 购房中心网页 >

images"文件夹中的"di.jpg"文件,单击"确定"按钮,如图 16-34 所示。

(3)选中项目列表,在"属性"面板"样式"选项的下拉列表中选择"txet1"选项,应用样式,效果如图 16-35 所示。

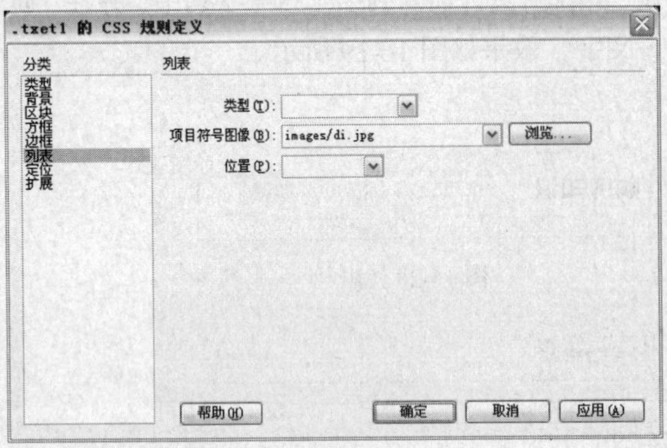

家庭情况:三口之家如何构筑"保垒"	04/13
什么时候买房最合适 三大标准测算月供收入比	04/13
买小户型十条真经	04/13
房子要买在几楼好呢?弃高求低其中大有讲究	04/10
80后成楼市购房主力军 决策果断看重交通便利	04/10

图 16-34 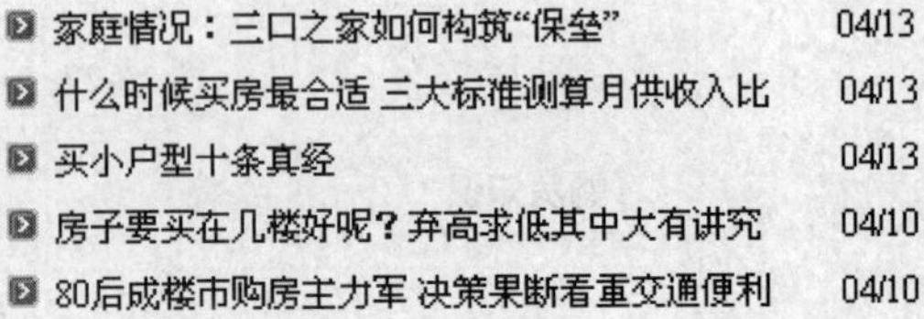   图 16-35

(4)分别选中数字,在"属性"面板中将文字颜色设为蓝色(#3399FF)和黄色(#FF6600),效果如图 16-36 所示。

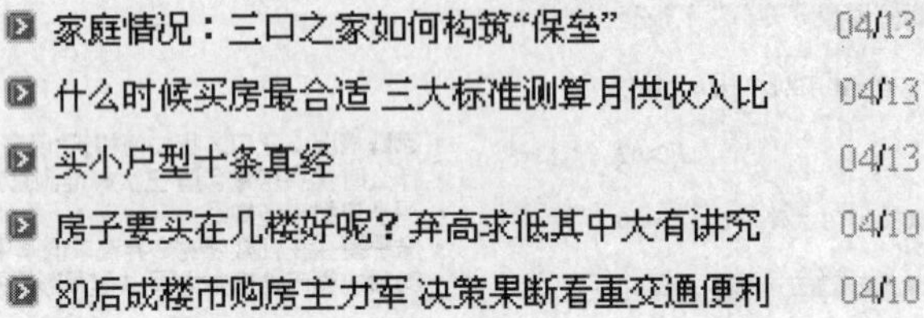

家庭情况:三口之家如何构筑"保垒"	04/13
什么时候买房最合适 三大标准测算月供收入比	04/13
买小户型十条真经	04/13
房子要买在几楼好呢?弃高求低其中大有讲究	04/10
80后成楼市购房主力军 决策果断看重交通便利	04/10

图 16-36

4.制作精品推荐

(1)将光标置入到第 2 行第 2 列单元格中,在"插入"面板"常用"选项卡中单击"表格"按钮 🔲,在弹出的"表格"对话框中进行设置,如图 16-37 所示,单击"确定"按钮,效果如图 16-38 所示。

图 16-37   图 16-38

(2)将光标置入到第 1 列中,在"属性"面板"水平"选项的下拉列表中选择"居中对齐"

选项，将光盘目录下"Ch16 > clip > 购房中心网页 > images"文件夹中的"01_33.jpg"文件插入到第 1 列中，效果如图 16-39 所示。

（3）用相同的方法，将"s-line.jpg"文件插入到第 2 列中，在"属性"面板中将"水平边距"选项设为"5"，效果如图 16-40 所示。

图 16-39

图 16-40

（4）将光标置入到第 3 列中，在"插入"面板"常用"选项卡中单击"表格"按钮 ，在弹出的"表格"对话框中进行设置，如图 16-41 所示，单击"确定"按钮，效果如图 16-42 所示。

图 16-41

图 16-42

（5）在第 1 行中输入需要的黑色和灰色（#CCCCCC）文字，并在"属性"面板中选择适当的字体和大小，单击"加粗"按钮 B ，效果如图 16-43 所示。将光标置入到第 2 行中，在"属性"面板中将"高"选项设为"56"，单击"背景"选项右侧的"单元格背景 URL"按钮 ，在弹出的"选择图像源文件"对话框中选择光盘目录下"Ch16 > clip > 购房中心网页 > images"文件夹中的"01_36.jpg"文件，单击"确定"按钮，效果如图 16-44 所示。

（6）在该行中输入需要的灰色（#999999）文字，并在"属性"面板中选择适当的字体和大小，效果如图 16-45 所示。

图 16-43

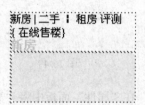

图 16-44

图 16-45

5．制作购房专题

（1）将光标置入到主表格的第 2 行单元格中，在"属性"面板"水平"选项的下拉列表中选择"居中对齐"选项，将"高"选项设为"20"。将光盘目录下"Ch16 > clip > 购房中心网页 > images"文件夹中的"lines.jpg"文件插入到第 2 行中，效果如图 16-46 所示。

图 16-46

（2）将光标置入到第 3 行中，在"插入"面板"常用"选项卡中单击"表格"按钮 ，在弹出的"表格"对话框中进行设置，如图 16-47 所示，单击"确定"按钮，保持表格的选取状态，在"属性"面板"对齐"选项的下拉列表中选择"居中对齐"选项，效果如图 16-48 所示。

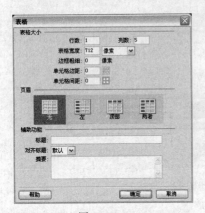

图 16-47

图 16-48

（3）将光盘目录下"Ch16 > clip > 购房中心网页 > images"文件夹中的"01_51.jpg"文件分别插入到第 2 列和第 4 列中，效果如图 16-49 所示。

图 16-49

（4）将光标置入到第 1 列中，在"属性"面板中将"宽"选项设为"226"，在"插入"面板"常用"选项卡中单击"表格"按钮 ，在弹出的"表格"对话框中进行设置，如图 16-50 所示，单击"确定"按钮，效果如图 16-51 所示。

图 16-50

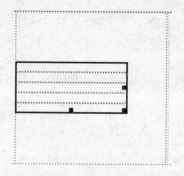

图 16-51

（5）分别将光盘目录下"Ch16 > clip > 购房中心网页 > images"文件夹中的"01_1.jpg"、"line-c.jpg"、"01_2.jpg"、"01_3.jpg"文件插入到各行中，效果如图 16-52 所示。

（6）将光标置入到第 3 列中，在"属性"面板中将"宽"选项设为"233"，在"插入"面板"常用"选项卡中单击"表格"按钮 ，在弹出的"表格"对话框中进行设置，如图 16-53 所示。单击"确定"按钮，保持表格的选取状态，在"属性"面板"对齐"选项的下拉列表中选择"居中对齐"选项，效果如图 16-54 所示。

图 16-52

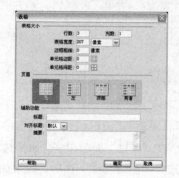

图 16-53

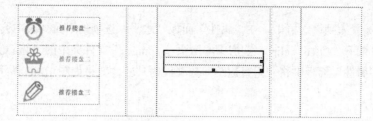

图 16-54

（7）将光标置入到第 1 行中，在"属性"面板中将"高"选项设为"97"，单击"背景"选项右侧的"单元格背景 URL"按钮 ，在弹出的"选择图像源文件"对话框中选择光盘目录下"Ch16 >clip >购房中心网页 >images"文件夹中的"01_49.jpg"文件，单击"确定"按钮，效果如图 16-55 所示。

（8）在第 1 行中输入需要的文字，在"属性"面板中选择适当的字体和大小，并为文字添加项目列表，效果如图 16-56 所示。

（9）在第 3 行中输入需要的灰色（#CCCCCC）和橘红色（#FF3300）文字，效果如图 16-57 所示。将光标置入到数字"35%"的右侧，将光盘目录下"Ch16 > clip > 购房中心网页 > images"

文件夹中的"01_70.jpg"文件插入，在"属性"面板"对齐"选项的下拉列表中选择"右对齐"选项，效果如图 16-58 所示。

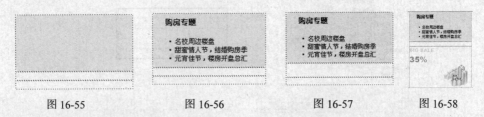

图 16-55   图 16-56   图 16-57   图 16-58

（10）将光标置入到主表格的第 5 列中，在"属性"面板中将"宽"选项设为"239"，在"插入"面板"常用"选项卡中单击"表格"按钮 ▦ ，在弹出的"表格"对话框中进行设置，如图 16-59 所示，单击"确定"按钮，保持表格的选取状态，在"属性"面板"对齐"选项的下拉列表中选择"居中对齐"选项，效果如图 16-60 所示。

图 16-59   图 16-60

（11）将光盘目录下"Ch16 > clip > 购房中心网页 > images"文件夹中的"01_44.jpg"文件插入到第 1 行中，在"属性"面板中将"水平边距"选项设为"10"，在"属性"面板"对齐"选项的下拉列表中选择"绝对居中"选项，效果如图 16-61 所示。

（12）在图像的右侧输入需要的文字，并在"属性"面板中选择适当的字体和大小，效果如图 16-62 所示。

（13）将光标置入到第 2 行中，在"属性"面板"水平"选项的下拉列表中选择"居中对齐"选项，将光盘目录下"Ch16 > clip > 购房中心网页 > images"文件夹中的"ditu.jpg"文件插入到第 2 行中，在"属性"面板中将"垂直边距"选项设为"5"，效果如图 16-63 所示。

图 16-61   图 16-62   图 16-63

（14）将光标置入到主表格的最后一行中，将光盘目录下"Ch16 > clip > 购房中心网页 > images"文件夹中的"01_80.jpg"文件插入该行中，效果如图 16-64 所示。购房中心网页效果制作完成，保存文档，按 F12 键预览网页效果，如图 16-65 所示。

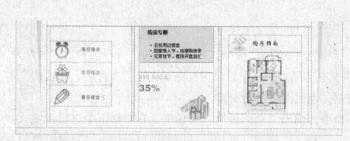

图 16-64

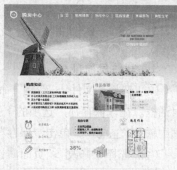

图 16-65

16.3 精品房产网页

16.3.1 案例分析

精品房地产网页介绍的产品项目是高端的商业和住宅项目。网站针对的客户群是商界精英、私企业主、外企高管等。网站管理者希望通过精品房地产网为这些高端客户提供更精准的房地产信息，从而帮助客户进行投资和置业，因此，在网页的设计上希望表现出地产项目的高端定位和文化品位。

在网页设计制作过程中，将页面的背景设计为沉稳的灰色渐变底纹，表现出页面稳重大气的风格。导航栏的设计清晰明快，方便客户浏览和查找需要的房产咨询。左侧的部分运用了水墨的手法来展示地产的效果图和服务项目，表现了项目的品位感和文化感。右侧的信息区通过对文字和图片的设计和编排，提供了精品房产的项目信息和服务。

本例将使用绘制 AP Div 按钮绘制层，使用图像按钮插入楼盘图像效果，使用编号列表按钮为文字应用编号列表制作精品楼盘推荐效果，使用属性面板改变文字的颜色和图像的边距，使用 CSS 样式命令设置文字的行距，使用插入记录命令插入版权符号。

16.3.2 案例设计

本案例设计流程如图 16-66 所示。

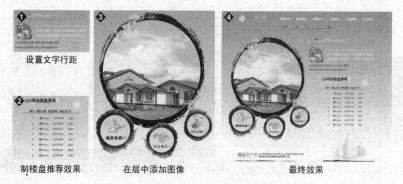

图 16-66

16.3.3 案例制作

1. 制作导航部分

（1）选择"文件 > 新建"命令，新建空白文档。选择"文件 > 保存"命令，弹出"另存为"对话框。在"保存在"选项的下拉列表中选择当前站点目录保存路径，在"文件名"选项的文本框中输入"index"，单击"保存"按钮，返回网页编辑窗口。

（2）选择"修改 > 页面属性"命令，弹出"页面属性"对话框，在对话框中进行设置，如图 16-67 所示，单击"确定"按钮，在"插入"面板"常用"选项卡中单击"表格"按钮 ，在弹出的"表格"对话框中进行设置，如图 16-68 所示，单击"确定"按钮，保持表格的选取状态，在"属性"面板"对齐"选项的下拉列表中选择"居中对齐"选项，效果如图 16-69 所示。

图 16-67

图 16-68

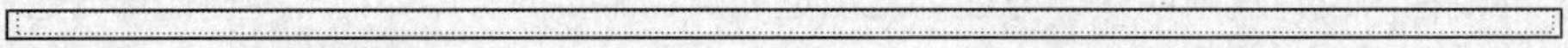

图 16-69

（3）将光标置入到表格中，在"属性"面板"垂直"选项的下拉列表中选择"顶端"选项，单击"背景"选项右侧的"单元格背景 URL"按钮 ，在弹出的"选择图像源文件"对话框中选择光盘目录下"Ch16 > clip > 精品房产网页 > images"文件夹中的"bg.jpg"文件，单击"确定"按钮，效果如图 16-70 所示。

（4）在"插入"面板"常用"选项卡中单击"表格"按钮 ，在弹出的"表格"对话框中进行设置，如图 16-71 所示，单击"确定"按钮，保持表格的选取状态，在"属性"面板"对齐"选项的下拉列表中选择"居中对齐"选项，效果如图 16-72 所示。

图 16-70

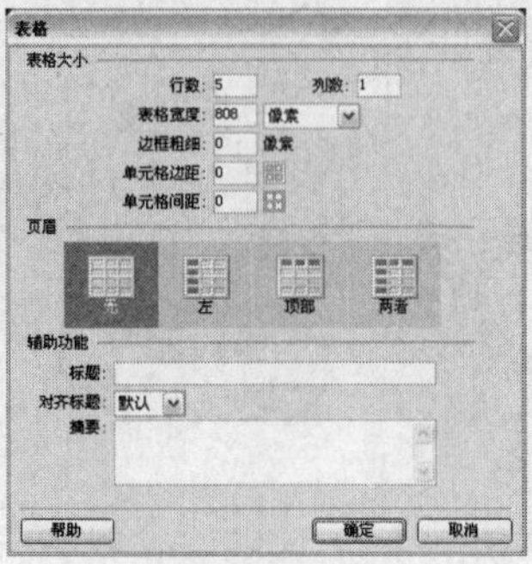

图 16-71

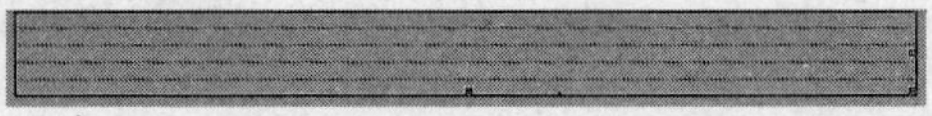

图 16-72

（5）将光标置入到第 1 行中，在"属性"面板中将"高"选项设为"22"，效果如图 16-73 所示。将光标置入到第 2 行中，在"插入"面板"常用"选项卡中单击"表格"按钮 ⊞，在弹出的"表格"对话框中进行设置，如图 16-74 所示，单击"确定"按钮，效果如图 16-75 所示。

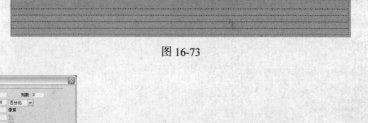

图 16-73

图 16-74

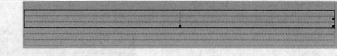

图 16-75

（6）将光标置入到第 1 行第 1 列中，在"属性"面板中将"宽"选项设为"250"，在"插入"面板"常用"选项卡中单击"图像"按钮 ▣，在弹出的"选择图像源文件"对话框中选择光盘目录下"Ch16 > clip > 精品房产网页 > images"文件夹中的"01_04.jpg"文件，单击"确定"按钮，效果如图 16-76 所示。

（7）在第 1 行第 2 列单元格中输入需要的白色文字，在"属性"面板中选择适当的大小，单击"加粗"按钮 **B**，效果如图 16-77 所示。将光盘目录下"Ch16 > clip > 精品房产网页 > images"文件夹中的"03_03.jpg"文件分别插入到文字的中间，并在"属性"面板"对齐"选项的下拉列表中选择"绝对居中"选项，效果如图 16-78 所示。

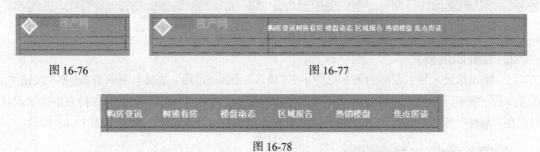

图 16-76　　　　　　　　　　　　　图 16-77

图 16-78

（8）选中第 2 行第 1 列和第 3 行第 1 列单元格，如图 16-79 所示。单击"合并所选单元格，使用跨度"按钮 ▭，将所选单元格合并，效果如图 16-80 所示。

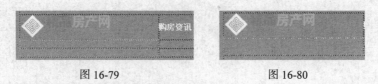

图 16-79　　　　　　　　　　　　　图 16-80

（9）将光盘目录下"Ch16 > clip > 精品房产网页 > images"文件夹中的"01_07.jpg"文件插入到第 2 行第 2 列中，在"属性"面板中将"水平边距"选项设为"20"，效果如图 16-81 所示。

图 16-81

（10）将光标置入到第 3 行第 2 列单元格中，在"插入"面板"常用"选项卡中单击"表格"按钮 ，在弹出的"表格"对话框中进行设置，如图 16-82 所示，单击"确定"按钮，效果如图 16-83 所示。

图 16-82　　　　　　　　　　　　　　　　图 16-83

（11）将光标置入到表格中，在"属性"面板"水平"选项的下拉列表中选择"居中对齐"选项，将"高"选项设为"22"，单击"背景"选项右侧的"单元格背景 URL"按钮 ，在弹出的"选择图像源文件"对话框中选择光盘目录下"Ch16 > clip > 精品房产网页 > images"文件夹中的"01_12.jpg"文件，单击"确定"按钮，效果如图 16-84 所示。

（12）在该表格中输入需要的白色文字和符号，效果如图 16-85 所示。

图 16-84　　　　　　　　　　　　　　　　图 16-85

2. 添加 CSS 样式

（1）将光标置入到主表格的第 2 行中，在"插入"面板"常用"选项卡中单击"表格"按钮 ，在弹出的"表格"对话框中进行设置，如图 16-86 所示，单击"确定"按钮，保持表格的选取状态，在"属性"面板"对齐"选项的下拉列表中选择"右对齐"选项，效果如图 16-87 所示。

图 16-86　　　　　　　　　　　　　　　　图 16-87

（2）将光标置入到第 1 行中，在"属性"面板将"高"选项设为"40"，如图 16-88 所示。将光盘目录下"Ch16 > clip > 精品房产网页 > images"文件夹中的"01_19.jpg"、"01_22.jpg"文件插入到第 2 行中，效果如图 16-89 所示。

（3）将光标置入到第 3 行中，在"属性"面板"水平"选项的下拉列表中选择"居中对齐"选项，将"高"选项设为"15"，将光盘目录下"Ch16 > clip > 精品房产网页 > images"文件夹中的"01_27.jpg"文件插入到第 3 行中，效果如图 16-90 所示。

图 16-88

图 16-89

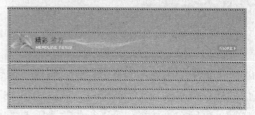

图 16-90

（4）将光标置入到第 4 行中，在"插入"面板"常用"选项卡中单击"表格"按钮，在弹出的"表格"对话框中进行设置，如图 16-91 所示，单击"确定"按钮，效果如图 16-92 所示。

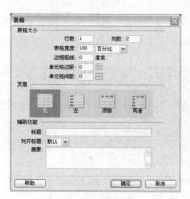

图 16-91

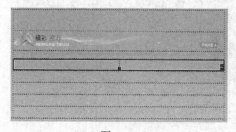

图 16-92

（5）将光盘目录下"Ch16 > clip > 精品房产网页 > images"文件夹中的"01_29.jpg"文件插入到第 1 列单元格中，效果如图 16-93 所示。在第 2 列中输入需要的绿色（#CCFF00）和白色文字，效果如图 16-94 所示。

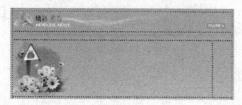

图 16-93

图 16-94

（6）选择"窗口 > CSS 样式"命令，弹出"CSS 样式"面板，单击面板下方的"新建 CSS 规则"按钮，在弹出的"新建 CSS 规则"对话框中进行设置，如图 16-95 所示，单击"确定"按钮，在弹出的".txet1 的 CSS 规则定义"对话框中进行设置，如图 16-96 所示，单击"确定"按钮。

图 16-95

图 16-96

（7）选中刚刚输入的文字，在"属性"面板"样式"选项的下拉列表中选择"txet1"选项，应用样式，再次改变文字的颜色，效果如图 16-97 所示。

（8）分别在第 5 行和第 7 行中输入需要的文字，并应用"txet1"样式，改变文字的颜色，效果如图 16-98 所示。

（9）将光盘目录下"Ch16 > clip > 精品房产网页 > images"文件夹中的"01_32.jpg"文件插入到第 5 行文字的后面，效果如图 16-99 所示。

（10）将光盘目录下"Ch16 > clip > 精品房产网页 > images"文件夹中的"01_36.jpg"文件分别插入到第 6 行和第 8 行中，效果如图 16-100 所示。

图 16-97

图 16-98

图 16-99

图 16-100

3. 制作项目列表

（1）将光标置入到主表格的第 4 行中，在"插入"面板"常用"选项卡中单击"表格"按钮 ，在弹出的"表格"对话框中进行设置，如图 16-101 所示，单击"确定"按钮，保持表格的选取状态，在"属性"面板"对齐"选项的下拉列表中选择"右对齐"选项，效果如图 16-102 所示。

图 16-101　　　　　　　　　　　　　　　　　　图 16-102

（2）将光标置入到第 1 行中，在"属性"面板中将"高"选项设为"81"，单击"背景"选项右侧的"单元格背景 URL"按钮，在弹出的"选择图像源文件"对话框中选择光盘目录下"Ch16 > clip > 精品房产网页 > images"文件夹中的"01.JPG"文件，单击"确定"按钮，效果如图 16-103 所示。在该行中输入需要的文字，并设置大小，效果如图 16-104 所示。

图 16-103　　　　　　　　　　　　　　　　　　图 16-104

（3）在"插入"面板"常用"选项卡中单击"表格"按钮，在弹出的"表格"对话框中进行设置，如图 16-105 所示，单击"确定"按钮，在第 2 行中插入表格，保持表格的选取状态，在"属性"面板"对齐"选项的下拉列表中选择"居中对齐"选项，效果如图 16-106 所示。

图 16-105　　　　　　　　　　　　　　　　　　图 16-106

（4）将光标置入到第 1 行中单元格中，按住 Ctrl 键的同时，单击第 3 行单元格，将单元格同时选中，在"属性"面板"水平"选项的下拉列表中选择"居中对齐"选项，分别在第 1 行和第 3 行中输入需要的文字，选中第 3 行中的文字，单击"属性"面板中的"编号列表"按钮，效果如图 16-107 所示。

（5）选中列表文字，在"属性"面板"样式"选项的下拉列表中选择"txet1"选项，应用样式，效果如图 16-108 所示。

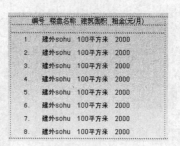

图 16-107　　　　　　　　　　　　　　　　　图 16-108

（6）将光标置入到第 2 行中，在"属性"面板中将"背景颜色"选项设为黑色，"高"选项设为"1"，如图 16-109 所示，在"拆分"视图窗口中选中该行的" "标签，如图 16-110 所示。按 Delete 键，将其删除，返回到"设计"视图窗口中，效果如图 16-111 所示。

```
<td height="1" bgcolor="#000000"> </td>
```

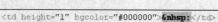

图 16-109　　　　　　　　　图 16-110　　　　　　　　　图 16-111

（7）将光标置入到主表格的最后一行中，在"属性"面板"垂直"选项的下拉列表中选择"底部"选项，"高"选项设为"180"，如图 16-112 所示。将光盘目录下"Ch16 > clip > 精品房产网页 > images"文件夹中的"01_47.jpg"文件插入到该行中，在"对齐"选项的下拉列表中选择"左对齐"选项，在图像的右侧输入需要的文字，效果如图 16-113 所示。

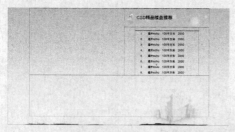

精品房产网　COPYRIGHT 2009 HPI ALL RIGHTS RESERVED
　　　　　　 版权所有 精品房地产经纪有限公司

图 16-112　　　　　　　　　　　　　　　　　图 16-113

（8）将光标置于"COPYRIGHT"的前面，选择"插入记录 > HTML > 特殊字符 > 版权"命令，插入版权符号，效果如图 16-114 所示。

精品房产网　© COPYRIGHT 2009 HPI ALL RIGHTS RESERVED
　　　　　　 版权所有 精品房地产经纪有限公司

图 16-114

4．绘制层

（1）单击"插入"面板"布局"选项卡中的"绘制 AP Div"按钮，在文档窗口中，按住 Ctrl 键的同时，绘制 4 个大小不同的矩形层，如图 16-115 所示。将光盘目录下"Ch16 > clip > 精

品房产网页 ＞images"文件夹中的"01.gif"文件插入到第 1 个层中，效果如图 16-116 所示。

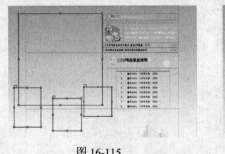

图 16-115

图 16-116

（2）用相同的方法，将"02.gif"、"03.gif"、"04.gif"文件插入到其他层中，效果如图 16-117 所示。精品房产网页效果制完成，保存文档，按 F12 键预览网页效果，如图 16-118 所示。

图 16-117

图 16-118

16.4　房产信息网页

16.4.1　案例分析

房产信息网是一个新兴的房产网站平台，它的功能十分强大，一般都拥有房产信息垂直搜索引擎、房产信息平台及地方房产门户群、消费者发布及查询房产信息功能、中介及经纪人推广宣传及促成交易功能。房产信息网的设计布局要清晰合理，能给客户提供一个完善的房产信息交流平台。

在网页设计制作过程中，将页面的功能进行了合理的划分。上部使用楼盘图片和结构清晰的导航栏来布局，方便客户浏览房产信息。左侧是每日排行和今日要闻两个信息栏目板块。右侧的信息区又精心设计了多个栏目，包括热点消息、投票调查等，通过这些栏目，客户可以更准确地掌握房产的信息和服务。

本例将使用"图像"按钮插入图像以制作每日排行等效果，使用 CSS 样式命令制作图标列表，使用"属性"面板改变文字的颜色及图像的边距，使用"跨度"按钮合并所选单元格，使用"单选按钮组"按钮制作网页调查效果。

16.4.2 案例设计

本案例设计流程如图 16-119 所示。

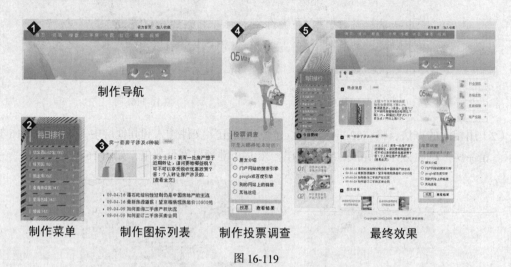

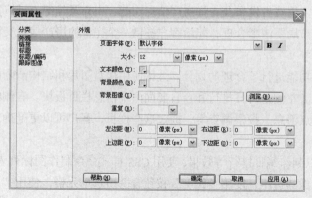

制作导航

制作菜单 制作图标列表 制作投票调查 最终效果

图 16-119

16.4.3 案例制作

1. 制作导航部分

（1）选择"文件 > 新建"命令，新建空白文档。选择"文件 > 保存"命令，弹出"另存为"对话框。在"保存在"选项的下拉列表中选择当前站点目录保存路径，在"文件名"选项的文本框中输入"index"，单击"保存"按钮，返回网页编辑窗口。

（2）选择"修改 > 页面属性"命令，弹出"页面属性"对话框，在对话框中进行设置，如图 16-120 所示，单击"确定"按钮，在"插入"面板"常用"选项卡中单击"表格"按钮，在弹出的"表格"对话框中进行设置，如图 16-121 所示，单击"确定"按钮，保持表格的选取状态，在"属性"面板"对齐"选项的下拉列表中选择"居中对齐"选项，效果如图 16-122 所示。

图 16-120　　　　　　　　　　　　　　　　　　　图 16-121

图 16-122

（3）将光标置入到第 1 行表格中，在"属性"面板"垂直"选项的下拉列表中选择"底部"选项，将"高"选项设为"213"，单击"背景"选项右侧的"单元格背景 URL"按钮，在弹出的"选择图像源文件"对话框中选择光盘目录下"Ch16 > clip > 房产信息网页 > images"文件夹中的"03_01.jpg"文件，单击"确定"按钮，效果如图 16-123 所示。

图 16-123

（4）在"插入"面板"常用"选项卡中单击"表格"按钮，在弹出的"表格"对话框中进行设置，如图 16-124 所示，单击"确定"按钮，保持表格的选取状态，在"属性"面板"对齐"选项的下拉列表中选择"右对齐"选项，效果如图 16-125 所示。

（5）将光标置入到第 1 行第 1 列中，在"属性"面板"水平"选项的下拉列表中选择"右对齐"选项，在该单元格中输入需要的文字，效果如图 16-126 所示。

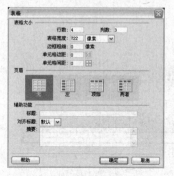

图 16-124   图 16-125   图 16-126

（6）将光标置入到第 2 行第 1 列单元格中，在"属性"面板中将"宽"选项设为"538"，"高"选项设为"40"，单击"背景"选项右侧的"单元格背景 URL"按钮，在弹出的"选择图像源文件"对话框中选择光盘目录下"Ch16 > clip > 房产信息网页 > images"文件夹中的"01_03.jpg"文件，单击"确定"按钮，效果如图 16-127 所示。

图 16-127

（7）在第 2 行第 1 列中输入需要的白色文字和符号，并在"属性"面板中进行大小，效果如图 16-128 所示。

图 16-128

（8）将光盘目录下"Ch16 > clip > 房产信息网页 > images"文件夹中的"01_05.jpg"文件插入到第 2 行第 3 列单元格中，将光标置入到第 3 行第 1 列中，在"属性"面板中将"高"选项设为"79"，效果如图 16-129 所示。

（9）将光标置入到第 4 行第 1 列单元格中，在"属性"面板"水平"选项的下拉列表中选择"右对齐"选项。将光盘目录下"Ch16 > clip > 房产信息网页 > images"文件夹中的"01_09.jpg"文件插入，效果如图 16-130 所示。

图 16-129   图 16-130

2. 制作左侧部分

（1）将光标置入到主表格的第 2 行中，在"插入"面板"常用"选项卡中单击"表格"按钮 ⊞，在弹出的"表格"对话框中进行设置，如图 16-131 所示，单击"确定"按钮，效果如图 16-132 所示。

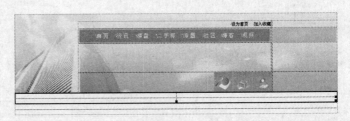

图 16-131   图 16-132

（2）将光标置入到第 1 行第 1 列单元格中，在"属性"面板中将"宽"选项设为"177"，"高"选项设为"266"，单击"背景"选项右侧的"单元格背景 URL"按钮 🗀，在弹出的"选择图像源文件"对话框中选择光盘目录下"Ch16 > clip > 房产信息网页 > images"文件夹中的"03_02.jpg"文件，单击"确定"按钮，效果如图 16-133 所示。

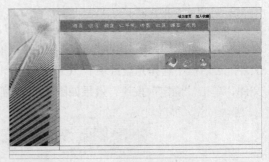

图 16-133

（3）在"插入"面板"常用"选项卡中单击"表格"按钮 ⊞，在弹出的"表格"对话框中进行设置，如图 16-134 所示，单击"确定"按钮，保持表格的选取状态，在"属性"面板"对齐"选项的下拉列表中选择"居中对齐"选项，效果如图 16-135 所示。

（4）将光盘目录下"Ch16 > clip > 房产信息网页 > images"文件夹中的"01_17.jpg"、"01_26.jpg"、"01_34.jpg"、"01_37.jpg"、"01_43.jpg"、"01_47.jpg"、"01_49.jpg"文件插入到各行中，效果如图 16-136 所示。

图 16-134　　　　　　　　图 16-135　　　　　　　　图 16-136

（5）将光标置入到第 2 行第 1 列单元格中，在"插入"面板"常用"选项卡中单击"表格"按钮，在弹出的"表格"对话框中进行设置，如图 16-137 所示，单击"确定"按钮，效果如图 16-138 所示。

图 16-137　　　　　　　　　　　　图 16-138

（6）将光标置入到第 1 行中，在"属性"面板将"高"选项设为"37"，单击"背景"选项右侧的"单元格背景 URL"按钮，在弹出的"选择图像源文件"对话框中选择光盘目录下"Ch16 > clip > 房产信息网页 > images"文件夹中的"03_05.jpg"文件，单击"确定"按钮，效果如图 16-139 所示。

（7）在"插入"面板"常用"选项卡中单击"图像"按钮，在弹出的"选择图像源文件"对话框中选择光盘目录下"Ch16 > clip > 房产信息网页 > images"文件夹中的"01_54.jpg"文件，单击"确定"按钮，在"属性"面板"对齐"选项的下拉列表中选择"绝对居中"选项，将"水平边距"选项设为"5"，效果如图 16-140 所示。

（8）在图像的右侧输入需要的文字，并在"属性"面板中选择适当的字体和大小，效果如图 16-141 所示。

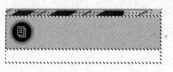

图 16-139　　　　　　　　图 16-140　　　　　　　　图 16-141

（9）将光标置入第 2 行单元格中，在"属性"面板中将"高"选项设为"296"，单击"背景"选项右侧的"单元格背景 URL"按钮📁，在弹出的"选择图像源文件"对话框中选择光盘目录下"Ch16 > clip > 房产信息网页 > images"文件夹中的"03_06.jpg"文件，单击"确定"按钮，效果如图 16-142 所示。

（10）在"插入"面板"常用"选项卡中单击"表格"按钮▦，在弹出的"表格"对话框中进行设置，如图 16-143 所示，单击"确定"按钮，保持表格的选取状态，在"属性"面板"对齐"选项的下拉列表中选择"居中对齐"选项，效果如图 16-144 所示。

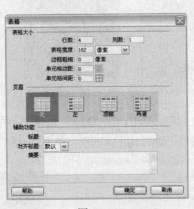
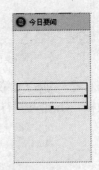

图 16-142　　　　　　　　　　　图 16-143　　　　　　　　　　　图 16-144

（11）将光盘目录下"Ch16 > clip > 房产信息网页 > images"文件夹中的"01_58.jpg"文件插入到第 1 行中；将光盘目录下"Ch16 > clip > 房产信息网页 > images"文件夹中的"01_66.jpg"文件插入到第 3 行中，效果如图 16-145 所示。

（12）在"插入"面板"常用"选项卡中单击"表格"按钮▦，在弹出的"表格"对话框中将"行数"选项设为"1"，"列数"选项设为"2"，"表格宽度"选项设为"100"，在右侧的下拉列表中选择"百分比"，其他选项为默认设置，单击"确定"按钮，效果如图 16-146 所示。

（13）将"01_63.jpg"文件插入到第 1 列中，在"属性"面板中将"垂直边距"和"水平边距"选项均设为"5"，在第 2 列中输入需要的灰色（#7D7D7D）文字，效果如图 16-147 所示。

（14）用相同的方法，在第 4 行中插入相同的表格，将"01_74.jpg"文件插入到第 1 列中，并设置边距，在第 2 列中输入灰色文字，效果如图 16-148 所示。

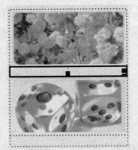

图 16-145　　　　　　　　图 16-146　　　　　　　　图 16-147　　　　　　　　图 16-148

3．制作页内新闻

（1）选中右侧的两行单元格，如图 16-149 所示。单击"属性"面板中的"合并所选单元格，使用跨度"按钮□，将所选单元格合并，单击"背景"选项右侧的"单元格背景 URL"按钮□，在弹出的"选择图像源文件"对话框中选择光盘目录下"Ch16 > clip > 房产信息网页 > images"文件夹中的"03_03.jpg"文件，单击"确定"按钮，效果如图 16-150 所示。

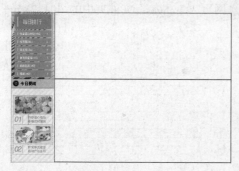

图 16-149　　　　　　　　　　　　　　　图 16-150

（2）在"插入"面板"常用"选项卡中单击"表格"按钮▦，在弹出的"表格"对话框中进行设置，如图 16-151 所示，单击"确定"按钮，效果如图 16-152 所示。

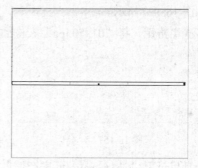

图 16-151　　　　　　　　　　　　　　　图 16-152

（3）将光标置入到第 1 列中，在"属性"面板中将"宽"选项设为"375"，在"插入"面板"常用"选项卡中单击"表格"按钮▦，在弹出的"表格"对话框中进行设置，如图 16-153 所示，单击"确定"按钮，保持表格的选取状态，在"属性"面板"对齐"选项的下拉列表中选择"居中对齐"选项，效果如图 16-154 所示。

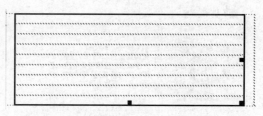

图 16-153　　　　　　　　　　　　　　　图 16-154

（4）将光盘目录下"Ch16 > clip > 房产信息网页 > images"文件夹中的"01_23.jpg"文件插入到第 1 行中，在"属性"面板"对齐"选项的下拉列表中选择"绝对居中"选项，将"垂直边距"和"水平边距"选项均设为"10"，并在图像的右侧输入文字，设置大小，效果如图 16-155 所示。

（5）将光盘目录下"Ch16 > clip > 房产信息网页 > images"文件夹中的"01_28.jpg"文件插入到第 2 行中，效果如图 16-156 所示。

图 16-155　　　　　　　　　　　　　　图 16-156

（6）将光标置入到第 3 行中，在"属性"面板中将"高"选项设为"57"，在"垂直"选项的下拉列表中选择"底部"选项，将光盘目录下"Ch16 > clip > 房产信息网页 > images"文件夹中的"01_68.jpg"文件插入，在"属性"面板"对齐"选项的下拉列表中选择"绝对居中"选项，将"水平边距"选项设为"15"，"垂直边距"选项设为"10"，在图像的右侧输入灰色（#535353）文字，效果如图 16-157 所示。

（7）按多次空格键，将"01_70.jpg"文件插入，效果如图 16-158 所示。

图 16-157　　　　　　　　　　　　　　图 16-158

（8）将光盘目录下"Ch16 > clip > 房产信息网页 > images"文件夹中的"01_39.jpg"文件插入到第 4 行中，在"属性"面板"对齐"选项的下拉列表中选择"左对齐"选项，将"水平边距"选项设为"5"，"垂直边距"选项设为"10"，按 Shift+Enter 组合键，输入黄色（#FF6600）和黑色文字，单击"加粗"按钮 **B**，效果如图 16-159 所示。

（9）将光标置入到第 5 行中，在"属性"面板中将"高"选项设为"58"，在"垂直"选项的下拉列表中选择"底部"选项。将光盘目录下"Ch16 > clip > 房产信息网页 > images"文件夹中的"01_68.jpg"文件插入，在"属性"面板"对齐"选项的下拉列表中选择"绝对居中"选项，将"水平边距"选项设为"15"，"垂直边距"选项设为"10"，在图像的右侧输入灰色（#535353）文字，将"01_70.jpg"文件插入到文字的后面，效果如图 16-160 所示。

图 16-159　　　　　　　　　　　　　　图 16-160

（10）将光盘目录下"Ch16 > clip > 房产信息网页 > images"文件夹中的"01_39.jpg"文件插入到第 6 行中，在"属性"面板"对齐"选项的下拉列表中选择"左对齐"选项，将"水平边距"选项设为"7"，输入黄色（#FF6600）和黑色文字，单击"加粗"按钮 **B**，效果如图 16-161 所示。

（11）在第 7 行中输入文字，将文字制作成项目列表，效果如图 16-162 所示。

图 16-161

图 16-162

（12）选择"窗口 > CSS 样式"命令，弹出"CSS 样式"面板，单击面板下方的"新建 CSS 规则"按钮，在弹出的"新建 CSS 规则"对话框中进行设置，如图 16-163 所示，单击"确定"按钮，在弹出的".txet1 的 CSS 规则定义"对话框中进行设置，如图 16-164 所示。

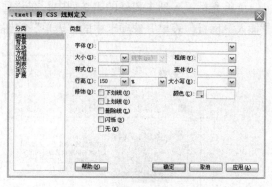

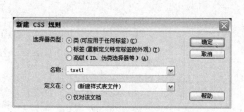

图 16-163

图 16-164

（13）在"分类"列表中选择"列表"选项，单击"项目符号图像"选项右侧的"浏览"按钮，在弹出的"选择图像源文件"对话框中选择光盘目录下"Ch16 > clip > 房产信息网页 > images"文件夹中的"di.jpg"文件，单击"确定"按钮，如图 16-165 所示，单击"确定"按钮，选择项目列表文字，在"属性"面板"样式"选项的下拉列表中选择"txet1"选项，应用样式，效果如图 16-166 所示。

图 16-165

图 16-166

（14）将光盘目录下"Ch16 > clip > 房产信息网页 > images"文件夹中的"01_68.jpg"文件插入到第 8 行中，在"属性"面板"对齐"选项的下拉列表中选择"居中对齐"选项，将"水平边距"选项设为"15"，"垂直边距"选项设为"10"，在图像的右侧输入灰色（#535353）文字，按多次空格键，将"01_70.jpg"文件插入，效果如图 16-167 所示。

（15）将光标置入到第 9 行中，在"属性"面板"水平"选项的下拉列表中选择"右对齐"选项，将"01_79.jpg"文件和"01_81.jpg"文件插入，并在"属性"面板中将"水平边距"选项设为"5"，"垂直边距"选项设为"10"，效果如图 16-168 所示。

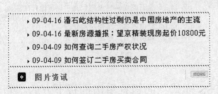
图 16-167

图 16-168

4．制作投票调查

（1）将光标置入到主表格的第 2 列中，在"垂直"选项的下拉列表中选择"顶端"选项，单击"插入"面板"表单"选项卡中的"表单"按钮，效果如图 16-169 所示。

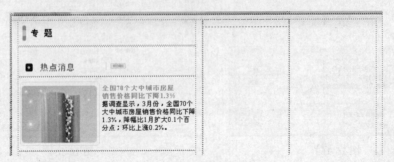
图 16-169

（2）将光标置入到表单中，在"插入"面板"常用"选项卡中单击"表格"按钮，在弹出的"表格"对话框中进行设置，如图 16-170 所示，单击"确定"按钮，效果如图 16-171 所示。

图 16-170

图 16-171

（3）单击"背景图像"选项右侧的"浏览文件"按钮，在弹出的"选择图像源文件"对话框中选择光盘目录下"Ch16 > clip > 房产信息网页 > images"文件夹中的"01.jpg"文件，单击

"确定"按钮，将光标置入到表格中，在"属性"面板中将"高"选项设为"599"，"垂直"选项的下拉列表中选择"底部"选项，效果如图 16-172 所示。

（4）在"插入"面板"常用"选项卡中单击"表格"按钮，在弹出的"表格"对话框中进行设置，如图 16-173 所示，单击"确定"按钮，保持表格的选取状态，效果如图 16-174 所示。

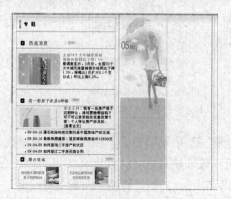

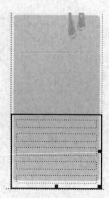

图 16-172　　　　　　　图 16-173　　　　　　　图 16-174

（5）将光盘目录下"Ch16 > clip > 房产信息网页 > images"文件夹中的"sh.jpg"文件插入到第 1 行中，在"属性"面板"对齐"选项的下拉列表中选择"绝对居中"选项，输入褐色（#945601）文字，并设置大小，效果如图 16-175 所示。

（6）在第 2 行中输入浅褐色（#6D4A3C）文字，并设置大小，效果如图 16-176 所示。

图 16-175　　　　　　　　图 16-176

（7）将光标置入到第 3 行中，在"属性"面板中将"高"选项设为"140"，背景颜色设为白色，效果如图 16-177 所示。单击"插入"面板"表单"选项卡中的"单选按钮组"按钮，在弹出的"单选按钮组"对话框中进行设置，如图 16-178 所示，单击"确定"按钮。

图 16-177　　　　　　　　图 16-178

（8）保持表格的选取状态，在"属性"面板中将"宽"选项设为"100"，在右侧的下拉列表中选择"%"选项，如图 16-179 所示，表格效果如图 16-180 所示。

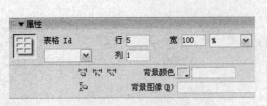

图 16-179 图 16-180

（9）将光标置入到第 4 行中，在"属性"面板中将"高"选项设为"30"，在"水平"选项的下拉列表中选择"居中对齐"选项，将背景颜色设为白色，效果如图 16-181 所示。

（10）单击"插入"面板"表单"选项卡中的"按钮"按钮□，在"属性"面板中将"值"选项设为"投票"，如图 16-182 所示，在按钮的右侧输入文字，并单击"加粗"按钮 **B**，效果如图 16-183 所示。

图 16-181 图 16-182 图 16-183

（11）将光标置入到主表格的第 3 列中，在"属性"面板中"垂直"选项的下拉列表中选择"顶端"选项，按 Enter 键，将光标置于下一段落，如图 16-184 所示。

（12）将光盘目录下"Ch16 > clip > 房产信息网页 > images"文件夹中的"01_32.jpg"、"01_41.jpg"、"01_45.jpg"、"01_45.jpg"文件插入到第 3 列中，并在"属性"面板中将"垂直边距"选项均设为"2"，效果如图 16-185 所示。

图 16-184 图 16-185

（13）将光盘目录下"Ch16 > clip > 房产信息网页 > images"文件夹中的"01_87.jpg"文件插入到主表格的第 3 行中，效果如图 16-186 所示。

（14）将光标置入到第 4 行中，在"属性"面板中将"高"选项设为"60"，在"水平"

选项的下拉列表中选择"居中对齐"选项，在该行中输入需要的文字，效果如图 16-187 所示。

（15）房产信息网页效果制作完成，保存文档，按 F12 键预览网页效果，如图 16-188 所示。

图 16-186

图 16-187

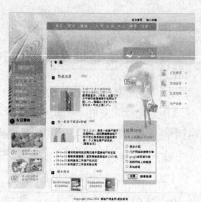

图 16-188

16.5　房产新闻网页

16.5.1　案例分析

　　房地产新闻网的功能是提供最全面、最及时的房地产新闻资讯内容，为浏览者提供楼盘的各种新闻信息。在网页设计方面，该网站通过页面布局的设计，希望使浏览者更加清晰地了解楼盘项目的新闻和热点内容。

　　在网页设计制作的过程中，将整个页面分成白色和灰色两个区域，白色区域设计了标志和搜索功能，灰色区域左侧清晰地列出了楼盘的各个信息栏目，中间是楼盘的效果图，通过和蓝天白云的结合处理，表现出楼盘效果的现代感和科技感，右侧也布置了楼盘的相关信息。

　　本例将使用刷新按钮制作网页自动刷新效果，使用 CSS 样式命令制作表格虚线效果，使用拆分视图窗口设置单元格的属性，使用属性面板改变单元格的高度，使用参数命令制作 Flash 背景的透明效果。

16.5.2　案例设计

　　本案例设计流程如图 16-189 所示。

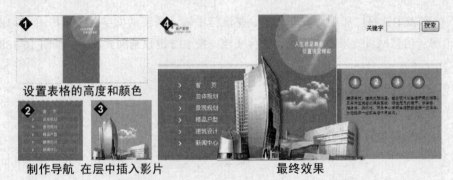

设置表格的高度和颜色

制作导航 在层中插入影片　　　　　　　最终效果

图 16-189

16.5.3　案例制作

1. 设置属性并插入动画

（1）选择"文件 > 新建"命令，新建空白文档。选择"文件 > 保存"命令，弹出"另存为"对话框。在"保存在"选项的下拉列表中选择当前站点目录保存路径，在"文件名"选项的文本框中输入"index"，单击"保存"按钮，返回网页编辑窗口。

（2）选择"修改 > 页面属性"命令，弹出"页面属性"对话框，在对话框中进行设置，如图 16-190 所示，单击"确定"按钮。

图 16-190

（3）在"插入"面板"常用"选项卡中单击"关键字"按钮 🔑，弹出"关键字"对话框，在"关键字"选项的文本框中输入"房产新闻网页"，如图 16-191 所示，单击"确定"按钮，在"拆分"视图窗口中，可以看到插入的关键字，如图 16-192 所示。

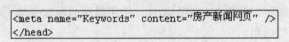

```
<meta name="Keywords" content="房产新闻网页" />
</head>
```

图 16-191　　　　　　　　　　　　　　　　图 16-192

（4）在"插入"面板"常用"选项卡中单击"刷新"按钮 🔄，弹出"刷新"对话框，在"延时"选项的数值框中输入"10"，选取"刷新此文档"单选项，如图 16-193 所示，单击"确定"按钮完成设置，"拆分"视图窗口中如图 16-194 所示。

图 16-193

图 16-194

（5）在"插入"面板"常用"选项卡中单击"表格"按钮⊞，在弹出的"表格"对话框中进行设置，如图 16-195 所示。单击"确定"按钮，保持表格的选取状态，在"属性"面板"对齐"选项的下拉列表中选择"居中对齐"选项，效果如图 16-196 所示。

图 16-195

图 16-196

2. 插入图像

（1）将光标置入到第 1 行第 1 列单元格中，在"属性"面板"垂直"选项的下拉列表中选择"顶端"选项。在"插入"面板"常用"选项卡中单击"图像"按钮▣，在弹出的"选择图像源文件"对话框中选择光盘目录下"Ch16 > clip > 房产新闻网页 > images"文件夹中的"loge.jpg"文件，单击"确定"按钮，在"属性"面板中将"水平边距"和"垂直边距"选项均设为"10"，效果如图 16-197 所示。

图 16-197

（2）将第 2 列所有单元格全部选中，如图 16-198 所示。单击"属性"面板中的"合并所选单元格，使用跨度"按钮▢，将所选单元格合并，将"宽"选项设为"167"，在"插入"面板"常用"选项卡中单击"图像"按钮▣，在弹出的"选择图像源文件"对话框中选择光盘目录下"Ch16 > clip > 房产新闻网页 > images"文件夹中的"main.jpg"文件，单击"确定"按钮，效果如图 16-199 所示。

（3）将第 2 行第 1 列宽度设为"211"，背景颜色设为浅灰色（#D7D7D7）；第 2 行第 3 列宽度设为"222"，背景颜色设为浅灰色（#D7D7D7）；第 4 行第 1 列和第 3 列背景颜色设为灰色（#C8C8C8），效果如图 16-200 所示。

图 16-198

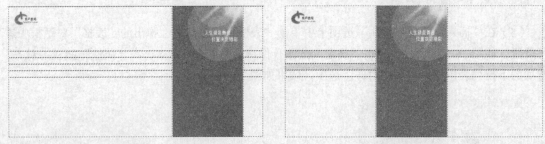

图 16-199　　　　　　　　　　　　　图 16-200

（4）将光标置入到第 2 行第 1 列中，在"属性"面板中将"高"选项设为"2"，在"拆分"视图窗口中选中该单元格的" "标签，如图 16-201 所示。按 Delete 键，将其删除。将光标置入到第 2 行第 3 列中，在"属性"面板中将"高"选项设为"2"，在"拆分"视图窗口中选中该单元格的" "标签，按 Delete 键，将其删除。返回到"设计"视图窗口中，效果如图 16-202所示。

图 16-201

图 16-202

（5）将第 4 行第 1 列和第 3 列单元格的高度设为"2"，用相同的操作步骤将" "标签删除，效果如图 16-203 所示。

（6）将第 3 行第 1 列和第 3 列单元格的高度设为"1"，用相同的操作步骤将" "标签删除，效果如图 16-204 所示。

（7）将第 5 行第 1 列和第 3 列单元格的高度设为"6"，用相同的操作步骤将" "标签删除，效果如图 16-205 所示。

图 16-203

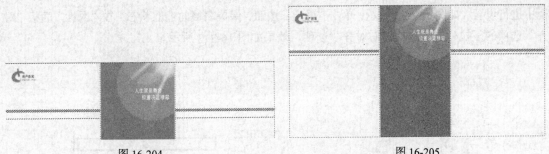

<table>
<tr><td></td><td></td></tr>
</table>

图 16-204　　　　　　　　　　　　　　　　　图 16-205

3．制作菜单效果

（1）将光标置入到第 6 行第 1 列单元格中，在"属性"面板中将"高"选项设为"187"，"背景颜色"选项设为深灰色（#666666），在"插入"面板"常用"选项卡中单击"表格"按钮 ⊞，在弹出的"表格"对话框中进行设置，如图 16-206 所示，单击"确定"按钮，保持表格的选取状态，在"属性"面板"对齐"选项的下拉列表中选择"居中对齐"选项，效果如图 16-207 所示。

（2）将光盘目录下"Ch16 > clip > 房产新闻网页 > images"文件夹中的"02_21.jpg"文件分别插入到第 2 行、第 4 行、第 6 行、第 8 行和第 10 行中，效果如图 16-208 所示。

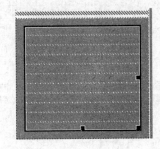

图 16-206　　　　　　　　　图 16-207　　　　　　　　　图 16-208

（3）分别在第 1 行、第 3 行、第 5 行、第 7 行、第 9 行和第 11 行中输入白色文字，效果如图 16-209 所示。将"02_17.jpg"文件插入到第 1 行文字的前面，在"属性"面板"对齐"选项的下拉列表中选择"绝对居中"选项，将"垂直边距"选项设为"5"，"水平边距"选项设为"30"，效果如图 16-210 所示。将该图像复制，分别粘贴到第 3 行、第 5 行、第 7 行、第 9 行和第 11 行文字的前面，效果如图 16-211 所示。

图 16-209　　　　　　　　　图 16-210　　　　　　　　　图 16-211

（4）将光标置入到主表格第 1 行第 3 列中，在"属性"面板"垂直"选项的下拉列表中选择"顶端"选项。在"插入"面板"常用"选项卡中单击"表格"按钮 ⊞，在弹出的"表格"对话框中进行设置，如图 16-212 所示，单击"确定"按钮，保持表格的选取状态，在"属性"面板"对齐"选项的下拉列表中选择"右对齐"选项，效果如图 16-213 所示。

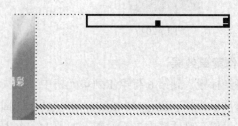

图 16-212   图 16-213

4. 应用 CSS 样式并设置 Flash 背景为透明

（1）选择"窗口 > CSS 样式"命令，弹出"CSS 样式"面板，单击面板下方的"新建 CSS 规则"按钮，在弹出的"新建 CSS 规则"对话框中进行设置，如图 16-214 所示。单击"确定"按钮，在弹出的".hh 的 CSS 规则定义"对话框中进行设置，如图 16-215 所示。单击"确定"按钮。

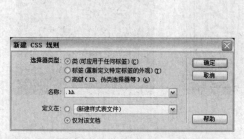

图 16-214   图 16-215

（2）将光标置入到表格中，在"属性"面板中进行设置，如图 16-216 所示。选中表格，在"属性"面板"类"选项的下拉列表中选择"hh"选项，应用样式，效果如图 16-217 所示。

图 16-216   图 16-217

（3）将光标置入到表格中，单击"插入"面板"表单"选项卡中的"表单"按钮，插入表单，如图 16-218 所示。在表单中输入文字，单击"插入"面板"表单"选项卡中的"文本字段"按钮，插入一个文本字段，在"属性"面板中将"字符宽度"选项设为"6"，效果如图 16-219 所示。

（4）在文本字段的后面置入光标，单击"插入"面板"表单"选项卡中的"按钮"按钮▭，插入按钮，在"属性"面板中将"值"选项设为"搜索"，效果如图 16-220 所示。

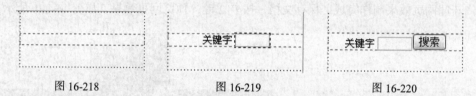

图 16-218　　　　　　　　图 16-219　　　　　　　　图 16-220

（5）将光标置入到第 6 行第 3 列单元格中，在"插入"面板"常用"选项卡中单击"表格"按钮▦，在弹出的"表格"对话框中进行设置，如图 16-221 所示。单击"确定"按钮，效果如图 16-222 所示。

（6）将光标置入到第 1 列单元格，在"属性"面板中将"宽"选项设为"10"，"高"选项设为"187"，"背景颜色"选项设为深灰色（#656460）；将光标置入到第 2 列中，在"属性"面板"垂直"选项的下拉列表中选择"顶端"选项，"背景颜色"选项设为灰色（#8E8E8E），效果如图 16-223 所示。

（7）将光盘目录下"Ch16 > clip > 房产新闻网页 > images"文件夹中的"Snap54.jpg"文件插入到第 2 列中，在"属性"面板中将"垂直边距"和"水平边距"选项均设为"10"，并在该单元格中输入需要的文字，在"属性"面板中设置大小，效果如图 16-224 所示。

图 16-221

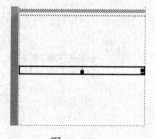　　　　

图 16-222　　　　　　　　图 16-223　　　　　　　　图 16-224

（8）单击"插入"面板"布局"选项卡中的"绘制 AP Div"按钮▤，在文档窗口中绘制一个矩形层，效果如图 16-225 所示。将光标置入到层中，在"插入"面板"常用"选项卡中单击"Flash"按钮，在弹出"选择文件"对话框中选择光盘目录下"Ch16 > clip > 房产新闻网页 > images"文件夹中的"01.swf"，单击"确定"按钮完成 Flash 影片的插入，效果如图 16-226 所示。

　　　　　　　　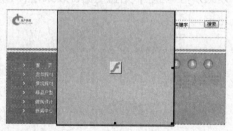

图 16-225　　　　　　　　　　　　图 16-226

（9）保持影片的选取状态，单击"属性"面板中的"参数"按钮，弹出"参数"对话框，将"参数"选项设为"wmode"，"值"选项设为"transparent"，如图 16-227 所示，单击"确定"按钮。房产新闻网页效果制作完成，保存文档，按 F12 键，预览网页效果，如图 16-228 所示。

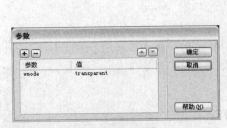

图 16-227

图 16-228

课堂练习——焦点房产网页

【练习知识要点】使用表格、文字和符号制作导航效果，使用 CSS 样式命令改变列表菜单的背景色和表格边框样式，使用属性面板改变表格的背景色和图像的边距，如图 16-229 所示。

【效果所在位置】光盘/Ch16/效果/焦点房产网页/index.html。

图 16-229

课后习题——热门房产网页

【习题知识要点】使用属性面板改变文字的颜色，使用文本字段和搜索按钮制作楼盘搜索效果，使用亮度对比度命令调整图像的亮度对比度，使用属性面板设置图像的边距，如图 16-230 所示。

【效果所在位置】光盘/Ch16/效果/热门房产网页/index.html。

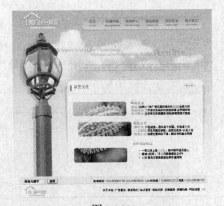

图 16-230

第17章

文化艺术网页

文化艺术网站一般是指那些专业性的文化和艺术类网站。网站的功能主要是普及和弘扬祖国艺术文明，满足群众日益增长的文艺需求，促进社会各界的文化和艺术交流。本章以多个类型的文化艺术网页为例，讲解了文化艺术网页的设计方法和制作技巧。

课堂学习目标

- 了解文化艺术网页的服务宗旨
- 了解文化艺术网页的类别和内容
- 掌握文化艺术网页的设计流程
- 掌握文化艺术网页的结构布局
- 掌握文化艺术网页的制作方法

17.1 文化艺术网页概述

文化艺术是对全世界不同的文化艺术形式组合进行的统称。文化艺术具有世界性和民族性两大特征，两者相辅相成，互相不断地促进发展，从而更好地展现了世界以及各地区的特性。目前，大多数文化艺术种类都建立了自己的网站，大大地促进了文化艺术网络化进程，对文化艺术精粹的传播和发展起到了至关重要的作用。

网站开展纵横交错、全方位、多领域的宣传报道与交流，介绍文艺新秀、艺术名家、收藏家的艺术之路，总结文化艺术创作经验，弘扬民族传统文化，展示时代艺术风貌，帮助艺术家从容实现艺术价值，走向市场，走进企业，走进人民大众，是一个宣传文化的理想载体。

17.2 戏曲艺术网页

17.2.1 案例分析

戏曲是一门综合艺术，是时间艺术和空间艺术的综合。说是空间艺术，是因为戏曲要在一定的空间来表现，要有造型，而它在表现上又需要一个发展过程，因而它又是时间艺术。中国戏曲艺术历史悠久，种类众多，属于中国文化的精髓。戏曲艺术网页对中国戏曲艺术进行了全方位的介绍，在网页设计上要表现出传统戏曲艺术的风采。

在网页设计过程中，将背景设计为灰色的底纹效果，导航栏放在页面的上部，绿色的设计和背景形成鲜明的对比，使导航栏更方便戏曲迷对网页的浏览。左侧借助独特的京剧戏曲人物卡通图片，经过精心的设计和编排，把京剧的戏曲风格和文化特色展现于页面之上。右侧更从戏曲迷的需要出发，设计了戏曲视频下载和名家名段栏目。整个页面设计充满了浓浓的中国传统戏曲文化的气氛。

本例将使用 CSS 样式命令为单元格设置背景图像，使用属性面板制作下载链接，使用背景图像和黑色文字制作导航效果，使用图像按钮在层中插入戏曲人物图像，使用行为命令制作弹出信息效果。

17.2.2 案例设计

本案例设计流程如图 17-1 所示。

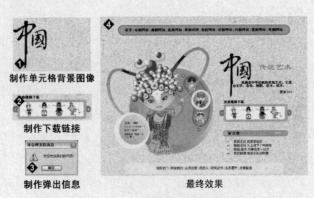

图 17-1

17.2.3　案例制作

1．制作导航部分

（1）选择"文件 > 新建"命令，新建空白文档。选择"文件 > 保存"命令，弹出"另存为"对话框。在"保存在"选项的下拉列表中选择当前站点目录保存路径，在"文件名"选项的文本框中输入"index"，单击"保存"按钮，返回网页编辑窗口。

（2）选择"修改 > 页面属性"命令，弹出"页面属性"对话框，在对话框中进行设置，如图 17-2 所示，单击"确定"按钮，在"插入"面板"常用"选项卡中单击"表格"按钮 ，在弹出的"表格"对话框中进行设置，如图 17-3 所示，单击"确定"按钮，保持表格的选取状态，在"属性"面板"对齐"选项的下拉列表中选择"居中对齐"选项，效果如图 17-4 所示。

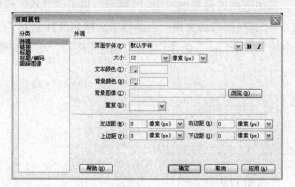

图 17-2　　　　　　　　　　　　　　　　图 17-3

图 17-4

（3）将光标置入到表格中，在"属性"面板"垂直"选项的下拉列表中选择"顶端"选项，将"高"选项设为"600"，如图 17-5 所示。单击"背景"选项右侧的"单元格背景 URL"按钮 ，在弹出的"选择图像源文件"对话框中选择光盘目录下"Ch17 > clip > 戏曲艺术网页 > images"文件夹中的"bg.jpg"文件，单击"确定"按钮，效果如图 17-6 所示。

图 17-5　　　　　　　　　　　　　　　　图 17-6

（4）在"插入"面板"常用"选项卡中单击"表格"按钮 ，在弹出的"表格"对话框中进行设置，如图 17-7 所示，单击"确定"按钮，保持表格的选取状态，在"属性"面板"对齐"选项的下拉列表中选择"居中对齐"选项，效果如图 17-8 所示。

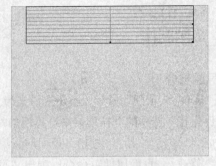

图 17-7　　　　　　　　　　图 17-8

（5）将光标置入到第 1 行第 1 列单元格中，在"属性"面板中将"高"选项设为"24"。将第 2 行第 1 列和第 2 列单元格全部选中，如图 17-9 所示，单击"属性"面板中的"合并所选单元格，使用跨度"按钮，将所选单元格合并，其他选项的设置如图 17-10 所示，单击"背景"选项右侧的"单元格背景 URL"按钮，在弹出的"选择图像源文件"对话框中选择光盘目录下"Ch17 > clip > 戏曲艺术网页 > images"文件夹中的"01_03.jpg"文件，单击"确定"按钮，效果如图 17-11 所示。

图 17-9

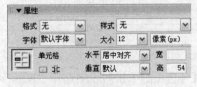

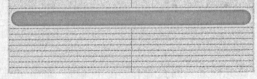

图 17-10　　　　　　　　　　图 17-11

（6）在单元格中输入需要的文字，并在"属性"面板中选择适当的大小，单击"加粗"按钮 **B**，效果如图 17-12 所示。

首页|京剧网站|越剧网站|昆曲网站|黄梅戏网|秦腔网站|评剧网站|川剧网站|豫剧网站|粤剧网站

图 17-12

2．在层中插入图像

（1）将光标置入到第 3 行中，在"属性"面板中将"高"选项设为"51"，效果如图 17-13 所示。选中如图 17-14 所示的单元格，单击"属性"面板中的"合并所选单元格，使用跨度"按钮，将所选单元格合并，在"属性"面板中将"宽"选项设为"400"。将光标置入到合并的单元格中，在"插入"面板"常用"选项卡中单击"图像"按钮，在弹出的"选择图像源文件"对话框中选择光盘目录下"Ch17 > clip > 戏曲艺术网页 > images"文件夹中的"03_06.jpg"文件，单击"确定"按钮，效果如图 17-15 所示。

  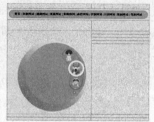

图 17-13　　　　　　　　　　　图 17-14　　　　　　　　　　图 17-15

（2）单击"插入"面板"布局"选项卡中的"绘制 AP Div"按钮，在文档窗口中绘制一个矩形层，如图 17-16 所示。将光标置入到层中，在"插入"面板"常用"选项卡中单击"图像"按钮，在弹出的"选择图像源文件"对话框中选择光盘目录下"Ch17 > clip > 戏曲艺术网页 > images"文件夹中的"01.gif"文件，单击"确定"按钮，效果如图 17-17 所示。

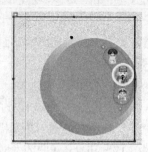 

图 17-16　　　　　　　　图 17-17

3．应用 CSS 样式并制作下载链接

（1）将光标置入到第 3 行第 2 列单元格中，在"属性"面板中将"宽"选项设为"281"，"高"选项设为"187"，在"属性"面板"水平"选项的下拉列表中选择"右对齐"选项，"垂直"选项的下拉列表中选择"底部"选项。

（2）选择"窗口 > CSS 样式"命令，弹出"CSS 样式"面板，单击面板下方的"新建 CSS 规则"按钮，在弹出的"新建 CSS 规则"对话框中进行设置，如图 17-18 所示。单击"确定"按钮，弹出".bj 的 CSS 规则定义"对话框，在"分类"列表框中选择"背景"选项。单击"背景"选项右侧的"浏览"按钮，在弹出的"选择图像源文件"对话框中选择光盘目录下"Ch17 > clip > 戏曲艺术网页 > images"文件夹中的"01_07.jpg"文件，单击"确定"按钮，其他选项的设置如图 17-19 所示，单击"确定"按钮。

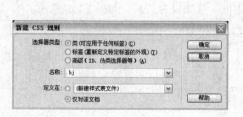 

图 17-18　　　　　　　　　　　　　　　　图 17-19

（3）将光标置入到第 4 行第 2 列单元格中，用鼠标右键单击文档窗口下方"标签选择器"中的"td"标签，在弹出的列表中选择"设置类 > bj"选项，如图 17-20 所示，为单元格设置样式，效果如图 17-21 所示。

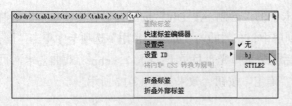

图 17-20 图 17-21

（4）在该单元格中输入绿色（#669F00）和黑色文字，并在"属性"面板中选择适当的字体和大小，单击"加粗"按钮 **B**，效果如图 17-22 所示。

（5）在第 5 行第 2 列输入需要的空格和文字，并单击"加粗"按钮 **B**，效果如图 17-23 所示。将光标置入到第 6 行第 2 列单元格中，在"属性"面板中将"高"选项设为"67"，在"水平"选项的下拉列表中选择"居中对齐"选项，单击"背景"选项右侧的"单元格背景 URL"按钮，弹出"选择图像源文件"对话框，在光盘目录下"Ch17 > clip > 戏曲艺术网页 > images"文件夹中选择图片"01_14.jpg"，单击"确定"按钮，效果如图 17-24 所示。

图 17-22 图 17-23 图 17-24

（6）将光盘目录下"Ch17 > clip > 戏曲艺术网页 > images"文件夹中的"n-1.jpg"、"n-2.jpg"、"n-3.jpg"、"n-4.jpg"文件分别插入到第 4 行第 2 列单元格中，在"属性"面板"水平边距"选项均设为"3"，效果如图 17-25 所示。

（7）选中第 1 幅图像，如图 17-26 所示。在"属性"面板中单击"链接"选项右侧的"浏览文件"按钮，弹出"选择文件"对话框，在光盘目录下"Ch17 > clip > 戏曲艺术网页 > images"文件夹中选择文件"生死恨.rar"，单击"确定"按钮，将"边框"选项设为"0"，如图 17-27 所示。

图 17-25 图 17-26

图 17-27

（8）用相同的方法，为其他 3 幅图像设置链接，并在"属性"面板中设置相同的属性。

4．添加标题并制作底部文字

（1）将光标置入到第 7 行第 2 列单元格中，在"属性"面板中将"高"选项设为"31"，效果如图 17-28 所示。

（2）将光标置入到第 8 行第 2 列单元格中，在"属性"面板"垂直"选项的下拉列表中选择"顶端"选项，在"插入"面板"常用"选项卡中单击"表格"按钮，在弹出的"表格"对话框中进行设置，如图 17-29 所示，单击"确定"按钮，保持表格的选取状态，在"属性"面板"对齐"选项的下拉列表中选择"居中对齐"选项，效果如图 17-30 所示。

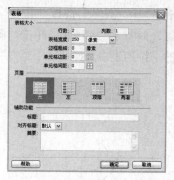

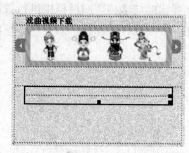

图 17-28　　　　　　　　　　　　图 17-29　　　　　　　　　　　　图 17-30

（3）将光标置入到第 1 行中，在"属性"面板中将"高"选项设为"24"，单击"背景"选项右侧的"单元格背景 URL"按钮，弹出"选择图像源文件"对话框，在光盘目录下"Ch17 > clip > 戏曲艺术网页 > images"文件夹中选择图片"01_18.jpg"，单击"确定"按钮，效果如图 17-31 所示。

（4）在该单元格中输入需要的白色符号"|"、黄色（#FFFF00）和黑色文字，单击"属性"面板中的"加粗"按钮 **B**，效果如图 17-32 所示。

图 17-31　　　　　　　　　　　　　　图 17-32

（5）将光标置入到第 2 行中，在"属性"面板中将"高"选项设为"75"，在该行中输入需要的文字，效果如图 17-33 所示，将光盘目录下"Ch17 > clip > 戏曲艺术网页 > images"文件夹中的"01_22.jpg"文件插入到文字"京剧名段"和"越剧"的前面，在"属性"面板中将"水平边距"选项设为"15"；用相同的方法，将"01_25.jpg"文件插入到文字"越剧名段"和"贵妃醉酒"的前面，设置"水平边距"选项为"15"，效果如图 17-34 所示。

图 17-33　　　　　　　　　　　　　图 17-34

（6）将第 10 行的第 1 列和第 2 列单元格全部选中，如图 17-35 所示，单击"属性"面板中的"合并所选单元格，使用跨度"按钮，将所选单元格合并。

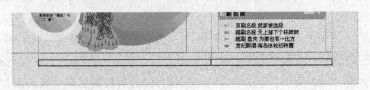

图 17-35

（7）将光标置入到合并的单元格中，在"插入"面板"常用"选项卡中单击"表格"按钮，在弹出的"表格"对话框中进行设置，如图 17-36 所示，单击"确定"按钮，保持表格的选取状态，在"属性"面板"对齐"选项的下拉列表中选择"居中对齐"选项，效果如图 17-37 所示。

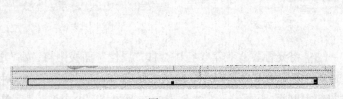

图 17-36　　　　　　　　　　　　　图 17-37

（8）将光标置入到表格中，在"属性"面板的"水平"选项的下拉列表中选择"居中对齐"选项，将"高"选项设为"41"，单击"背景"选项右侧的"单元格背景 URL"按钮，在弹出的"选择图像源文件"对话框中选择光盘目录下"Ch17 > clip > 戏曲艺术网页 > images"文件夹中的"01_33.jpg"文件，单击"确定"按钮，效果如图 17-38 所示。

（9）在该表格中输入需要的文字，效果如图 17-39 所示。

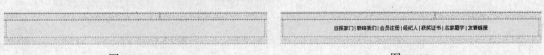

图 17-38　　　　　　　　　　　　　图 17-39

（10）选择"窗口 > 行为"命令，弹出"行为"面板，单击"添加行为"按钮，并从弹出的菜单中选择"弹出信息"命令，弹出"弹出信息"对话框，在"消息"文本框中输入文字，如图 17-40 所示，单击"确定"按钮，面板中如图 17-41 所示。

（11）戏曲艺术网页效果制作完成，保存文档，按 F12 键，预览网页效果，如图 17-42 所示。

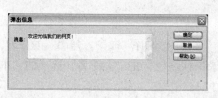

图 17-40　　　　　　　　　图 17-41　　　　　　　　　图 17-42

17.3　国画艺术网页

17.3.1　案例分析

国画，又称"中国画"，是中国传统文化艺术的精髓。它是用毛笔、墨和中国画颜料在特制的宣纸或绢上作画，题材主要有人物、山水、花鸟等，技法可分工笔和写意两种，绘画技法丰富多样，非常富有传统特色。国画艺术网页的主要功能是对中国画进行介绍、欣赏和传播，在网页设计上要表现出中国画的艺术特色和绘画风格。

在网页设计过程中，将背景设计为传统国画并在页面上方添加了梅花，以表现出国画的艺术美。简洁清晰的导航栏放在页面的上部，方便国画爱好者的浏览和学习。左侧是用户注册和国画艺术的介绍栏目。右侧的国画推荐栏目提供了多位画家的作品展示，对各位画家的国画艺术进行了介绍和宣传。

本例将使用图像按钮插入网页 LOGO，使用行为命令为导航制作显示/隐藏效果，使用文本字段和图像域制作登录界面，使用 CSS 样式命令为单元格制作特殊边线效果，使用属性面板设置图像的边距制作国画展示效果。

17.3.2　案例设计

本案例设计流程如图 17-43 所示。

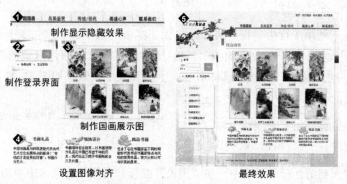

图 17-43

17.3.3 案例制作

1．制作导航部分

（1）选择"文件 > 新建"命令，新建空白文档。选择"文件 > 保存"命令，弹出"另存为"对话框。在"保存在"选项的下拉列表中选择当前站点目录保存路径，在"文件名"选项的文本框中输入"index"，单击"保存"按钮，返回网页编辑窗口。

（2）选择"修改 > 页面属性"命令，弹出"页面属性"对话框，在对话框中进行设置，如图 17-44 所示，单击"确定"按钮，在"插入"面板"常用"选项卡中单击"表格"按钮，在弹出的"表格"对话框中进行设置，如图 17-45 所示，单击"确定"按钮，保持表格的选取状态，在"属性"面板"对齐"选项的下拉列表中选择"居中对齐"选项，效果如图 17-46 所示。

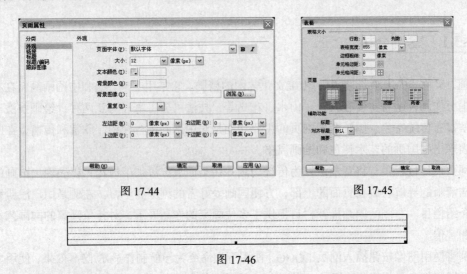

图 17-44　　　　　　　　　　　　　　　图 17-45

图 17-46

（3）单击"背景图像"选项右侧的"浏览文件"按钮，在弹出的"选择图像源文件"对话框中选择光盘目录下"Ch17 > clip > 国画艺术网页 > images"文件夹中的"bg.jpg"文件，单击"确定"按钮，效果如图 17-47 所示。

图 17-47

（4）将光标置入到第 1 行中，在"属性"面板"水平"选项的下拉列表中选择"右对齐"选项，将"高"选项设为"40"，效果如图 17-48 所示。在该行中输入需要的黑色文字和土红色（#DC9169）符号，在"属性"面板中选择适当的字体和大小，效果如图 17-49 所示。

图 17-48　　　　　　　　　　　　　　　图 17-49

（5）将光标置入到第 2 行单元格中，在"插入"面板"常用"选项卡中单击"表格"按钮，在弹出的"表格"对话框中进行设置，如图 17-50 所示，单击"确定"按钮，效果如图 17-51 所示。

图 17-50　　　　　　　　　　　　　　　　　　图 17-51

（6）选中第 1 行第 1 列和第 2 行第 1 列单元格，单击"属性"面板中的"合并所选单元格，使用跨度"按钮 ，将所选单元格合并，在"属性"面板"垂直"选项的下拉列表中选择"顶端"选项，将光标置入到合并的单元格中，在"插入"面板"常用"选项卡中单击"图像"按钮 ，

在弹出的"选择图像源文件"对话框中选择光盘目录下"Ch17 > clip > 国画艺术网页 > images"文件夹中的"01_03.jpg"文件，单击"确定"按钮，在"属性"面板中将"水平边距"选项设为"33"，效果如图 17-52 所示。

图 17-52

（7）将光标置入到第 2 行第 2 列单元格中，在"插入"面板"常用"选项卡中单击"表格"按钮 ，在弹出的"表格"对话框中进行设置，如图 17-53 所示，单击"确定"按钮，保持表格的选取状态，在"属性"面板"对齐"选项的下拉列表中选择"右对齐"选项，效果如图 17-54 所示。

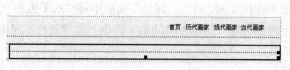

图 17-53　　　　　　　　　　　　　　　　　图 17-54

（8）将光盘目录下"Ch17 > clip > 国画艺术网页 > images"文件夹中的"01_41.png"文件插入到第 2 行中，效果如图 17-55 所示。

图 17-55

2．添加行为

（1）将光标置入到第 1 行中，在"属性"面板"水平"选项的下拉列表中选择"居中对齐"选项，将光盘目录下"Ch17 > clip > 国画艺术网页 > images"文件夹中的"01_09.jpg"文件插入到第 1 行中，在"属性"面板中将"水平边距"选项设为"10"，将"名称"选项设置为"aa"，如图 17-56 所示，效果如图 17-57 所示。

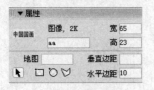

图 17-56

图 17-57

（2）选择"窗口 > 行为"命令，弹出"行为"面板，单击"添加行为"按钮 ，并从弹出的菜单中选择"效果 > 显示/渐隐"命令，弹出"显示/渐隐"对话框，在"目标元素"选项的下拉列表中选择"img"aa""选项，其他选项的设置如图 17-58 所示，单击"确定"按钮，单击事件右侧的下拉按钮，在弹出的列表中选择"onMuseMove"选项，效果如图 17-59 所示。

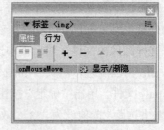

图 17-58

图 17-59

（3）用相同的方法将"01_12.jpg"、"01_14.jpg"、"01_16.jpg"、"01_18.jpg"文件插入到第 1 行中，并在"属性"面板中将"水平边距"选项均设为"10"，名称命名为"ab"、"ac"、"ad"、"ae"，在"行为"面板中应用相同的属性，效果如图 17-60 所示。

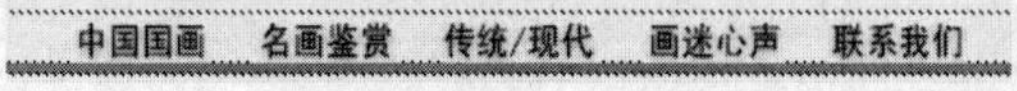

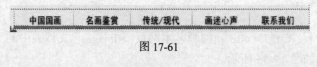

图 17-60

（4）将光盘目录下"Ch17 > clip > 国画艺术网页 > images"文件夹中的"01_06.jpg"文件分别插入到图像的中间，并在"属性"面板中将"水平边距"选项设为"10"，效果如图 17-61 所示。

（5）将光标置入到主表格的第 3 行中，在"属性"面板中将"高"选项设为"42"，效果如图 17-62 所示。

图 17-61

图 17-62

3. 制作用户注册

（1）将光标置入到第 4 行中，在"插入"面板"常用"选项卡中单击"表格"按钮 ，在弹出的"表格"对话框中进行设置，如图 17-63 所示，单击"确定"按钮，效果如图 17-64 所示。

图 17-63

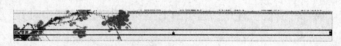

图 17-64

（2）将光标置入到第 1 列单元格中，在"属性"面板中将"宽"选项设为"218"，在"垂直"选项的下拉列表中选择"顶端"，在"插入"面板"常用"选项卡中单击"表格"按钮 ▦ ，在弹出的"表格"对话框中进行设置，如图 17-65 所示，单击"确定"按钮，效果如图 17-66 所示。

（3）将光标置入到第 1 行中，在"属性"面板中将"高"选项设为"80"，将光标置入到第 2 行中，在"属性"面板中将"高"选项设为"163"，单击"背景"选项右侧的"单元格背景 URL"按钮 ▭ ，在弹出的"选择图像源文件"对话框中选择光盘目录下"Ch17 > clip > 国画艺术网页 > images"文件夹中的"01_31.jpg"文件，单击"确定"按钮，效果如图 17-67 所示。

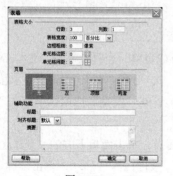

图 17-65

图 17-66

图 17-67

（4）单击"插入"面板"表单"选项卡中的"表单"按钮 ▭ ，插入一个表单，如图 17-68 所示，在"插入"面板"常用"选项卡中单击"表格"按钮 ▦ ，在弹出的"表格"对话框中进行设置，如图 17-69 所示，单击"确定"按钮，保持表格的选取状态，在"属性"面板"对齐"选项的下拉列表中选择"居中对齐"选项，效果如图 17-70 所示。

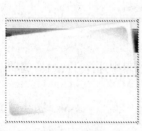

图 17-68

图 17-69

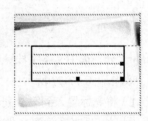

图 17-70

（5）将光盘目录下"Ch17 > clip > 国画艺术网页 > images"文件夹中的"02_33.jpg"文件插入到第 1 行中，在"属性"面板中将"水平边距"和"垂直边距"选项均设为"5"，在"属性"面板"对齐"选项的下拉列表中选择"绝对居中"选项，在图像的右侧输入文字，并在"属性"面板中选择适当的字体和大小，效果如图 17-71 所示。

（6）将光标置入到第 2 行中，在"插入"面板"常用"选项卡中单击"表格"按钮 ，在弹出的"表格"对话框中进行设置，如图 17-72 所示，单击"确定"按钮，保持表格的选取状态，在"属性"面板"对齐"选项的下拉列表中选择"居中对齐"选项，效果如图 17-73 所示。

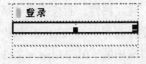

图 17-71   图 17-72   图 17-73

（7）在第 1 列单元格中输入需要的英文，效果如图 17-74 所示。

（8）将光标置入到英文"ID："的后面，单击"插入"面板"表单"选项卡中的"文本字段"按钮 ，插入一个文本字段，在"属性"面板中将"字符宽度"选项设为"8"，将该文本字段复制，粘贴到英文"PW"的后面，将"字符宽度"选项设为"10"，在"类型"选项组中点选"密码"单选项，效果如图 17-75 所示。

（9）选择"窗口 > CSS 样式"命令，弹出"CSS 样式"面板，单击面板下方的"新建 CSS 规则"按钮 ，在弹出的"新建 CSS 规则"对话框中进行设置，如图 17-76 所示，单击"确定"按钮，弹出".txet1 的 CSS 规则定义"对话框，将"大小"选项设为"12"，在"分类"列表框中选择"边框"选项，将"样式"选项设为"实线"，"大小"选项设为"1"，"颜色"选项设为灰色（#CCCCCC），单击"确定"按钮。

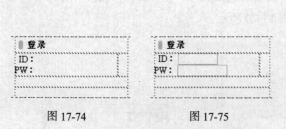
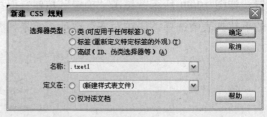

图 17-74   图 17-75   图 17-76

（10）分别选中文本字段，在"属性"面板"类"选项的下拉列表中选择"txet1"选项，应用样式，效果如图 17-77 所示。

（11）将光标置入到第 2 列单元格中，单击"插入"面板"表单"选项卡中的"图像域"按钮 ，在弹出的"选择图像源文件"对话框中选择光盘目录下"Ch17 > clip > 国画艺术网页 > images"

文件夹中的"02_37.jpg"文件，单击"确定"按钮，效果如图 17-78 所示。

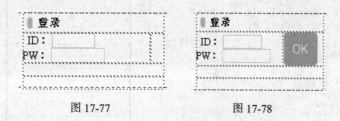

图 17-77　　　　　　　　　图 17-78

（12）将光标置入到主表格的第 3 行中，将高度设为"20"。将光盘目录下"Ch17 > clip >国画艺术网页> images"文件夹中的"02_41.jpg"文件插入，效果如图 17-79 所示。

（13）在第 4 行中输入文字，将光盘目录下"Ch17 > clip > 国画艺术网页 > images"文件夹中的"02_45.jpg"文件分别插入到文字的前面，在"属性"面板中将"水平边距"选项设为"10"，效果如图 17-80 所示。

图 17-79　　　　　　　　　图 17-80

（14）将光标置入到主表格的第 3 行中，在"插入"面板"常用"选项卡中单击"表格"按钮，在弹出的"表格"对话框中进行设置，如图 17-81 所示，单击"确定"按钮，保持表格的选取状态，在"属性"面板"对齐"选项的下拉列表中选择"居中对齐"选项，单击"背景图像"选项右侧的"浏览文件"按钮，在弹出的"选择图像源文件"对话框中选择光盘目录下"Ch17 > clip > 国画艺术网页 > images"文件夹中的"01_33.jpg"文件，单击"确定"按钮，将光标置入到表格中，在"属性"面板中将"高"选项设为"227"，效果如图 17-82 所示。

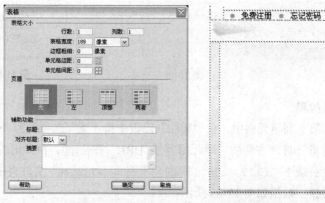

图 17-81　　　　　　　　　图 17-82

（15）在"插入"面板"常用"选项卡中单击"表格"按钮，在弹出的"表格"对话框中进行设置，如图 17-83 所示，单击"确定"按钮，保持表格的选取状态，在"属性"面板"对齐"选项的下拉列表中选择"居中对齐"选项，效果如图 17-84 所示。

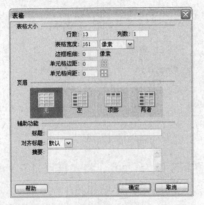

图 17-83

图 17-84

（16）将光盘目录下"Ch17＞clip＞国画艺术网页＞images"文件夹中的"02_56.jpg"文件分别插入到第 2 行、第 4 行、第 6 行、第 8 行、第 10 行和第 12 行中，效果如图 17-85 所示。

（17）将"02_52.jpg"文件插入到第 1 行中，在"属性"面板中将"水平边距"选项设为"10"，"垂直边距"选项设为"5"，在"对齐"选项的下拉列表中选择"绝对居中"选项，输入橘黄色（#FF5300）文字，效果如图 17-86 所示。

（18）将"02_60.jpg"文件分别插入到第 3 行、第 5 行、第 7 行、第 9 行、第 11 行和第 13 行中，并在"属性"面板中设置相同的属性，分别在图像的右侧输入文字，效果如图 17-87 所示。

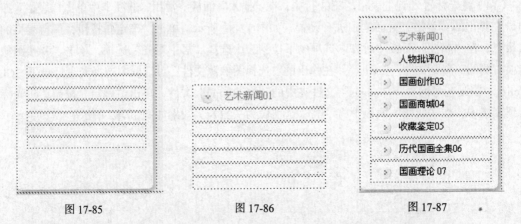

图 17-85　　　　　　　　图 17-86　　　　　　　　图 17-87

4．制作图片展示效果

（1）将光标置入到第 2 列单元格中，在"属性"面板中将"宽"选项设为"637"，"高"选项设为"599"，单击"背景"选项右侧的"单元格背景 URL"按钮，在弹出的"选择图像源文件"对话框中选择光盘目录下"Ch17＞clip＞国画艺术网页＞images"文件夹中的"02_30.jpg"文件，单击"确定"按钮，效果如图 17-88 所示。

（2）在"插入"面板"常用"选项卡中单击"表格"按钮，在弹出的"表格"对话框中进行设置，如图 17-89 所示，单击"确定"按钮，保持表格的选取状态，在"属性"面板"对齐"选项的下拉列表中选择"居中对齐"选项，效果如图 17-90 所示。

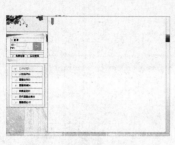

图 17-88

图 17-89

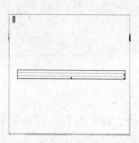

图 17-90

（3）将光标置入到第 1 行中，在"属性"面板中将"高"选项设为"30"，在第 1 行中输入橘黄色（#FF6600）文字，并在"属性"面板中选择适当的字体和大小，效果如图 17-91 所示。

图 17-91

（4）将光标置入到第 2 行中，在"插入"面板"常用"选项卡中单击"表格"按钮，在弹出的"表格"对话框中进行设置，如图 17-92 所示，单击"确定"按钮，效果如图 17-93 所示。

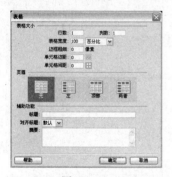

图 17-92

图 17-93

（5）单击"CSS 样式"面板下方的"新建 CSS 规则"按钮，在弹出的"新建 CSS 规则"对话框中进行设置，如图 17-94 所示，单击"确定"按钮，弹出".nn 的 CSS 规则定义"对话框，在"分类"列表框中选择"边框"选项，各选项的设置如图 17-95 所示，单击"确定"按钮。

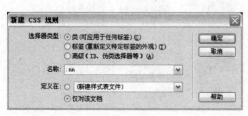

图 17-94

图 17-95

277

（6）选中刚才插入的表格，在"属性"面板"类"选项的下拉列表中选择".nn"选项，应用样式，效果如图 17-96 所示。

精彩推荐

图 17-96

（7）将光标置入到表格中，在"属性"面板"水平"选项的下拉列表中选择"居中对齐"选项，将光盘目录下"Ch17 > clip > 国画艺术网页 > images"文件夹中的"03_32.jpg"、"03_40.jpg"、"03_37.jpg"、"03_34.jpg"、"03_67.jpg"、"03_69.jpg"、"03_71.jpg"、"03_73.jpg"文件插入到表格中，并在"属性"面板中将"水平边距"和"垂直边距"选项分别设为 10、15，在各图像的下方输入文字，效果如图 17-97 所示。

图 17-97

（8）单击"CSS 样式"面板下方的"新建 CSS 规则"按钮，在弹出的"新建 CSS 规则"对话框中进行设置，如图 17-98 所示，单击"确定"按钮，弹出".img01 的 CSS 规则定义"对话框，在"分类"列表框中选择"边框"选项，各选项的设置如图 17-99 所示，单击"确定"按钮。

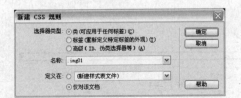

图 17-98　　　　　　　　　　　　　　　　图 17-99

（9）选中第 1 幅图像，在"属性"面板"类"选项的下拉列表中选择"img01"选项，应用样式，效果如图 17-100 所示。用相同的方法，为其他图像应用样式，效果如图 17-101 所示。

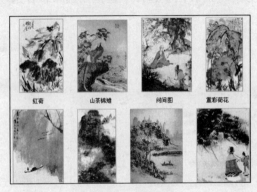

图 17-100　　　　　　　　　　　图 17-101

（10）将光标置入到第 3 行单元格中，在"插入"面板"常用"选项卡中单击"表格"按钮，在弹出的"表格"对话框中进行设置，如图 17-102 所示，单击"确定"按钮，效果如图 17-103 所示。

图 17-102

图 17-103

（11）将光标置入到第 1 列单元格中，将光盘目录下"Ch17 > clip > 国画艺术网页 > images"文件夹中的"03_97.jpg"文件插入，在"属性"面板"对齐"选项的下拉列表中选择"绝对居中"选项，输入红色（#CC0000）和黑色文字，并在"属性"面板中选择适当的字体和大小，单击"加粗"按钮 **B**，效果如图 17-104 所示。

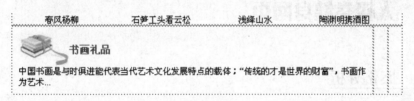

图 17-104

（12）用相同的方法，将"03_92.jpg"文件插入到第 2 列单元格中、"03_94.jpg"文件插入到第 3 列单元格中，并在"属性"面板中设置相同的属性，输入需要的文字，效果如图 17-105 所示。

图 17-105

5. 制作底部

（1）将光标置入到最后一行单元格中，在"属性"面板"对齐"选项的下拉列表中选择"居中对齐"选项，将"高"选项设为"63"，单击"背景"选项右侧的"单元格背景 URL"按钮，在弹出的"选择图像源文件"对话框中选择光盘目录下"Ch17 > clip > 国画艺术网页 > images"文件夹中的"06_02.jpg"文件，单击"确定"按钮，效果如图 17-106 所示。

（2）在该行中输入需要文字，效果如图 17-107 所示。国画艺术网页效果制作完成，保存文档，按 F12 键，预览网页效果，如图 17-108 所示。

图 17-106

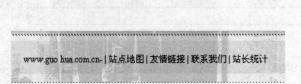

图 17-107

图 17-108

17.4 太极拳健身网页

17.4.1 案例分析

太极拳是中华民族的宝贵财富，太极拳不仅仅是一种古老的健身与技击并重的拳术，太极拳里面还包含了深刻的中国古典哲学。太极拳健身网页是一个对太极拳文化进行全面介绍和宣传的专业网站，在网页设计上要表现出太极拳的健身养生功能和文化特色。

在网页的设计制作过程中，将背景设计为橘红到褐色的渐变色，这个色系是中国传统的色彩体系，通过此色彩可以表现出中国传统文化的氛围。导航栏的设计也体现出太极拳的运动感，方便爱好者浏览和学习。通过打太极拳的鹤发童颜的老人，水墨绘制的传统云纹和非常有气势的图案，老人手中艺术化的太极图形，充分表现出了太极拳的健身养生功能和中国古典哲学思想。中间和右侧区域通过对文字和图片的设计编排，提供了太极养生、太极推手练习等栏目，详细介绍了太极文化的精髓。

本例将使用层和时间轴制作导航文字下落效果，使用属性面板设置表格的属性和单元格的背景图像，使用 CSS 样式命令为文字制作发光效果，使用行为命令制作图像收缩效果，使用属性面板改变文字的颜色和大小。

17.4.2 案例设计

本案例设计流程如图 17-109 所示。

制作下降动画动画

制作文字发光效果

制作图像放大收缩效果

制作网页底部

最终效果

图 17-109

17.4.3　案例制作

1．设置页面属性

（1）选择"文件 > 新建"命令，新建空白文档。选择"文件 > 保存"命令，弹出"另存为"对话框。在"保存在"选项的下拉列表中选择当前站点目录保存路径，在"文件名"选项的文本框中输入"index"，单击"保存"按钮，返回网页编辑窗口。

（2）选择"修改 > 页面属性"命令，弹出"页面属性"对话框，在对话框中进行设置，如图 17-110 所示，单击"确定"按钮，在"插入"面板"常用"选项卡中单击"表格"按钮 ，在弹出的"表格"对话框中进行设置，如图 17-111 所示，单击"确定"按钮，保持表格的选取状态，在"属性"面板"对齐"选项的下拉列表中选择"居中对齐"选项，效果如图 17-112 所示。

图 17-110 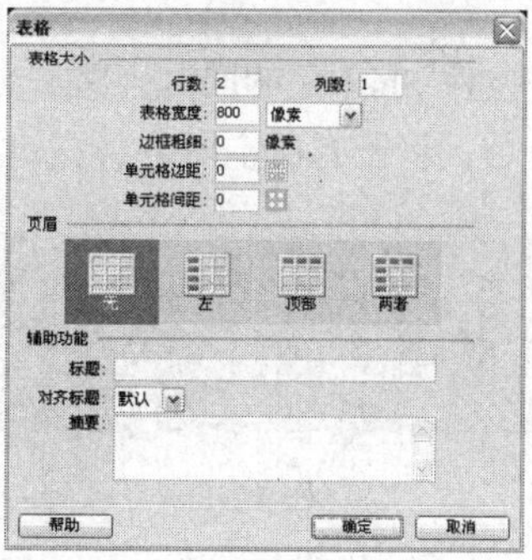　　　　　　　　　　　　　　　　　　图 17-111

图 17-112

（3）单击"背景图像"选项右侧的"浏览文件"按钮 ，在弹出的"选择图像源文件"对话框中选择光盘目录下"Ch17 > clip > 太极拳健身网页 > images"文件夹中的"01_01.jpg"文件，单击"确定"按钮，效果如图 17-113 所示。

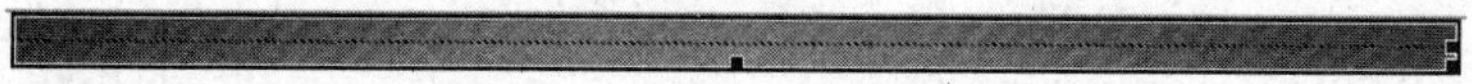

图 17-113

（4）将光标置入到第 1 行中，在"插入"面板"常用"选项卡中单击"图像"按钮，在弹出的"选择图像源文件"对话框中选择光盘目录下"Ch17 > clip > 太极拳健身网页 > images"文件夹中的"02_01.jpg"文件，单击"确定"按钮，效果如图 17-114 所示。

图 17-114

2．制作下降动画

（1）单击"插入"面板"布局"选项卡中的"绘制 AP Div"按钮，在文档窗口中，按 Ctrl 键的同时，分别绘制 5 个层，效果如图 17-115 所示。分别将光盘目录下"Ch17 > clip > 太极拳健身网页 > images"文件夹中的"02_03.jpg"、"02_05.jpg"、"02_07.jpg"、"02_09.jpg"、"02_11.jpg"文件插入到各个层中，效果如图 17-116 所示。

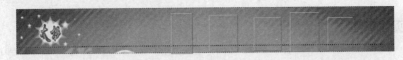

图 17-115

图 17-116

（2）按住 Shift 键的同时，将层全部选中，如图 17-117 所示。选择"修改 > 排列顺序 > 上对齐"命令，将所有层上对齐，按键盘上的向上键，将层向上移动，效果如图 17-118 所示。

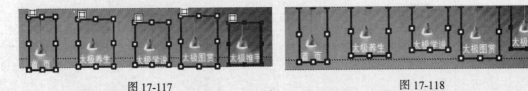

图 17-117　　　　　　　　　　　　　　　图 17-118

（3）分别将 5 个有图像的层拖曳到"时间轴"面板中，效果如图 17-119 所示。在"时间轴"面板中，把第 15 帧全部拖曳到第 25 帧，延长动画的时间，效果如图 17-120 所示。

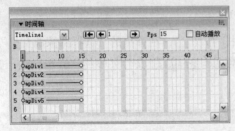
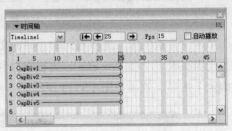

图 17-119　　　　　　　　　　　　　　　图 17-120

（4）在"时间轴"面板中选择"apDiv1"的第 1 帧，在文档窗口中选中对应的层，按键盘上的向上键，将其垂直向上移动，效果如图 17-121 所示。用相同的方法，选中其余图层的第 1 帧，向上移动层的位置，效果如图 17-122 所示。

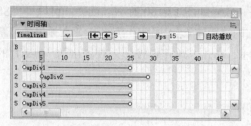
图 17-121

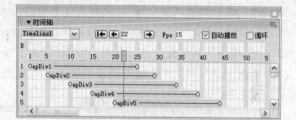
图 17-122

（5）在"时间轴"面板中，将第 2 个动画条向后移动到第 5 帧，如图 17-123 所示，用相同的方法，移动其他动画条到相应的帧，勾选"自动播放"复选框，如图 17-124 所示。

图 17-123　　　　　　　　　　　　　　图 17-124

3. 制作发光字

（1）将光标置入到表格的第 2 行中，按 Tab 键，增加一行表格，效果如图 17-125 所示。将光标置入到第 2 行中，在"插入"面板"常用"选项卡中单击"表格"按钮，在弹出的"表格"对话框中进行设置，如图 17-126 所示，单击"确定"按钮，保持表格的选取状态，在"属性"面板"对齐"选项的下拉列表中选择"右对齐"选项，效果如图 17-127 所示。

图 17-125

图 17-126

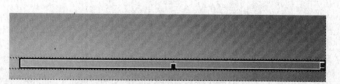

图 17-127

（2）将光标置入到第 1 列单元格中，在"属性"面板中将"宽"选项设为"226"，在"插入"面板"常用"选项卡中单击"表格"按钮，在弹出的"表格"对话框中进行设置，如图 17-128 所示，单击"确定"按钮，效果如图 17-129 所示。

图 17-128

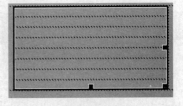

图 17-129

（3）将光标置入到第 1 行中，在"属性"面板"水平"选项的下拉列表中选择"右对齐"选项，将"高"选项设为"50"，在第 1 行中输入文字，效果如图 17-130 所示。选择"窗口 > CSS 样式"命令，弹出"CSS 样式"面板，单击面板下方的"新建 CSS 规则"按钮，在弹出的"新建 CSS 规则"对话框中进行设置，如图 17-131 所示，单击"确定"按钮，在弹出的".text1 的 CSS 规则定义"对话框中进行设置，如图 17-132 所示。

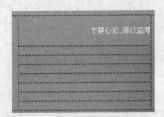

图 17-130

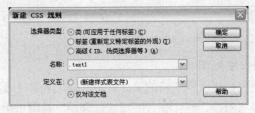

图 17-131

（4）在右侧的"分类"列表框中选择"扩展"命令，在"过滤器"选项的下拉列表中选择"Glow"命令，将过滤器参数值设置为"Glow(Color=#FFFFFF, Strength=5)"，如图 17-133 所示，单击"确定"按钮。

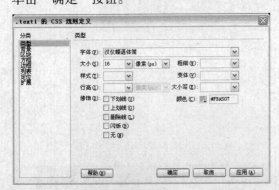

图 17-132

图 17-133

（5）选中文字"宁静心态，得以益寿"，在"属性"面板"样式"选项的下拉列表中选择"text1"选项，应用样式，效果如图 17-134 所示。

（6）将光标置入到第 2 行中，在"插入"面板"常用"选项卡中单击"图像"按钮，在弹出的"选择图像源文件"对话框中选择光盘目录下"Ch17 > clip > 太极拳健身网页 > images"文件夹中的"02_23.jpg"文件，单击"确定"按钮，效果如图 17-135 所示。

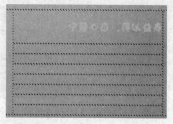

图 17-134 图 17-135

4．制作主体部分

（1）将光标置入到第 3 行中，在"属性"面板中将"高"选项设为"48"，在"垂直"选项的下拉列表中选择"底部"选项，效果如图 17-136 所示。在"插入"面板"常用"选项卡中单击"图像"按钮，在弹出的"选择图像源文件"对话框中选择光盘目录下"Ch17＞clip＞ 太极拳健身网页＞images"文件夹中的"03_03.jpg"文件，单击"确定"按钮，在"属性"面板"对齐"选项的下拉列表中选择"绝对居中"选项，将"垂直边距"和"水平边距"选项均设为"5"，效果如图 17-137 所示。

（2）在图像的右侧输入文字，并在"属性"面板中选择适当的字体和大小，效果如图 17-138 所示。

图 17-136 图 17-137 图 17-138

（3）将光标置入到第 4 行中，在"插入"面板"常用"选项卡中单击"表格"按钮，在弹出的"表格"对话框中进行设置，如图 17-139 所示，单击"确定"按钮，效果如图 17-140 所示。

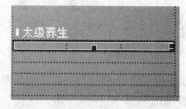

图 17-139 图 17-140

（4）将光标置入到第 1 列单元格中，将光盘目录下"Ch17＞clip＞ 太极拳健身网页＞images"文件夹中的"02_28.jpg"文件插入；用相同的方法，将"02_31.jpg"文件插入到第 2 列单元格中，在"属性"面板中将"水平边距"和"垂直边距"选项均设为"5"，效果如图 17-141 所示，在第 3 列单元格中输入文字，效果如图 17-142 所示。

图 17-141

图 17-142

（5）将光标置入到第 5 行中，在"属性"面板中将"高"选项设为"30"，将光盘目录下的"Ch17 > clip > 太极拳健身网页 > images"文件夹中的"03_03.jpg"文件插入，在"属性"面板"对齐"选项的下拉列表中选择"绝对居中"选项，将"垂直边距"和"水平边距"选项均设为"5"，效果如图 17-143 所示。在图像的右侧输入白色文字，效果如图 17-144 所示。

图 17-143

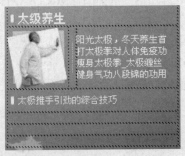

图 17-144

（6）将光标置入到第 6 行中，在"属性"面板"水平"选项的下拉列表中选择"居中对齐"选项，将光盘目录下"Ch17 > clip > 太极拳健身网页 > images"文件夹中的"01.jpg"、"02.jpg"、"03.jpg"、"04.jpg"文件插入，在"属性"面板中将"水平边距"选项均设为"2"，效果如图 17-145 所示。

（7）将光标置入到第 7 行中，在"属性"面板"水平"选项的下拉列表中选择"居中对齐"选项，在该行中输入需要的空格和文字，效果如图 17-146 所示。

图 17-145

图 17-146

（8）将光盘目录下"Ch17 > clip > 太极拳健身网页 > images"文件夹中的"02_42.jpg"、"02_44.jpg"文件插入到第 8 行中，在"属性"面板中将"垂直边距"和"水平边距"选项分别设为 10、3，效果如图 17-147 所示。

（9）单击"插入"面板"布局"选项卡中的"绘制 AP Div"按钮，在文档窗口中绘制一个矩形层，如图 17-148 所示。将光标置入到层中，在"插入"面板"常用"选项卡中单击"图像"按钮，在弹出的"选择图像源文件"对话框中选择光盘目录下"Ch17 > clip > 太极拳健身网页 > images"文件夹中的"01.png"文件，单击"确定"按钮，效果如图 17-149 所示。

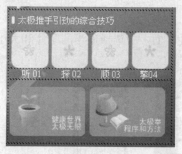

图 17-147

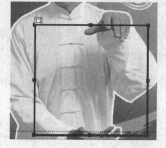

图 17-148

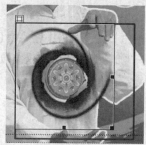

图 17-149

（10）选择"窗口 > 行为"命令，弹出"行为"面板，单击"添加行为"按钮 ，并从弹出的菜单中选择"效果 > 增大/收缩"命令，弹出"增大/收缩"对话框，在"目标元素"选项的下拉列表中选择"div "apDiv6 ""选项，其他选项的设置如图 17-150 所示，单击"确定"按钮，单击事件右侧的下拉按钮，在弹出的列表中选择"onMuseOver"选项，效果如图 17-151 所示。

图 17-150

图 17-151

（11）在"插入"面板"常用"选项卡中单击"表格"按钮 ，在弹出的"表格"对话框中进行设置，如图 17-152 所示，单击"确定"按钮，保持表格的选取状态，在"属性"面板"对齐"选项的下拉列表中选择"居中对齐"选项，效果如图 17-153 所示。

图 17-152

图 17-153

（12）单击"背景图像"选项右侧的"浏览文件"按钮 ，在弹出的"选择图像源文件"对话框中选择光盘目录下"Ch17 > clip > 太极拳健身网页 > images"文件夹中的"02_24.jpg"文件，单击"确定"按钮，将光标置入到表格中，在"属性"面板中进行设置，如图 17-154 所示，表格效果如图 17-155 所示。

（13）在该表格中输入褐色（#A04B1A）文字，并在"属性"面板中选择适当的字体和大小，单击"加粗"按钮 **B**，效果如图 17-156 所示。

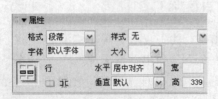

| 图 17-154 | 图 17-155 | 图 17-156 |

5．制作底部

（1）将光标置入到最后一行单元格中，在"属性"面板中将"高"选项设为"80"，效果如图 17-157 所示。在"插入"面板"常用"选项卡中单击"表格"按钮，在弹出的"表格"对话框中进行设置，如图 17-158 所示，单击"确定"按钮，保持表格的选取状态，在"属性"面板"对齐"选项的下拉列表中选择"居中对齐"选项，效果如图 17-159 所示。

| 图 17-157 | 图 17-158 |

（2）将光盘目录下"Ch17 > clip > 太极拳健身网页 > images"文件夹中的"aa_49.jpg"文件插入到第 2 行第 1 列单元格中，效果如图 17-160 所示。

| 图 17-159 | 图 17-160 |

（3）将光标置入到第 2 行第 2 列单元格中，在"属性"面板"水平"选项的下拉列表中选择"居中对齐"选项，"宽"选项设为"598"，单击"背景"选项右侧的"单元格背景 URL"按钮，

在弹出的"选择图像源文件"对话框中选择光盘目录下"Ch17 > clip > 太极拳健身网页 > images"文件夹中的"aa_50.jpg"文件，单击"确定"按钮，效果如图 17-161 所示。

图 17-161

（4）在单元格中输入需要的文字，效果如图 17-162 所示。太极拳健身网页效果制作完成，保存文档，按 F12 键，预览网页效果，如图 17-163 所示。

图 17-162　　　　　　　　　　　　　图 17-163

17.5　书法艺术网页

17.5.1　案例分析

书法是中国传统艺术之一，也是中国传统文化艺术的精髓。它是通过以毛笔书写汉字的方法，来表达作者思想和精神美的艺术。书法艺术网页的功能是弘扬书法文化，介绍和宣传书法艺术，在网页设计上要表现出书法文化的高雅和神韵。

在网页设计制作过程中，页面背景采用了荷花和书法字的结合，以表达出书法艺术形神兼备、情景交融的气质。左上角的标志和导航栏的设计，都充分运用了书法艺术的元素，方便书法爱好者的浏览和学习。右侧区域通过对文字和图片的设计编排，提供了鉴赏收藏、书法教育等栏目，详细介绍了书法文化的精髓。

本例将使用行为命令制作图像挤压效果，使用属性面板改变图像的边距，使用背景命令设置单元格的背景图像，使用项目列表按钮为文字应用项目列表制作鉴赏收藏和书法教育效果，使用属性面板改变文字的颜色制作网页底部效果。

17.5.2　案例设计

本案例设计流程如图 17-164 所示。

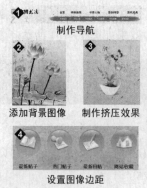

制作导航

添加背景图像　制作挤压效果

设置图像边距

最终效果

图 17-164

17.5.3　案例制作

1．设置页面属性插入表格

（1）选择"文件 > 新建"命令，新建空白文档。选择"文件 > 保存"命令，弹出"另存为"对话框。在"保存在"选项的下拉列表中选择当前站点目录保存路径，在"文件名"选项的文本框中输入"index"，单击"保存"按钮，返回网页编辑窗口。

（2）选择"修改 > 页面属性"命令，弹出"页面属性"对话框，在对话框中进行设置，如图 17-165 所示，单击"确定"按钮，在"插入"面板"常用"选项卡中单击"表格"按钮，在弹出的"表格"对话框中进行设置，如图 17-166 所示，单击"确定"按钮，保持表格的选取状态，在"属性"面板"对齐"选项的下拉列表中选择"居中对齐"选项，效果如图 17-167 所示。

图 17-165 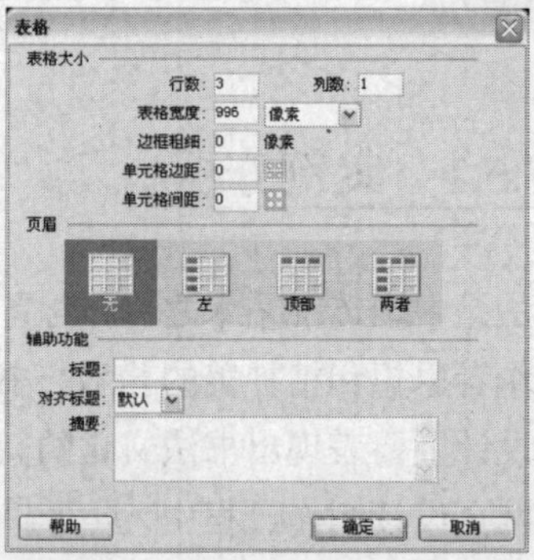　　　　　　　　　　　　图 17-166

（3）将光标置入到第 1 行中，在"插入"面板"常用"选项卡中单击"图像"按钮，在弹出的"选择图像源文件"对话框中选择光盘目录下"Ch17 > clip > 书法艺术网页 > images"文件夹中的"01_01.jpg"文件，单击"确定"按钮，效果如图 17-168 所示。

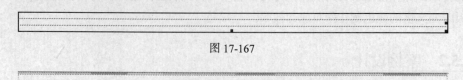

图 17-167

图 17-168

（4）将光标置入到第 2 行中，在"属性"面板进行设置，如图 17-169 所示，单击"背景图像"选项右侧的"浏览文件"按钮📁，在弹出的"选择图像源文件"对话框中选择光盘目录下"Ch17 > clip > 书法艺术网页 > images"文件夹中的"02_02.jpg"文件，单击"确定"按钮，效果如图 17-170 所示。

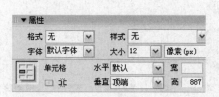

图 17-169

图 17-170

2. 制作导航

（1）将光标置入到第 2 行中，在"插入"面板"常用"选项卡中单击"表格"按钮▦，在弹出的"表格"对话框中进行设置，如图 17-171 所示，单击"确定"按钮，保持表格的选取状态，在"属性"面板"对齐"选项的下拉列表中选择"右对齐"选项，效果如图 17-172 所示。

图 17-171

图 17-172

（2）将光标置入到第 1 行中，在"属性"面板中进行设置，如图 17-173 所示，在"插入"面板"常用"选项卡中单击"表格"按钮▦，在弹出的"表格"对话框中进行设置，如图 17-174 所示，单击"确定"按钮，效果如图 17-175 所示。

图 17-173

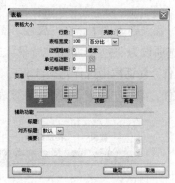

图 17-174

图 17-175

（3）将光盘目录下"Ch17 > clip > 书法艺术网页 > images"文件夹中的"01_41.png"文件插入到第 1 列中，效果如图 17-176 所示。按 Shift 键的同时，选中第 2 列到第 6 列的单元格，在"属性"面板中进行设置，如图 17-177 所示，分别在各单元格中输入需要的文字，在"属性"面板中选择适当的字体和大小，效果如图 17-178 所示。

| 图 17-176 | 图 17-177 | 图 17-178 |

（4）将光标置入到主表格的第 2 行中，在"属性"面板中进行设置，如图 17-179 所示。在"插入"面板"常用"选项卡中单击"表格"按钮，在弹出的"表格"对话框中进行设置，如图 17-180 所示，单击"确定"按钮，保持表格的选取状态，在"属性"面板"对齐"选项的下拉列表中选择"右对齐"选项，效果如图 17-181 所示。

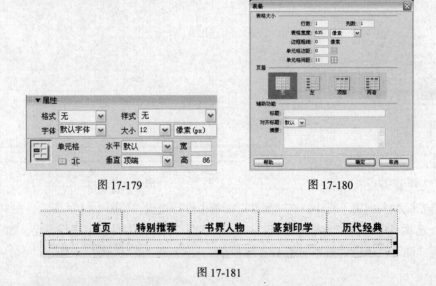

| 图 17-179 | 图 17-180 |

图 17-181

（5）将光标置入到表格中，在"属性"面板"水平"选项的下拉列表中选择"居中对齐"选项，将"高"选项设为"37"，单击"背景"选项右侧的"单元格背景 URL"按钮，在弹出的"选择图像源文件"对话框中选择光盘目录下"Ch17 > clip > 书法艺术网页 > images"文件夹中的"01_08.jpg"文件，单击"确定"按钮，在该表格中输入需要的白色文字，效果如图 17-182 所示。

图 17-182

3．制作主体部分

（1）将光标置入到主表格的第 3 行中，在"插入"面板"常用"选项卡中单击"表格"按钮 ，在弹出的"表格"对话框中进行设置，如图 17-183 所示，单击"确定"按钮，保持表格的选取状态，在"属性"面板"对齐"选项的下拉列表中选择"右对齐"选项，效果如图 17-184 所示。

图 17-183

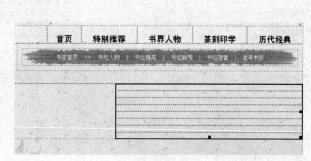

图 17-184

（2）将光标置入到第 1 行中，在"插入"面板"常用"选项卡中单击"图像"按钮 ，在弹出的"选择图像源文件"对话框中选择光盘目录下"Ch17＞clip＞书法艺术网页＞images"文件夹中的"01_12.jpg"文件，单击"确定"按钮，在"属性"面板"对齐"选项的下拉列表中选择"绝对居中"选项，在图像的右侧输入文字，在"属性"面板中选择适当的字体和大小，效果如图 17-185 所示。

（3）将光标置入到第 2 行中，在"属性"面板中将"高"选项设为"70"。在第 2 行中输入文字，并将"01_16.jpg"文件插入，效果如图 17-186 所示。

图 17-185

图 17-186

（4）将文字全部选中，单击"属性"面板中的"项目列表"按钮 ，为文字添加项目列表，效果如图 17-187 所示。

（5）将光标置入到第 3 行中，在"插入"面板"常用"选项卡中单击"图像"按钮 ，在弹出的"选择图像源文件"对话框中选择光盘目录下"Ch17＞clip＞书法艺术网页＞images"文件夹中的"01_20.jpg"文件，单击"确定"按钮，在"属性"面板"对齐"选项的下拉列表中选择"绝对居中"选项，将"水平边距"选项设为"10"，在图像的右侧输入文字，在"属性"面板中选择适当的字体和大小，效果如图 17-188 所示。

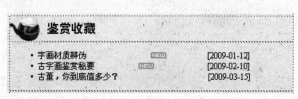

图 17-187

图 17-188

（6）将光标置入到第 4 行中，在"属性"面板中将"高"选项设为"69"。在第 4 行中输入文字，并将"01_16.jpg"文件插入，效果如图 17-189 所示。将文字全部选中，单击"属性"面板中的"项目列表"按钮，为文字添加项目列表，效果如图 17-190 所示。

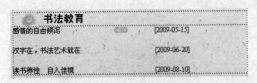

图 17-189　　　　　　　　　　　　　　　图 17-190

（7）将光标置入到第 5 行中，在"插入"面板"常用"选项卡中单击"表格"按钮，在弹出的"表格"对话框中进行设置，如图 17-191 所示，单击"确定"按钮，效果如图 17-192 所示。

图 17-191　　　　　　　　　　　　　　　图 17-192

（8）将单元格全部选中，在"属性"面板中进行设置，如图 17-193 所示，单击"背景"选项右侧的"单元格背景 URL"按钮，在弹出的"选择图像源文件"对话框中选择光盘目录下"Ch17 > clip > 书法艺术网页 > images"文件夹中的"01_24.jpg"文件，单击"确定"按钮，效果如图 17-194 所示。

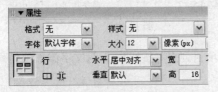

图 17-193　　　　　　　　　　　　　　　图 17-194

（9）分别在各单元格中输入白色文字，效果如图 17-195 所示。

图 17-195

（10）将光标置入到第 6 行中，在"插入"面板"常用"选项卡中单击"表格"按钮，在弹出的"表格"对话框中进行设置，如图 17-196 所示，单击"确定"按钮，效果如图 17-197 所示。

图 17-196

图 17-197

（11）将光标置入到第 1 列单元格中，在"插入"面板"常用"选项卡中单击"表格"按钮，在弹出的"表格"对话框中进行设置，如图 17-198 所示，单击"确定"按钮，保持表格的选取状态，在"属性"面板"对齐"选项的下拉列表中选择"居中对齐"选项，效果如图 17-199 所示。

图 17-198

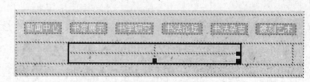

图 17-199

（12）将光盘目录下"Ch17 > clip > 书法艺术网页 > images"文件夹中的"01_30.jpg"文件插入到第 1 行第 1 列单元格中，在"属性"面板"对齐"选项的下拉列表中选择"绝对居中"选项，将"垂直边距"选项设为"10"，并在图像的右侧输入文字，设置文字大小，效果如图 17-200 所示。

（13）分别在第 2 行第 1 列和第 2 列单元格中输入文字，效果如图 17-201 所示。将光盘目录下"Ch17 > clip > 书法艺术网页 > images"文件夹中的"01_28.jpg"文件插入到主表格的第 2 列中，在"属性"面板中将"水平边距"选项设为"20"，效果如图 17-202 所示。

图 17-200

图 17-201

图 17-202

4．添加行为

（1）选中图像，如图 17-203 所示。在"属性"面板"图像名称"文本框中输入"aa"，如图 17-204 所示。

295

图 17-203

图 17-204

（2）选择"窗口 > 行为"命令，弹出"行为"面板，单击"添加行为"按钮 **+_**，并从弹出的菜单中选择"效果 > 挤压"命令，弹出"挤压"对话框，在"目标元素"选项的下拉列表中选择"img"aa""选项，如图 17-205 所示，单击"确定"按钮，单击事件右侧的下拉按钮，在弹出的列表中选择"onMuseMove"选项，效果如图 17-206 所示。

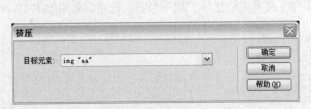

图 17-205

图 17-206

（3）将光标置入到第 7 行，在"属性"面板"水平"选项的下拉列表中选择"居中对齐"选项，分别将光盘目录下"Ch17 > clip > 书法艺术网页 > images"文件夹中的"01_35.jpg"、"01_37.jpg"、"01_39.jpg"、"01_42.jpg"文件插入到第 7 行中，并在"属性"面板中将"垂直边距"选项设为"25"，"水平边距"选项设为"10"，效果如图 17-207 所示。

（4）在图像的下方输入深褐色（#2B2408）文字，在"属性"面板中选择适当的大小，单击"加粗"按钮 **B**，效果如图 17-208 所示。

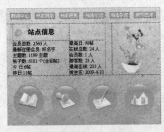

图 17-207

图 17-208

（5）将光标置入到第 8 行中，在"属性"面板"水平"选项的下拉列表中选择"居中对齐"选项，将光盘目录下"Ch17 > clip > 书法艺术网页 > images"文件夹中的"01_49.jpg"、"01_51.jpg"文件插入，在"属性"面板中将"垂直边距"选项设为"20"，"水平边距"选项设为"5"，效果如图 17-209 所示。

（6）将光标置入到主表格的第 3 行中，在"属性"面板"水平"选项的下拉列表中选择"居中对齐"选项，将"高"选项设为"51"，单击"背景"选项右侧的"单元格背景 URL"按钮🗀，在弹出的"选择图像源文件"对话框中选择光盘目录下"Ch17 > clip > 书法艺术网页 > images"

文件夹中的"02_03.jpg"文件，单击"确定"按钮，效果如图 17-210 所示。

图 17-209

图 17-210

（7）在第 3 行中输入白色文字，效果如图 17-211 所示。书法艺术网页效果制作完成，保存文档，按 F12 键，预览网页效果，如图 17-212 所示。

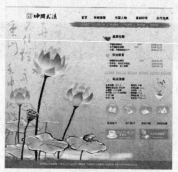

图 17-211

图 17-212

课堂练习——诗词艺术网页

【练习知识要点】使用属性面板改变图像的边距，使用热点工具制作链接效果，使用 CSS 样式命令改变文字的行距，使用页面属性命令设置链接文字颜色，如图 17-213 所示。

【效果所在位置】光盘/Ch17/效果/诗词艺术网页/index.html。

图 17-213

课后习题——古乐艺术网页

【习题知识要点】使用属性面板必变文字的颜色，使用框架和表格布局网页，使用插件插入背景音乐，使用 CSS 样式命令制作文字竖排效果，如图 17-214 所示。

【效果所在位置】光盘/Ch17/效果/古乐艺术网页/index.html。

图 17-214

第18章

电子商务网页

近年来，电子商务得到了迅猛的发展。它是数字化商业社会的核心，是未来发展、生存的主流方式。随着时代的发展，不具备网上交易能力的企业将失去广阔的市场，以致无法在未来的市场竞争中占优势。本章以多个类型的电子商务网页为例，讲解了电子商务网页的设计方法和制作技巧。

课堂学习目标

- 了解电子商务网页的功能
- 了解电子商务网页的服务内容
- 掌握电子商务网页的设计流程
- 掌握电子商务网页的设计布局
- 掌握电子商务网页的制作方法

18.1　电子商务网页概述

电子商务通常是指在全球各地广泛的商业贸易活动中，在因特网开放的网络环境下，基于浏览器/服务器应用方式，买卖双方不见面地进行各种商贸活动，实现消费者网上购物、商户之间网上交易和在线电子支付以及各种商务活动、交易活动、金融活动和相关综合服务活动的一种新型的商业运营模式。随着国内 Internet 使用人数的增加，利用 Internet 进行网络购物并以银行卡付款的消费方式已渐流行，市场份额也在迅速增长，电子商务网站也层出不穷，已经服务到千家万户。

18.2　商务信息网页

18.2.1　案例分析

网络商务信息是指存储于网络并在网络上传播的与商务活动有关的各种信息的集合，是各种网上商务活动之间相互联系、相互作用的描述和反映，是对用户有用的网络信息，网络是其依附载体。商务信息网页的功能就是传播商务活动的信息。

在网页的设计制作过程中，左上角的标志和导航栏的设计简洁明快，方便用户浏览和交换商务信息。左侧设置了商务邮用户注册、站内搜索、交易指南和签定合同等栏目，方便用户在线交易。中间的区域通过对文字和图片的设计编排，提供其他的商务信息栏目，详细介绍了与商务活动有关的各种信息。整个页面简洁大方，结构清晰，有利于用户的商务查询和交易。

本例将使用 CSS 样式命令设置文本字段的外观，使用表格按钮插入表格布局网页，使用复制命令复制表格，使用白色文字和符号制作导航效果，使用属性面板改变文字的颜色和大小，使用图像域和单选按钮组制作网上调查效果。

18.2.2　案例设计

本案例设计流程如图 18-1 所示。

图 18-1

18.2.3　案例制作

1．制作导航部分

（1）选择"文件 > 新建"命令，新建空白文档。选择"文件 > 保存"命令，弹出"另存为"对话框。在"保存在"选项的下拉列表中选择当前站点目录保存路径，在"文件名"选项的文本框中输入"index"，单击"保存"按钮，返回网页编辑窗口。

（2）选择"修改 > 页面属性"命令，弹出"页面属性"对话框，在对话框中进行设置，如图 18-2 所示，单击"确定"按钮，在"插入"面板"常用"选项卡中单击"表格"按钮，在弹出的"表格"对话框中进行设置，如图 18-3 所示，单击"确定"按钮，保持表格的选取状态，在"属性"面板"对齐"选项的下拉列表中选择"居中对齐"选项，效果如图 18-4 所示。

图 18-2　　　　　　　　　　　　　　　图 18-3

图 18-4

（3）将第 1 行和第 2 行的第 1 列全部选中，如图 18-5 所示，单击"属性"面板中的"合并所选单元格，使用跨度"按钮，将所选单元格合并，将"宽"选项设为"182"。将光标置入到合并的单元格中，在"插入"面板"常用"选项卡中单击"图像"按钮，在弹出的"选择图像源文件"对话框中选择光盘目录下"Ch18 > clip > 商务信息网页 > images"文件夹中的"01_01.jpg"文件，单击"确定"按钮，效果如图 18-6 所示。

图 18-5

图 18-6

（4）将第 1 行第 2 列和第 3 列单元格合并，将光标置入到合并的单元格中，在"插入"面板"常用"选项卡中单击"图像"按钮，在弹出的"选择图像源文件"对话框中选择光盘目录下"Ch18 > clip > 商务信息网页 > images"文件夹中的"01_02.jpg"文件，单击"确定"按钮，效果如图 18-7 所示。

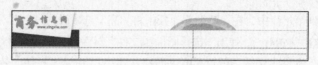

图 18-7

（5）将第 2 行第 2 列和第 3 列单元格合并，将"高"选项设为"48"，单击"背景"选项右侧的"单元格背景 URL"按钮 ，弹出"选择图像源文件"对话框，在光盘目录下"Ch18 > clip > 商务信息网页 > images"文件夹中选择图片"01_03.jpg"，单击"确定"按钮，效果如图 18-8 所示。

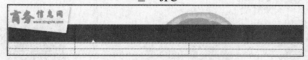

图 18-8

（6）在"插入"面板"常用"选项卡中单击"表格"按钮 ，在弹出的"表格"对话框中进行设置，如图 18-9 所示，单击"确定"按钮，效果如图 18-10 所示。

图 18-9　　　　　　　　　　　　　　　　　　图 18-10

（7）将所有单元格全部选中，在"属性"面板"水平"选项的下拉列表中选择"居中对齐"选项，分别在各个单元格中输入白色的文字，并在"属性"面板中选择适当的字体和大小，效果如图 18-11 所示。

图 18-11

2．制作左侧信息

（1）将光标置入第 3 行第 1 列单元格中，在"插入"面板"常用"选项卡中单击"表格"按钮 ，在弹出的"表格"对话框中进行设置，如图 18-12 所示，单击"确定"按钮，效果如图 18-13 所示。

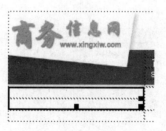

图 18-12　　　　　　　　　　　　　　　图 18-13

（2）将光标置入到第1行中，在"属性"面板中将"高"选项设为"172"，单击"背景"选项右侧的"单元格背景URL"按钮，弹出"选择图像源文件"对话框，在光盘目录下"Ch18 > clip > 商务信息网页 > images"文件夹中选择图片"01_04.jpg"，单击"确定"按钮，效果如图18-14所示。

（3）单击"插入 > 表单"选项卡中的"表单"按钮，插入表单，在"插入"面板"常用"选项卡中单击"表格"按钮，在弹出的"表格"对话框中进行设置，如图18-15所示，单击"确定"按钮，效果如图18-16所示。

图18-14

图18-15

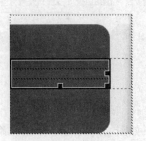
图18-16

（4）同时选中第1行和第3行，在"属性"面板"水平"选项的下拉列表中选择"居中对齐"选项，将光标置入到第1行中，在"属性"面板中将"高"选项设为"40"，输入白色文字，并在"属性"面板中选择适当的字体和大小，效果如图18-17所示。

（5）将光标置入到第2行中，在"插入"面板"常用"选项卡中单击"表格"按钮，在弹出的"表格"对话框中进行设置，如图18-18所示，单击"确定"按钮，效果如图18-19所示。

图18-17

图18-18

图18-19

（6）选择"窗口 > CSS样式"命令，弹出"CSS样式"面板，单击面板下方的"新建CSS规则"按钮，在弹出的"新建CSS规则"对话框中进行设置，如图18-20所示，单击"确定"按钮，弹出".hh的CSS规则定义"对话框，在"分类"列表中选择"边框"选项，在对话框中进行设置，如图18-21所示，单击"确定"按钮。

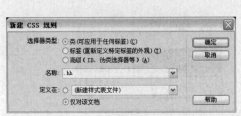
图18-20

图18-21

（7）选中刚插入的表格，在"属性"面板"类"选项的下拉列表中选择"hh"选项，将光标置入到表格中，在"属性"面板中将"高"选项设为"73"，表格效果如图 18-22 所示。

（8）分别输入白色文字，如图 18-23 所示。单击"插入"面板"表单"选项卡中的"文本字段"按钮，在文字"用户名："的后面插入一个文本字段，在"属性"面板中将"字符宽度"选项设为"9"，用相同的方法在文字"密码："的后面插入一个文本字段，在"属性"面板中将"字符宽度"选项设为"11"，在"类型"选项组中点选"密码"单选项，效果如图 18-24 所示。

图 18-22   图 18-23   图 18-24

（9）选择"窗口 > CSS 样式"命令，弹出"CSS 样式"面板，单击面板下方的"新建 CSS 规则"按钮，在弹出的"新建 CSS 规则"对话框中进行设置，如图 18-25 所示，单击"确定"按钮，在弹出的".text1 的 CSS 规则定义"对话框中进行设置，如图 18-26 所示。

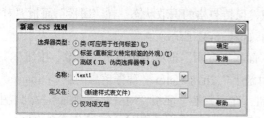

图 18-25   图 18-26

（10）在左侧"分类"选项的列表框中选择"背景"选项，将"背景颜色"选项设为粉色（#E67373）；在左侧"分类"选项的列表框中选择"边框"选项，在"样式"选项的下拉列表中选择"实线"选项，"宽度"选项的文本框中输入"1"，将"颜色"选项设为白色，如图 18-27 所示，单击"确定"按钮完成设置。

（11）分别选中文本字段，在"属性"面板"类"选项的下拉列表中选择"text1"选项，为文本字段应用样式，效果如图 18-28 所示。

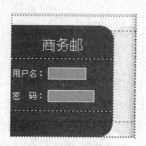

图 18-27   图 18-28

（12）将光标置入到主表格的第 3 行中，在"属性"面板中将"高"选项设为"30"，单击"插入"面板"表单"选项卡中的"图像域"按钮，在弹出的"选择图像源文件"对话框中选择光盘目录下"Ch18 > clip > 商务信息网页 > images"文件夹中的"02_08.jpg"文件，单击"确定"按钮，效果如图 18-29 所示。

（13）将光标置入到主表格的第 2 行中，在"属性"面板中将"高"选项设为"348"，单击"背景"选项右侧的"单元格背景 URL"按钮，在弹出的"选择图像源文件"对话框中选择光盘目录下"Ch18 > clip > 商务信息网页 > images"文件夹中的"04_02.jpg"文件，单击"确定"按钮，效果如图 18-30 所示。

图 18-29

图 18-30

（14）在"插入"面板"常用"选项卡中单击"表格"按钮，在弹出的"表格"对话框中进行设置，如图 18-31 所示，单击"确定"按钮，保持表格的选取状态，在"属性"面板"对齐"选项的下拉列表中选择"居中对齐"选项，效果如图 18-32 所示。

（15）将光标置入到第 1 行中，在"插入"面板"常用"选项卡中单击"图像"按钮，在弹出的"选择图像源文件"对话框中选择光盘目录下"Ch18 > clip > 商务信息网页 > images"文件夹中的"01_16.jpg"文件，单击"确定"按钮，在"属性"面板"对齐"选项的下拉列表中选择"绝对居中"选项，将"水平边距"选项设为"10"。在图像的右侧输入深绿色（#004135）、绿色（#318927）和浅绿色（#76B900）文字，在"属性"面板中选择适当的字体和大小，单击"加粗"按钮 **B**，效果如图 18-33 所示。

图 18-31

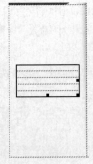

图 18-32

图 18-33

（16）将光标置入到第 2 行中，在"属性"面板中将"高"选项设为"64"，在"插入"面板"常用"选项卡中单击"表格"按钮，在弹出的"表格"对话框中进行设置，如图 18-34 所示，单击"确定"按钮，保持表格的选取状态，在"属性"面板"对齐"选项的下拉列表中选择"居中对齐"选项，将"边框颜色"选项设为灰色（#E0E0E2），效果如图 18-35 所示。

（17）将光标置入到表格中，在"插入"面板"常用"选项卡中单击"表格"按钮 ，在弹出的"表格"对话框中进行设置，如图 18-36 所示，单击"确定"按钮，在"属性"面板中将"边框颜色"选项设为浅灰色（#F0F0F2），效果如图 18-37 所示。

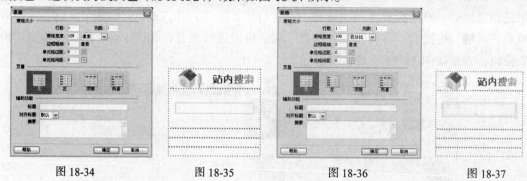

图 18-34　　　　　　　　图 18-35　　　　　　　　图 18-36　　　　　　　　图 18-37

（18）将光标置入到表格中，单击"插入"面板"表单"选项卡中的"列表/菜单"按钮 ，插入一个列表菜单，如图 18-38 所示，单击"属性"面板中的"列表值"按钮，在弹出的"列表值"对话框中进行设置，如图 18-39 所示，单击"确定"按钮。

图 18-38　　　　　　　　图 18-39

（19）单击"插入"面板"表单"选项卡中的"图像域"按钮 ，在弹出的"选择图像源文件"对话框中选择光盘目录下"Ch18 > clip > 商务信息网页 > images"文件夹中的"01_32.jpg"文件，单击"确定"按钮，在列表菜单的右侧插入图像域，效果如图 18-40 所示。

（20）单击"插入"面板"表单"选项卡中的"文本字段"按钮 ，插入一个文本字段，在"属性"面板中将"字符宽度"选项设为"15"，在"初始值"文本框中输入"请输入关键字"，效果如图 18-41 所示。

（21）将光盘目录下"Ch18 > clip > 商务信息网页 > images"文件夹中的"01_38.jpg"文件插入到主表格的第 3 行中，将"垂直边距"选项设为"5"；将"01_45.jpg"文件插入到第 4 行中，将"垂直边距"选项设为"5"；将光标置入到 5 行中，在"属性"面板"水平"选项的下拉列表中选择"居中对齐"选项，将"01_50.jpg"文字插入，将"垂直边距"选项设为"15"，效果如图 18-42 所示。

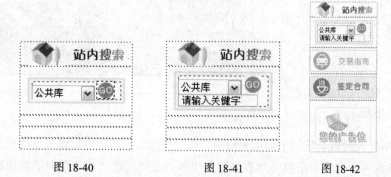

图 18-40　　　　　　　　图 18-41　　　　　　　　图 18-42

3．制作中间部分

（1）将光标置入到主表格的第 3 行第 2 列中，在"属性"面板"垂直"选项的下拉列表中选择"顶端"选项，将"宽"选项设为"464"；将光标置入到第 3 行第 3 列中，将"宽"选项设为"154"。将光标置入到主表格的第 3 行第 2 列中，在"插入"面板"常用"选项卡中单击"表格"按钮 ，在弹出的"表格"对话框中进行设置，如图 18-43 所示，单击"确定"按钮，效果如图 18-44 所示。

图 18-43

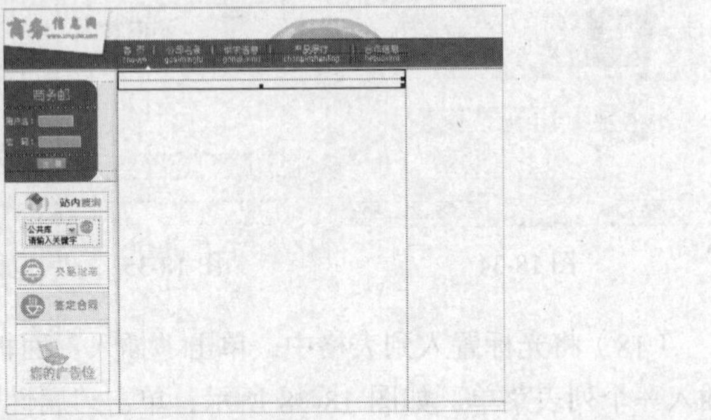

图 18-44

（2）将光盘目录下"Ch18 > clip > 商务信息网页 > images"文件夹中的"01_05.jpg"文件插入到第 1 行中，效果如图 18-45 所示。

图 18-45

（3）将光标置入到第 2 行中，在"插入"面板"常用"选项卡中单击"表格"按钮 ，在弹出的"表格"对话框中进行设置，如图 18-46 所示，单击"确定"按钮，保持表格的选取状态，在"属性"面板"对齐"选项的下拉列表中选择"居中对齐"选项，效果如图 18-47 所示。

图 18-46

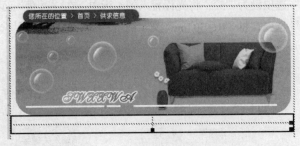

图 18-47

（4）将光标置入到第 1 行第 1 列单元格中，在"属性"面板中将"宽"选项设为"310"。在"插入"面板"常用"选项卡中单击"表格"按钮 ，在弹出的"表格"对话框中进行设置，如

图18-48所示，单击"确定"按钮，保持表格的选取状态，在"属性"面板"对齐"选项的下拉列表中选择"居中对齐"选项，效果如图18-49所示。

（5）将光标置入到第1行中，在"插入"面板"常用"选项卡中单击"图像"按钮，在弹出的"选择图像源文件"对话框中选择光盘目录下"Ch18 > clip > 商务信息网页 > images"文件夹中的"01_12.jpg"文件，单击"确定"按钮，在"属性"面板"对齐"选项的下拉列表中选择"绝对居中"选项，将"垂直边距"和"水平边距"选项均设为"10"，在图像的右侧输入文字，在"属性"面板中选择适当的字体和大小，效果如图18-50所示。

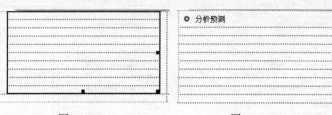

图18-48　　　　　　图18-49　　　　　　图18-50

（6）用相同的方法，将"01_09.jpg"、"01_42.jpg"文件插入到文字的后面，效果如图18-51所示。

（7）将光标置入到第2行中，将光盘目录下"Ch18 > clip > 商务信息网页 > images"文件夹中的"01_20.jpg"文件插入，效果如图18-52所示。

（8）将光标置入到第3行中，在"属性"面板中将"高"选项设为"32"，将光盘目录下"Ch18 > clip > 商务信息网页 > images"文件夹中的"01_24.jpg"文件插入，在"属性"面板"对齐"选项的下拉列表中选择"绝对居中"选项，将"垂直边距"和"水平边距"选项分别设为5、20，在图像的右侧输入文字，效果如图18-53所示。

图18-51　　　　　　图18-52　　　　　　图18-53

（9）用相同的方法，将第5行、第7行、第9行高度设为"32"，插入图像输入文字，将"01_36.jpg"文件插入到第9行文字的后面，效果如图18-54所示。

（10）将光盘目录下"Ch18 > clip > 商务信息网页 > images"文件夹中的"01_29.jpg"文件分别插入到第4行、第6行、第8行和第10行中，效果如图18-55所示。

（11）选中如图18-56所示的表格，按Ctrl+C组合键，将其复制，将光标置入到主表格的第2行第1列单元格中；按Ctr+V组合键，将复制的表格粘贴，将文字更改，效果如图18-57所示。

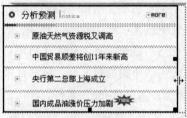

图 18-54 图 18-55 图 18-56

（12）将表格的第 1 行第 2 列和第 2 行第 2 列单元格全部选中，如图 18-58 所示，单击"属性"面板中的"合并所选单元格，使用跨度"按钮，将所选单元格合并，将光盘目录下"Ch18＞clip＞商务信息网页＞images"文件夹中的"01_28.jpg"文件插入到合并的单元格中，效果如图 18-59 所示。

图 18-57 图 18-58 图 18-59

4．制作右侧部分

（1）将光标置入到主表格的第 3 行第 3 列单元格中，单击"背景"选项右侧的"单元格背景 URL"按钮，在弹出的"选择图像源文件"对话框中选择光盘目录下"Ch18＞clip＞商务信息网页＞images"文件夹中的"01_06.jpg"文件，单击"确定"按钮，效果如图 18-60 所示。

（2）在"插入"面板"常用"选项卡中单击"表格"按钮，在弹出的"表格"对话框中进行设置，如图 18-61 所示，单击"确定"按钮，效果如图 18-62 所示。

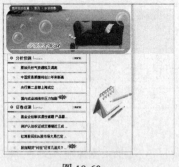

图 18-60 图 18-61 图 18-62

（3）将光标置入到表格中，单击"背景"选项右侧的"单元格背景 URL"按钮，在弹出的"选择图像源文件"对话框中选择光盘目录下"Ch18＞clip＞商务信息网页＞images"文件夹中的"03_04.jpg"文件，单击"确定"按钮，效果如图 18-63 所示。

（4）单击"插入"面板"表单"选项卡中的"表单"按钮，插入表单，在"插入"面板"常用"选项卡中单击"表格"按钮，在弹出的"表格"对话框中进行设置，如图 18-64 所示，单击"确定"按钮，保持表格的选取状态，在"属性"面板"对齐"选项的下拉列表中选择"居中对齐"选项，效果如图 18-65 所示。

图 18-63　　　　　　　　图 18-64　　　　　　　　图 18-65

（5）将光盘目录下"Ch18＞clip＞ 商务信息网页 ＞images"文件夹中的"02_19.jpg"文件插入到第 1 行中，在"属性"面板"对齐"选项的下拉列表中选择"绝对居中"选项，输入褐色（#959200）文字，并设置字体和大小，效果如图 18-66 所示。

（6）将光标置入到第 2 行中，在"属性"面板中将"高"选项设为"10"，将"02_31.jpg"文件插入，效果如图 18-67 所示。分别在第 3 行和第 4 行中输入需要的文字，效果如图 18-68 所示。

图 18-66　　　　　　　图 18-67　　　　　　　图 18-68

（7）将光标置入到第 5 行中，单击"插入"面板"表单"选项卡中的"单选按钮组"按钮，在弹出的"单选按钮组"对话框中进行设置，如图 18-69 所示，单击"确定"按钮，效果如图 18-70 所示。

（8）单击"插入"面板"表单"选项卡中的"图像域"按钮，在弹出的"选择图像源文件"对话框中选择光盘目录下"Ch18＞clip＞ 商务信息网页 ＞images"文件夹中的"02_58.jpg"文件，单击"确定"按钮，用相同的方法，将"02_60.jpg"文件再次插入，效果如图 18-71 所示。

图 18-69　　　　　　　　图 18-70　　　　　　图 18-71

（9）选中如图 18-72 所示的表格，按键盘上的向左键，按两次 Enter 键，表格向下移动，效果如图 18-73 所示。

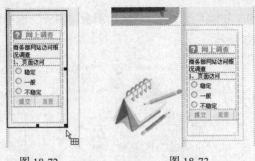

图 18-72	图 18-73

（10）选中最后一行的所有单元格，如图 18-74 所示。单击"属性"面板中的"合并所选单元格，使用跨度"按钮，将所选单元格合并，在"属性"面板"水平"选项的下拉列表中选择"居中对齐"选项，将"高"选项设为"48"，单击"背景"选项右侧的"单元格背景 URL"按钮，在弹出的"选择图像源文件"对话框中选择光盘目录下"Ch18 > clip > 商务信息网页 > images"文件夹中的"01_53.jpg"文件，单击"确定"按钮，并在该行中输入文字，效果如图 18-75 所示。

图 18-74	图 18-75

（11）商务信息网页效果制作完成，保存文档，按 F12 键，预览网页效果，如图 18-76 所示。

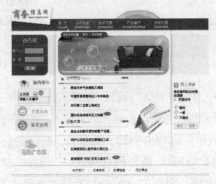

图 18-76

18.3 电子商情网页

18.3.1 案例分析

　　电子商情是以网站形式为电子行业企业管理人、采购及生产经理传递市场和产品信息及技术情报，并协助他们发展及执行成功的采购、生产及供应链管理策略。电子商情网页通过栏目形式，为读者呈现最新信息与分析。

　　在网页设计制作过程中，用颜色将页面划分为上下两个区域，打破了商务网页严谨的版式风格。上侧区域包括了标志和导航栏，方便电子商情信息的浏览。左侧的时间台历，寓意时间就是商业机会和效益。右侧是电子商情的核心信息。下侧区域通过对文字和图片的设计编排，提供出其他的电子商情栏目，详细介绍了与电子行业有关的各种信息。

　　本例将使用 Flash 按钮插入动画效果，使用 CSS 样式命令改变文字的行距和项目符号，使用时间轴和层制作动画效果，使用属性面板改变文字的颜色，使用属性面板改变图像的边距，使用列表菜单按钮制作下拉列表效果。

18.3.2　案例设计

　　本案例设计流程如图 18-77 所示。

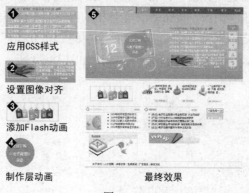

图 18-77

18.3.3　案例制作

1．制作导航部分

　　（1）选择"文件 > 新建"命令，新建空白文档。选择"文件 > 保存"命令，弹出"另存为"对话框。在"保存在"选项的下拉列表中选择当前站点目录保存路径，在"文件名"选项的文本框中输入"index"，单击"保存"按钮，返回网页编辑窗口。

　　（2）选择"修改 > 页面属性"命令，弹出"页面属性"对话框，在对话框中进行设置，如图 18-78 所示，单击"确定"按钮，在"插入"面板"常用"选项卡中单击"表格"按钮 ，在弹出的"表格"对话框中进行设置，如图 18-79 所示，单击"确定"按钮，保持表格的选取状态，在"属性"面板"对齐"选项的下拉列表中选择"居中对齐"选项，效果如图 18-80 所示。

图 18-78

图 18-79

图 18-80

（3）将光标置入到第 1 行中，在"属性"面板中将"高"选项设为"358"，在"属性"面板"垂直"选项的下拉列表中选择"顶端"选项，单击"背景"选项右侧的"单元格背景 URL"按钮，在弹出的"选择图像源文件"对话框中选择光盘目录下"Ch18 > clip > 电子商情网页 > images"文件夹中的"2_01.jpg"文件，单击"确定"按钮，效果如图 18-81 所示。

（4）在"插入"面板"常用"选项卡中单击"表格"按钮，在弹出的"表格"对话框中进行设置，如图 18-82 所示，单击"确定"按钮，效果如图 18-83 所示。

（5）将光标置入到第 1 列单元格中，在"属性"面板中将"宽"选项设为"252"，在"插入"面板"常用"选项卡中单击"图像"按钮，在弹出的"选择图像源文件"对话框中选择光盘目录下"Ch18 > clip > 电子商情网页 > images"文件夹中的"01_02.jpg"文件，单击"确定"按钮，将第 2 列单元格背景颜色设为褐色（#594B31），效果如图 18-84 所示。

图 18-81

图 18-82

图 18-83

图 18-84

（6）将光标置入到第 2 列单元格中，在"插入"面板"常用"选项卡中单击"表格"按钮，在弹出的"表格"对话框中进行设置，如图 18-85 所示，单击"确定"按钮，在"属性"面板"对齐"选项的下拉列表中选择"右对齐"选项，效果如图 18-86 所示。

图 18-85

图 18-86

（7）将光盘目录下"Ch18 > clip > 电子商情网页 > images"文件夹中的"n0_01.jpg"文件插入到第 1 列单元格中，用相同的方法，将"n_02.jpg"、"n_03.jpg"、"n_04.jpg"、"n_05.jpg"、"n_06.jpg"、"n_07.jpg"、"n_08.jpg"文件插入到各单元格中，效果如图 18-87 所示。

图 18-87

2．制作新闻部分

（1）选中如图 18-88 所示的图片。单击窗口下方的"标签选择器"中的<table>标签，如图 18-89 所示。将该图片所在的表格选中，按键盘上的向右键，使光标与表格并排显示。

图 18-88　　　　　　　　　　　　　　　　　　　　图 18-89

（2）按两次 Enter 键，将光标置于下一段落，在"插入"面板"常用"选项卡中单击"表格"按钮 ，在弹出的"表格"对话框中进行设置，如图 18-90 所示，单击"确定"按钮，保持表格的选取状态，在"属性"面板"对齐"选项的下拉列表中选择"右对齐"选项，效果如图 18-91 所示。

图 18-90

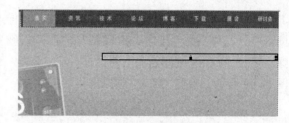

图 18-91

（3）将光标置入到第 1 列单元格中，在"属性"面板中将"宽"选项设为"284"，在"插入"面板"常用"选项卡中单击"表格"按钮 ，在弹出的"表格"对话框中进行设置，如图 18-92 所示，单击"确定"按钮，效果如图 18-93 所示。

图 18-92

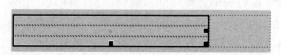

图 18-93

（4）在第 1 行中输入红褐色（#B45522）文字，单击"加粗"按钮 **B**，效果如图 18-94 所示。将光盘目录下"Ch18 > clip > 电子商情网页 > images"文件夹中的"hot.gif"文件插入到文字的后面，效果如图 18-95 所示。

图 18-94　　　　　　　　　　　　　　图 18-95

（5）将光标置入到第 2 行单元格中，在"插入"面板"常用"选项卡中单击"表格"按钮，在弹出的"表格"对话框中进行设置，如图 18-96 所示，单击"确定"按钮，效果如图 18-97 所示。

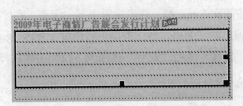

图 18-96　　　　　　　　　　　　　　图 18-97

（6）选择"窗口 > CSS 样式"命令，弹出"CSS 样式"面板，单击面板下方的"新建 CSS 规则"按钮，在弹出的"新建 CSS 规则"对话框中进行设置，如图 18-98 所示，单击"确定"按钮，弹出".hh 的 CSS 规则定义"对话框，在"分类"列表框中选择"边框"选项，各选项的设置如图 18-99 所示，单击"确定"按钮。

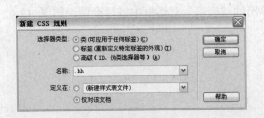

图 18-98　　　　　　　　　　　　　　图 18-99

（7）选中刚插入的表格，在"属性"面板"类"选项的下拉列表中选择"hh"选项，应用样式，效果如图 18-100 所示。将单元格全部选中，在"属性"面板中将"高"选项设为"20"。按住 Ctrl 键的同时，选中第 1 行、第 3 行和第 5 行单元格，如图 18-101 所示。

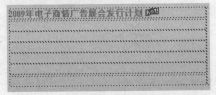

图 18-100

在"属性"面板中将"背景颜色"选项设为褐色（#D7BB71），如图 18-102 所示。在各行中输入白色文字，效果如图 18-103 所示。

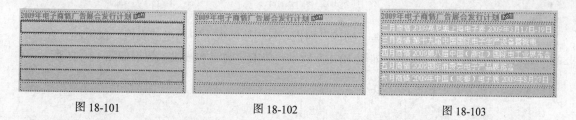

| 图 18-101 | 图 18-102 | 图 18-103 |

（8）在主表格的第 3 行中输入白色文字，并插入"01_16.jpg"文件，效果如图 18-104 所示。将光标置入到文字"元器件/组件……"的前面，将光盘目录下"Ch18 > clip > 电子商情网页 > images"文件夹中的"01_09.jpg"文件插入，在"属性"面板"对齐"选项的下拉列表中选择"左对齐"选项，将"垂直边距"和"水平边距"选项均设为"5"，效果如图 18-105 所示。

（9）将光盘目录下"Ch18 > clip > 电子商情网页 > images"文件夹中的"01_06.jpg"文件插入到右侧的第 2 列单元格中，效果如图 18-106 所示。

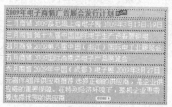

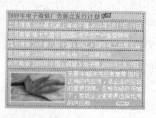
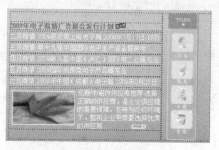

| 图 18-104 | 图 18-105 | 图 18-106 |

3．制作主体部分

（1）将主表格的第 2 行背景颜色设为浅灰色（#E1DED5），高度设为"13"，如图 18-107 所示。在"拆分"视图窗口中选中该单元格的" "标签，如图 18-108 所示。按 Delete 键，将其删除，返回到"设计"视图窗口中，效果如图 18-109 所示。

图 18-107

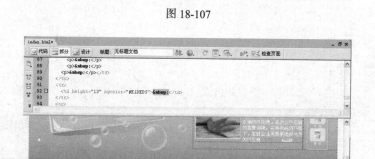

图 18-108

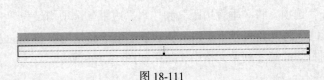

图 18-109

（2）将光标置入第 3 行中，在"插入"面板"常用"选项卡中单击"表格"按钮 ，在弹出的"表格"对话框中进行设置，如图 18-110 所示，单击"确定"按钮，效果如图 18-111 所示。

图 18-110　　　　　　　　　　　　　　　　　　图 18-111

（3）将光标置入到第 1 行第 1 列单元格中，在"属性"面板中进行设置，如图 18-112 所示。在"插入"面板"常用"选项卡中单击"Flash"按钮 ，在弹出"选择文件"对话框中选择光盘目录下"Ch18 > clip > 电子商情网页 > images"文件夹中的"01.swf"，单击"确定"按钮完成 Flash 影片的插入，效果如图 18-113 所示。

图 18-112　　　　　　　　　　　图 18-113

（4）将光标置入到第 1 行第 2 列单元格中，在"插入"面板"常用"选项卡中单击"表格"按钮 ，在弹出的"表格"对话框中进行设置，如图 18-114 所示，单击"确定"按钮，效果如图 18-115 所示。

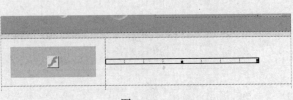

图 18-114　　　　　　　　　　　　　　　　　　图 18-115

（5）将单元格全部选中，在"属性"面板"垂直"选项的下拉列表中选择"顶端"选项，将光盘目录下"Ch18 > clip > 电子商情网页 > images"文件夹中的"01_29.jpg"文件分别插入到第3列和第6列单元格中，效果如图18-116所示。

图 18-116

（6）用相同的方法，将"01_31.jpg"文件插入到第1列单元格中，"01_23.jpg"文件插入到第4列单元格中，"01_26.jpg"文件插入到第7列单元格中，效果如图18-117所示。

图 18-117

（7）将"01_37.jpg"文件插入到第2列单元格中，并输入文字，效果如图18-118所示。用相同方法，将该文件分别插入到第5列和第8列单元格中，并输入文字，效果如图18-119所示。

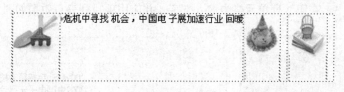

图 18-118

图 18-119

（8）将光盘目录下"Ch18 > clip > 电子商情网页 > images"文件夹中的"01_44.jpg"文件分别插入到第2列、第5列和第8列单元格中，效果如图18-120所示。

图 18-120

（9）将光标置入到第2行第1列单元格中，在"属性"面板"垂直"选项的下拉列表中选择"顶端"选项，在"插入"面板"常用"选项卡中单击"表格"按钮，在弹出的"表格"对话框中，将"行数"选项设为"3","列数"选项设为"1","表格宽度"选项设为"100",在右侧的下拉列表中选择"百分比"选项,其他选项为默认设置,单击"确定"按钮,效果如图 18-121 所示。

（10）将光盘目录下"Ch18 > clip > 电子商情网页 > images"文件夹中的"01_49.jpg"文件插入到第 1 行中,效果如图 18-122 所示。

图 18-121   图 18-122

（11）在"插入"面板"常用"选项卡中单击"表格"按钮 ,在弹出的"表格"对话框中,将"行数"选项设为"1","列数"选项设为"2",其他选项为默认设置,单击"确定"按钮,在第 2 行中插入表格,如图 18-123 所示。

（12）将光标置入到第 2 列单元格中,在"插入"面板"常用"选项卡中单击"图像"按钮 ,在弹出的"选择图像源文件"对话框中选择光盘目录下"Ch18 > clip > 电子商情网页 > images"文件夹中的"01_58.jpg"文件,单击"确定"按钮,在"属性"面板中将"垂直边距"和"水平边距"选项分别设为 10、5。在第 2 列单元格中输入文字,并应用项目列表,效果如图 18-124 所示。

图 18-123   图 18-124

（13）将光标置入到主表格的最后一行中,按 Tab 键,增加一行单元格,如图 18-125 所示。将光盘目录下"Ch18 > clip > 电子商情网页 > images"文件夹中的"01_66.jpg"文件插入第 3 行中,用相同的方法将"01_70.jpg"文件插入到第 4 行中,将"垂直边距"和"水平边距"选项分别设为 7、20,效果如图 18-126 所示。

图 18-125   图 18-126

（14）将光标置入到第2行第2列单元格中，在"插入"面板"常用"选项卡中单击"表格"按钮，在弹出的"表格"对话框中进行设置，如图18-127所示，单击"确定"按钮，效果如图18-128所示。

图18-127　　　　　　　　　　　　　　　　　图18-128

（15）将第1列宽高设为"10"，第2列宽度设为"277"，效果如图18-129所示。将光盘目录下"Ch18＞clip＞电子商情网页＞images"文件夹中的"01_51.jpg"文件插入第1行第2列单元格中，效果如图18-130所示。

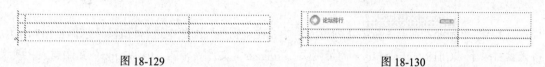

图18-129　　　　　　　　　　　　　　　　　图18-130

（16）将光标置入到第2行第2列单元格中，在"属性"面板中将"背景颜色"选项设为淡灰色（#F7F7F7），如图18-131所示。在该行中输入需要的文字，并应用项目列表，效果如图18-132所示。

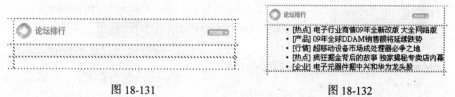

图18-131　　　　　　　　　　　　　　　　　图18-132

（17）选择"窗口＞CSS样式"命令，弹出"CSS样式"面板，单击面板下方的"新建CSS规则"按钮，在弹出的"新建CSS规则"对话框中进行设置，如图18-133所示，单击"确定"按钮，在弹出的".txet1的CSS规则定义"对话框中进行设置，如图18-134所示。

图18-133　　　　　　　　　　　　　　　　　图18-134

（18）在左侧"分类"列表中选择"列表"选项，单击"项目符号图像"选项右侧的"浏览"按钮，在弹出的"选择图像源文件"对话框中选择光盘目录下"Ch18 > clip > 电子商情网页 > images"文件夹中的"02_61.png"文件，单击"确定"按钮，效果如图 18-135 所示，单击"确定"按钮，选中刚刚设置的项目列表，在"属性"面板"样式"选项的下拉列表中选择" txet1"选项，应用样式，效果如图 18-136 所示。

图 18-135　　　　　　　　　　　　　　　　　图 18-136

（19）将光标置入到第 3 行第 2 列单元格中，在"属性"面板中进行设置，如图 18-137 所示。将光盘目录下"Ch18 > clip > 电子商情网页 > images"文件夹中的"01_73.jpg"文件插入，效果如图 18-138 所示。

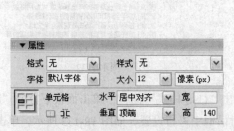

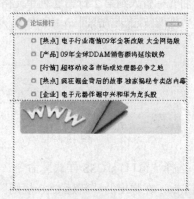

图 18-137　　　　　　　　　　　　　　　　图 18-138

4．制作搜索

（1）选中右则的第 3 列所有单元格，如图 18-139 所示。单击"属性"面板中的"合并所选单元格，使用跨度"按钮，将所选单元格合并，在"属性"面板"垂直"选项的下拉列表中选择"顶端"选项。

（2）单击"插入"面板"表单"选项卡中的"表单"按钮，插入表单，在"插入"面板"常用"选项卡中单击"表格"按钮，在弹出的"表格"对话框中将"行数"选项设为"1"，"列数"选项设为"1"，"表格宽度"选项设为"100"，在右侧的下拉列表中选择"百分比"选项，将"单元格间距"选项设为"8"，其他选项为默认设置，单击"确定"按钮，效果如图 18-140 所示。

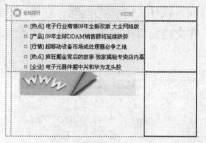

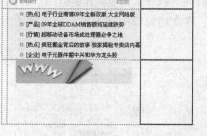

图 18-139 图 18-140

（3）将光标置入到表格中，在"属性"面板中将"背景颜色"选项设为灰色（#CCCCCC），在"属性"面板"水平"选项的下拉列表中选择"居中对齐"选项，单击"插入"面板"表单"选项卡中的"列表/菜单"按钮 ，插入一个列表菜单，单击"属性"面板中的"列表值"按钮，在弹出的对话框中进行设置，如图 18-141 所示，单击"确定"按钮，效果如图 18-142 所示。

（4）将光盘目录下"Ch18 > clip > 电子商情网页 > images"文件夹中的"01_44.jpg"文件插入到列表菜单的后面，效果如图 18-143 所示。

图 18-141 图 18-142 图 18-143

5. 制作底部和层动画

（1）将光标置入到最后一行中，在"属性"面板中将"高"选项设为"36"，将"dj.jpg"文件设为该行的背景图像，并输入需要的文字，效果如图 18-144 所示。

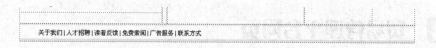

图 18-144

（2）单击"插入"面板"布局"选项卡中的"绘制 AP Div"按钮 ，在文档窗口中绘制层，如图 18-145 所示。将光盘目录下"Ch18 > clip > 电子商情网页 > images"文件夹中的"01.gif"文件插入到层中，效果如图 18-146 所示。

（3）选择"窗口 > 时间轴"命令，弹出"时间轴"面板，将层作为对象，添加到"时间轴"面板中，效果如图 18-147 所示。

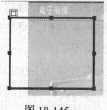

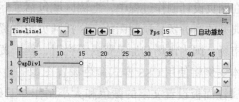

图 18-145 图 18-146 图 18-147

321

（4）拖曳最后一帧到第 100 帧处，增长动画的时间，按住 Ctrl 键的同时，在第 40 帧和第 70 帧处添加关键帧，如图 18-148 所示。选中第 40 帧，在文档窗口中选中层，拖曳到适当的位置，效果如图 18-149 所示。

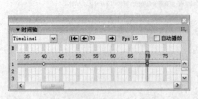

图 18-148

图 18-149

（5）用相同的方法，分别选中第 70 帧和第 100 帧，在文档窗口选中层，移动到适当的位置，效果如图 18-150 所示。在"时间轴"面板中勾选"自动播放"和"循环"复选框，如图 18-151 所示。

（6）电子商情网页效果制作完成，保存文档，按 F12 键，预览网页效果，如图 18-152 所示。

图 18-150

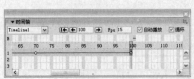

图 18-151

图 18-152

18.4 贸易管理平台网页

18.4.1 案例分析

网络贸易管理平台是一个功能全面深入的网站平台。它能帮您最大限度地挖掘网络客户资源，让您轻松管理在线营销平台，轻松实现与访问客户的实时沟通，迅速挖掘营销分析数据，瞬间完成网站界面切换。贸易管理平台网页的功能就是对贸易进行指导和管理。

在网页设计制作过程中，上侧区域包括了标志和导航栏，方便贸易信息的浏览和管理。左侧利用典型的商务贸易谈判图片来烘托网页的商贸气氛。右侧运用明快的颜色制作出了贸易指南、海外市场、国内市场和加工贸易等栏目，便于贸易客户在网站完成各自的交易。

本实例将使用 CSS 样式命令设置图像的边框样式，使用图像按钮为网页插入 LOGO 效果，使用属性面板设置文字的颜色和大小制作导航条效果，使用属性面板修改图像的边距制作菜单效果。

18.4.2 案例设计

本案例设计流程如图 18-153 所示。

设置图像边框样式　　添加图像

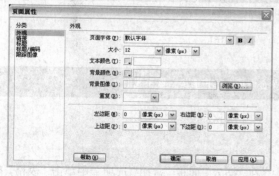

设置单元格背景颜色

最终效果

图 18-153

18.4.3 案例制作

1. 制作导航部分

（1）选择"文件 > 新建"命令，新建空白文档。选择"文件 > 保存"命令，弹出"另存为"对话框。在"保存在"选项的下拉列表中选择当前站点目录保存路径，在"文件名"选项的文本框中输入"index"，单击"保存"按钮，返回网页编辑窗口。

（2）选择"修改 > 页面属性"命令，弹出"页面属性"对话框，在对话框中进行设置，如图 18-154 所示，单击"确定"按钮，在"插入"面板"常用"选项卡中单击"表格"按钮，在弹出的"表格"对话框中进行设置，如图 18-155 所示，单击"确定"按钮，保持表格的选取状态，在"属性"面板"对齐"选项的下拉列表中选择"居中对齐"选项，效果如图 18-156 所示。

图 18-154　　　　　　　　　　　　　图 18-155

图 18-156

（3）将光标置入到第 1 行中，在"属性"面板中将"高"选项设为"80"，效果如图 18-157 所示。在"插入"面板"常用"选项卡中单击"表格"按钮 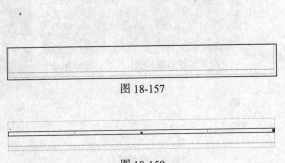，在弹出的"表格"对话框中进行设置，如图 18-158 所示，单击"确定"按钮，保持表格的选取状态，在"属性"面板"对齐"选项的下拉列表中选择"居中对齐"选项，效果如图 18-159 所示。

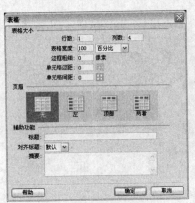

图 18-157

图 18-158

图 18-159

（4）将第 1 列单元格宽度设为"34"，第 2 列单元格宽度设为"122"，第 3 列单元格宽度设为"67"，分别将光盘目录下"Ch18 > clip > 贸易管理平台网页 > images"文件夹中的"01_03.jpg"、"01_06.jpg"文件插入第 1 列和第 2 列单元格中，效果如图 18-160 所示。

图 18-160

（5）将光标置入到第 4 列单元格中，在"属性"面板中将"宽"选项设为"658"，"背景颜色"选项设为黑色，效果如图 18-161 所示。在该单元格中输入白色文字，效果如图 18-162 所示。

图 18-161

图 18-162

2．制作主体部分

（1）将光标置入到主表格的第 2 行中，在"插入"面板"常用"选项卡中单击"表格"按钮 ，在弹出的"表格"对话框中进行设置，如图 18-163 所示，单击"确定"按钮，效果如图 18-164 所示。将表格的背景颜色设灰色（#E7E7E7），效果如图 18-165 所示。

图 18-163

图 18-164

图 18-165

（2）同时选中第 2 列所有单元格，在"属性"面板中将"背景颜色"选项设为白色，效果如图 18-166 所示。将光标置入到第 1 行第 1 列单元格中，在"插入"面板"常用"选项卡中单击"图像"按钮 ，在弹出的"选择图像源文件"对话框中选择光盘目录下"Ch18 > clip > 贸易管理平台网页 > images"文件夹中的"01_14.jpg"文件，单击"确定"按钮，在"属性"面板中将"垂直边距"和"水平边距"选项分别设为 4、5，效果如图 18-167 所示。

图 18-166

图 18-167

（3）选择"窗口 > CSS 样式"命令，弹出"CSS 样式"面板，单击面板下方的"新建 CSS 规则"按钮 ，在弹出的"新建 CSS 规则"对话框中进行设置，如图 18-168 所示，单击"确定"按钮，弹出".img01 的 CSS 规则定义"对话框，在左侧"分类"列表中选择"边框"选项，在对话框中进行设置，如图 18-169 所示，单击"确定"按钮。

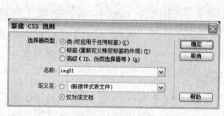

图 18-168

图 18-169

（4）选中图像，在"属性"面板"类"选项的下拉列表中选择"img01"选项，应用样式，效果如图 18-170 所示。

（5）将光标置入到第 1 行第 3 列单元格中，在"属性"面板中将"宽"选项设为"277"，"背景颜色"选项设为白色，效果如图 18-171 所示。

图 18-170

图 18-171

（6）将光盘目录下"Ch18 > clip >贸易管理平台网页> images"文件夹中的"01_11.jpg"、"01_17.jpg"、"01_18.jpg"、"01_20.jpg"文件插入到第 1 行第 3 列单元格中，在"属性"面板中将"垂直边距"选项均设为"1"，效果如图 18-172 所示。

（7）将第 2 行第 1 列单元格高度设为"145"，在该单元格中输入蓝色（#487896）和灰色（#B0B0B0）文字，在"属性"面板中选择适当的字体和大小，单击"加粗"按钮 **B**，将光盘目录下"Ch18 > clip > 贸易管理平台网页 > images"文件夹中的"01_35.jpg"文件插入到灰色文字的右侧，效果如图 18-173 所示。

（8）将光标置入到蓝色英文的前面，将光盘目录下"Ch18 > clip > 贸易管理平台网页 > images"文件夹中的"01_28.jpg"文件插入，在"属性"面板"对齐"选项的下拉列表中选择"左对齐"选项，将"水平边距"选项设为"35"，效果如图 18-174 所示。

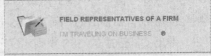

图 18-172　　　　　　　　图 18-173　　　　　　　　图 18-174

（9）将光标置入到第 2 行第 3 列单元格中，在"属性"面板中将"背景颜色"选项设为浅灰色（#F3F3F3），效果如图 18-175 所示。在"插入"面板"常用"选项卡中单击"图像"按钮，在弹出的"选择图像源文件"对话框中选择光盘目录下"Ch18 > clip > 贸易管理平台网页 > images"文件夹中的"01_24.jpg"文件，单击"确定"按钮，在"属性"面板"对齐"选项的下拉列表中选择"绝对居中"选项，将"水平边距"选项设为"15"，在图像的右侧输入文字，并设置大小，单击"加粗"按钮 **B**，效果如图 18-176 所示。

（10）将光标置于文字的后面，按 Shift+Enter 组合键，置于下一段落，将"01_30.jpg"文件插入，将"垂直边距"和"水平边距"选项均设为"15"；用相同的方法，将"01_32.jpg"文件插入，将"垂直边距"选项设为"15"，效果如图 18-177 所示。

图 18-175

图 18-176

图 18-177

（11）将第 3 行第 1 列单元格背景颜色设为淡灰色（#F1F1F1），高度设为"70"；将第 3 列单元格背景颜色设为白色，效果如图 18-178 所示。

（12）贸易管理平台网页效果制作完成，保存文档，按 F12 键，预览网页效果，如图 18-179 所示。

图 18-178

图 18-179

18.5　电子商务信息网页

18.5.1　案例分析

电子商务主要指的是利用 Internet 从事商务或活动。电子商务是在技术、经济高度发达的现代社会里，掌握信息技术和商务规则的人系统化地运用电子工具，高效率、低成本地从事以商品交换为中心的各种活动的总称。电子商务信息网页的功能是给商务人士提供一个信息交流平台。

在网页设计制作过程中，导航栏放在页面的上方，方便对电子商务信息的浏览和交换。背景设计的卡通图片生动有趣，画面中的人物拿着望远镜，寓意商务人士要高瞻远瞩，占领信息的高地。右侧的白色区域包括了用户登录注册、今日要闻、电子商务发展等栏目。左侧的区域通过对文字和图片的设计编排，提供出其他的电子商务信息栏目，详细介绍了与电子商务有关的各种信息。整个网页构图精巧，版面清新、活泼。

本例将使用 CSS 样式命令设置表格的边框样式，使用表单、文本字段及图像域制作用户登录界面，使用属性面板修改图像的边距，使用项目列表按钮为文字应用项目列表制作今日要闻效果。

18.5.2　案例设计

本案例设计流程如图 18-180 所示。

图 18-180

18.5.3　案例制作

1．制作导航部分

（1）选择"文件 > 新建"命令，新建空白文档。选择"文件 > 保存"命令，弹出"另存为"对话框。在"保存在"选项的下拉列表中选择当前站点目录保存路径，在"文件名"选项的文本框中输入"index"，单击"保存"按钮，返回网页编辑窗口。

（2）选择"修改 > 页面属性"命令，弹出"页面属性"对话框，在对话框中进行设置，如图 18-181 所示，单击"确定"按钮，在"插入"面板"常用"选项卡中单击"表格"按钮，在弹出的"表格"对话框中进行设置，如图 18-182 所示，单击"确定"按钮，保持表格的选取状态，在"属性"面板"对齐"选项的下拉列表中选择"居中对齐"选项，效果如图 18-183 所示。

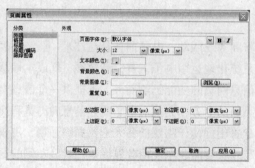

图 18-181

图 18-182

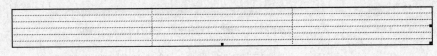

图 18-183

（3）将第 1 行单元格全部选中，单击"属性"面板中的"合并所选单元格，使用跨度"按钮，将所选单元格合并，将"背景颜色"选项设为褐色（#8E8276），"高"选项设为"8"，效果如图 18-184 所示。

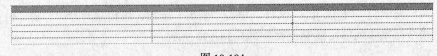

图 18-184

（4）在"拆分"视图窗口中选中该单元格的" "标签，如图 18-185 所示。按 Delete 键，将其删除，返回到"设计"视图窗口中，效果如图 18-186 所示。用相同的方法，将第 2 行单元格合并，高度设为"8"，效果如图 18-187 所示。

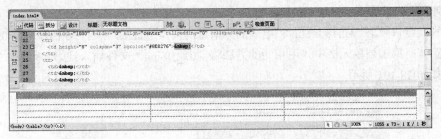

图 18-185

图 18-186

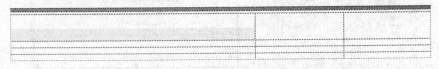

图 18-187

（5）将光标置入到第 3 行第 1 列单元格中，在"属性"面板中，将"宽"选项设为"581"，"高"选项设为"62"，单击"背景"选项右侧的"单元格背景 URL"按钮，在弹出的"选择图像源文件"对话框中选择光盘目录下"Ch18 > clip > 电子商务信息网页 > images"文件夹中的"01_02.jpg"文件，单击"确定"按钮，效果如图 18-188 所示。

（6）在第 3 行第 1 列单元格中输入文字，在"属性"面板设置适当的大小，将光标置入到文字的最右侧，按两次 Shift+Enter 组合键，效果如图 18-189 所示。

图 18-188

业界动态 | 电子商务的发展 | 电子商务网站 | 门户动态 | IT人物 | 搜索引擎资讯 | 网络游戏 | 网络HOT关键

图 18-189

（7）将光标置入到第 3 行第 2 列单元格中，在"属性"面板"水平"选项的下拉列表中选择"居中对齐"选项，将"宽"选项设为"288"，在"插入"面板"常用"选项卡中单击"图像"按钮，在弹出的"选择图像源文件"对话框中选择光盘目录下"Ch18 > clip > 电子商务信息网页 > images"文件夹中的"01_06.jpg"文件，单击"确定"按钮，用相同的方法，将"01_04.jpg"文件插入到第 3 行第 3 列单元格中，效果如图 18-190 所示。

图 18-190

2．制作用户登录

（1）将光盘目录下"Ch18 > clip > 电子商务信息网页 > images"文件夹中的"01_09.jpg"文件插入到第 4 行第 1 列单元格中，用相同的方法将"01_10.jpg"文件插入到第 4 行第 3 列单元格中，效果如图 18-191 所示。

图 18-191

（2）将光标置入到第 4 行第 2 列单元格中，在"属性"面板"垂直"选项的下拉列表中选择"顶端"选项，在"插入"面板"常用"选项卡中单击"表格"按钮，在弹出的"表格"对话框中进行设置，如图 18-192 所示，单击"确定"按钮，效果如图 18-193 所示。

图 18-192

图 18-193

（3）将光标置入到第 1 行中，在"属性"面板"垂直"选项的下拉列表中选择"顶端"选项，在"插入"面板"常用"选项卡中单击"表格"按钮，在弹出的"表格"对话框中进行设置，如图 18-194 所示，单击"确定"按钮，效果如图 18-195 所示。

图 18-194   图 18-195

（4）将光标置入到第 1 行第 1 列单元格中，在"插入"面板"常用"选项卡中单击"图像"按钮，在弹出的"选择图像源文件"对话框中选择光盘目录下"Ch18 > clip > 电子商务信息网页 > images"文件夹中的"01.JPG"文件，单击"确定"按钮，在"属性"面板中将"垂直边距"选项设为"18"，"水平边距"选项设为"16"，效果如图 18-196 所示。

（5）将光标置入到第 2 行第 1 列单元格中，在"属性"面板"水平"选项的下拉列表中选择"右对齐"选项，将光盘目录下的"Ch18 > clip > 电子商务信息网页 > images"文件夹中的"01_16.jpg"文件插入，效果如图 18-197 所示。

图 18-196   图 18-197

（6）将光标置入到第 3 行第 1 列单元格中，在"属性"面板中将"高"选项设为"87"，将光盘目录下的"Ch18 > clip > 电子商务信息网页 > images"文件夹中的"01_23.jpg"文件插入到该单元格中，在"属性"面板"对齐"选项的下拉列表中选择"绝对居中"选项，将"水平边距"选项均设为"25"，复制该图像，并输入文字，效果如图 18-198 所示。

（7）选中第 2 列所有单元格，如图 18-199 所示。单击"属性"面板中的"合并所选单元格，使用跨度"按钮，将所选单元格合并，将"宽"选项设为"162"。

图 18-198   图 18-199

（8）将光标置入到合并的单元格中，单击"插入"面板"表单"选项卡中的"表单"按钮▢，插入表单，在"插入"面板"常用"选项卡中单击"表格"按钮▦，在弹出的"表格"对话框中进行设置，如图18-200所示，单击"确定"按钮，效果如图18-201所示。

（9）单击"背景图像"选项右侧的"浏览文件"按钮▱，在弹出的"选择图像源文件"对话框中选择光盘目录下"Ch18 > clip > 电子商务信息网页 > images"文件夹中的"bg01.jpg"文件，单击"确定"按钮，效果如图18-202所示。

图18-200

图18-201

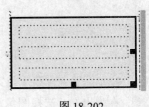

图18-202

（10）将表格的单元格同时选中，在"属性"面板"水平"选项的下拉列表中选择"居中对齐"选项。将光标置入到第1行中，单击"插入"面板"表单"选项卡中的"文本字段"按钮▢，插入一个文本字段，在"属性"面板中将"字符宽度"选项设为"9"，用相同的方法在第2行中插入文本字段，在"属性"面板中将"字符宽度"选项设为"10"，在"类型"选项组中选取"密码"单选项，效果如图18-203所示。

（11）将光标置入到第3行中，在"属性"面板中将"高"选项设为"56"，单击"插入"面板"表单"选项卡中的"图像域"按钮▢，在弹出的"选择图像源文件"对话框中选择光盘目录下"Ch18 > clip > 电子商务信息网页 > images"文件夹中的"01_20.jpg"文件，单击"确定"按钮，效果如图18-204所示。

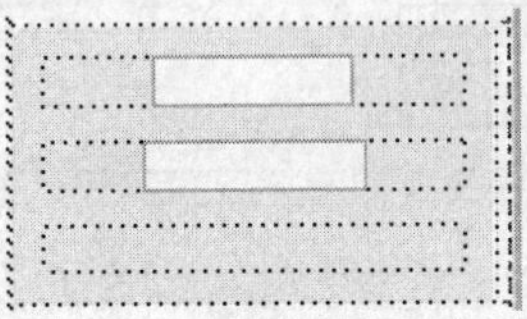

图18-203

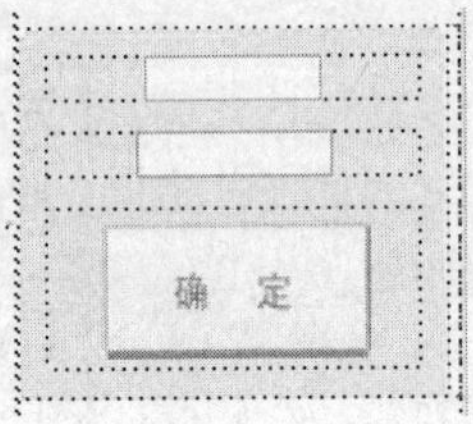

图18-204

（12）将光标置入到主表格的第2行中，在"属性"面板"水平"选项的下拉列表中选择"居中对齐"选项，将光盘目录下的"Ch18 > clip > 电子商务信息网页 > images"文件夹中的"01_27.jpg"文件插入，效果如图18-205所示。

（13）将光标置入到第3行中，在"属性"面板中将"高"选项设为"33"，输入文字和符号，效果如图18-206所示。

图18-205

图18-206

（14）将光标置入到第 4 行中，在"属性"面板"水平"选项的下拉列表中选择"居中对齐"选项，将光盘目录下"Ch18 > clip > 电子商务信息网页 > images"文件夹中的"line.jpg"文件插入第 4 行中，效果如图 18-207 所示。

（15）将光标置入到第 5 行中，按 Ctrl+M 组合键，增加一行单元格，效果如图 18-208 所示。

图 18-207　　　　　　　　　　　　　　图 18-208

（16）将光标置入到第 5 行中，在"属性"面板中将"高"选项设为"120"，在该行中输入文字，并应用项目列表，效果如图 18-209 所示。将光标置入到第 6 行中，在"属性"面板"水平"选项的下拉列表中选择"居中对齐"选项，将光盘目录下的"Ch18 > clip > 电子商务信息网页 > images"文件夹中的"01_27.jpg"文件插入，效果如图 18-210 所示。

图 18-209　　　　　　　　　　　　　　图 18-210

3. 添加 CSS 样式

（1）将光标置入到主表格的第 5 行第 1 列单元格中，在"插入"面板"常用"选项卡中单击"表格"按钮，在弹出的"表格"对话框中进行设置，如图 18-211 所示，单击"确定"按钮，效果如图 18-212 所示。

图 18-211　　　　　　　　　　　　　　图 18-212

（2）选择"窗口 > CSS 样式"命令，弹出"CSS 样式"面板，单击面板下方的"新建 CSS 规则"按钮，在弹出的"新建 CSS 规则"对话框中进行设置，如图 18-213 所示，单击"确定"按钮，弹出".t1 的 CSS 规则定义"对话框，在"分类"列表框中选择"边框"选项，各选项的设置如图 18-214 所示，单击"确定"按钮。

图 18-213   图 18-214

（3）选中刚插入的表格，在"属性"面板"类"选项的下拉列表中选择"t1"选项，应用样式，效果如图 18-215 所示。

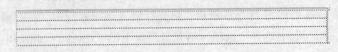

图 18-215

（4）将光盘目录下"Ch18 > clip > 电子商务信息网页 > images"文件夹中的"01_33.jpg"文件插入到第 1 行中，在"属性"面板"对齐"选项的下拉列表中选择"绝对居中"选项，将"垂直边距"和"水平边距"选项分别设为 10、5，在图像的右侧输入文字和符号；用相同的方法将"01_36.jpg"文件插入，效果如图 18-216 所示。

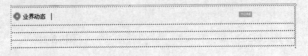

图 18-216

（5）将光盘目录下"Ch18 > clip > 电子商务信息网页 > images"文件夹中的"01_42.jpg"文件插入到第 2 行中，效果如图 18-217 所示。

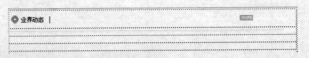

图 18-217

（6）将光标置入到第 3 行中，在"插入"面板"常用"选项卡中单击"表格"按钮，在弹出的"表格"对话框中进行设置，如图 18-218 所示，单击"确定"按钮，效果如图 18-219 所示。

图 18-218

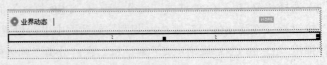

图 18-219

（7）将光标置入到第 1 列中，将光盘目录下"Ch18 > clip > 电子商务信息网页 > images"文件夹中的"01_47.jpg"文件插入，在"属性"面板中将"垂直边距"和"水平边距"选项均设为"10"，效果如图 18-220 所示。用相同的方法，将"01_50.jpg"文件插入到第 2 列单元格中，效果如图 18-221 所示。

图 18-220

图 18-221

（8）在第 3 列中输入需的文字，效果如图 18-222 所示。分别将"01_54.jpg"、"01_57.jpg"、"01_59.jpg"、"01_61.jpg"、"01_63.jpg"文件插入到文字的前面，在"属性"面板"对齐"选项的下拉列表中选择"绝对居中"选项，将"垂边边距"和"水平边距"选项分别设为 5、10，效果如图 18-223 所示。

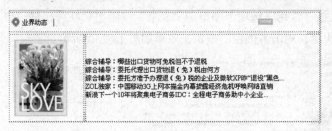

图 18-222

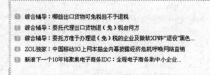

图 18-223

（9）将光标置放到第 4 行中，在"插入"面板"常用"选项卡中单击"表格"按钮，在弹出的"表格"对话框中进行设置，如图 18-224 所示，单击"确定"按钮，效果如图 18-225 所示。

图 18-224

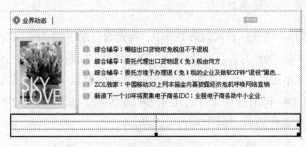

图 18-225

（10）用上面的制作方法，制作出如图 18-226 所示的效果。将第 2 列所有单元格合并，如图 18-227 所示。

（11）将光盘目录下的"Ch18 > clip > 电子商务信息网页 > images"文件夹中的"01_69.jpg"文件插入到合并的单元格中，在"属性"面板中将"垂直边距"选项设为"15"，并输入需要的黄色（#FF9900）和黑色文字，效果如图 18-228 所示。

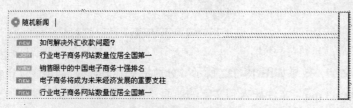

图 18-226

图 18-227   图 18-228

（12）将光标置入到主表格的第 5 行第 2 列单元格中，在"属性"面板"垂直"选项的下拉列表中选择"顶端"选项，在"插入"面板"常用"选项卡中单击"表格"按钮 ▦，在弹出的"表格"对话框中进行设置，如图 18-229 所示，单击"确定"按钮，效果如图 18-230 所示。

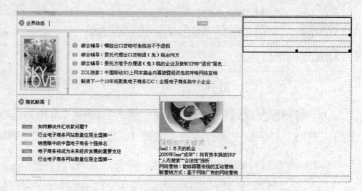

图 18-229   图 18-230

（13）将光标置入到第 1 行中，将光盘目录下的"Ch18 > clip > 电子商务信息网页 > images"文件夹中的"01_33.jpg"文件插入，在"属性"面板"对齐"选项的下拉列表中选择"绝对居中"选项，将"水平边距"和"垂直边距"选项分别设为 10、5，并输入文字和符号，效果如图 18-231 所示。

（14）同时选中第 1 行至第 6 行单元格，如图 18-232 所示。在"属性"面板"水平"选项的下拉列表中选择"居中对齐"选项。

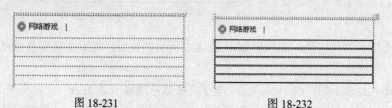

图 18-231   图 18-232

（15）将光盘目录下的"Ch18 > clip > 电子商务信息网页 > images"文件夹中的"01_40.jpg"